Die Bergwerksmaschinen

Eine Sammlung von Handbüchern
für Betriebsbeamte

Unter Mitwirkung zahlreicher Fachgenossen

herausgegeben von

Dipl.-Ing. Hans Bansen

Berg-Ingenieur, ord. Lehrer an der Bergschule
zu Tarnowitz

Dritter Band

Die Schachtfördermaschinen

Zweite, vermehrte und verbesserte Auflage

Bearbeitet von

Fritz Schmidt und **Ernst Förster**

Springer-Verlag Berlin Heidelberg GmbH

1923

Die Schachtfördermaschinen

Zweite, vermehrte und verbesserte Auflage

Erster Teil

Die Grundlagen des Fördermaschinenwesens

von

Dr. Fritz Schmidt

Privatdozent an der Technischen Hochschule
Berlin

Mit 178 Abbildungen im Text

Springer-Verlag Berlin Heidelberg GmbH
1923

Vorwort des Herausgebers.

Die zweite Auflage kommt zehn Jahre nach Erscheinen der ersten heraus. In diesen Zeitraum fallen über fünf Jahre Krieg und die sein Gefolge bildenden inneren Wirren, die wahrlich nicht geeignet waren, den Absatz eines technischen Werkes zu fördern. Unter friedlichen Verhältnissen würde das Bedürfnis der Neuauflage somit wohl zeitiger eingetreten sein. Immerhin kann daraus eine Anerkennung für das Buch gefolgert werden, die zu freudiger Weiterarbeit anspornt.

Der Stoff der alten Auflage ist in der neuen Form auf drei selbständig erscheinende Teile verteilt worden, die miteinander ein harmonisches Ganzes bilden und zu einem Bande vereinigt werden. Für diese Dreiteilung waren mehrere Gründe maßgebend. Erstens war der Stoff in den zehn Jahren derart angewachsen, daß seine völlige Aufarbeitung sehr viel Zeit erfordert. Diese Aufarbeitung konnte bis heute noch nicht beendet werden. Um das Erscheinen der Neuauflage nicht zu verzögern, werden deshalb in völliger Neubearbeitung zunächst herausgegeben:

Teil 1: „Die Grundlagen des Fördermaschinenwesens“ und

Teil 3: „Die elektrischen Fördermaschinen“.

Teil 2: „Die Dampffördermaschinen“ erscheint sobald als möglich.

Ferner aber, und das war der wichtigste Grund, sollte die Anschaffung der Neuauflage den bisherigen Freunden und den noch zu gewinnenden Freunden des Buches nicht durch den hohen Preis eines sehr umfangreichen einzigen Bandes erschwert oder gar unmöglich gemacht werden.

Tarnowitz, im Juni 1923.

Dipl.-Ing. Hans Bansen.

Alle Rechte, insbesondere das der Übersetzung in fremde Sprachen, vorbehalten.

© Springer-Verlag Berlin Heidelberg 1923

Ursprünglich erschienen bei Julius Springer in Berlin 1923

ISBN 978-3-662-34319-7   ISBN 978-3-662-34590-0 (eBook)

DOI 10.1007/978-3-662-34590-0

Vorwort zum ersten Teil.

Das vorliegende Buch ist aus der Notwendigkeit heraus entstanden, einen Ersatz für den im Jahre 1913 erschienenen dritten Band der Sammlung „Die Bergwerksmaschinen" zu schaffen. Die täglich zunehmende Bedeutung der Schachtfördermaschine im gesamten Untertagebau zwang hierbei nicht nur zu einer grundlegenden Behandlung und einem systematischen Aufbau der Fördermaschinentechnik, sie drängte auch dahin, alle Gesichtspunkte der Betriebssicherheit und Wirtschaftlichkeit der für den Bergbau so überaus wichtigen Maschinengattung eingehend zu berücksichtigen. Dabei soll nicht übersehen werden, daß bereits das frühere Buch wertvolle Betrachtungen enthielt. Diese sind auch, soweit es zweckdienlich erschien, in dem neuen Werk verwendet worden.

Die weitgehende Behandlung der Hauptschachtförderanlagen brachte eine Unterteilung des Werkes in drei einzelne Teile mit sich. Von diesen enthält das vorliegende Buch den ersten Teil „Grundlagen des Fördermaschinenwesens". Der zweite Teil bringt dann die „Dampffördermaschinen", während im dritten, von Herrn Professor Dr.-Ing. Förster bearbeiteten Teil „Die elektrischen Fördermaschinen" ausführlich behandelt sind. Bei dieser Unterteilung des Werkes, bei der jedes Buch ein abgeschlossenes Ganzes bildet, war neben den oben angezogenen Gründen auch die nicht unerhebliche Kostenvermehrung von wesentlichem Einfluß.

Möge das Werk seine Aufgabe, ein Beitrag zu der für den Bergbau so überaus wichtigen Fördermaschinentechnik zu sein, voll erfüllen, möge es weiterhin auch das Interesse der Bergbautreibenden wecken und schließlich den Erbauern dieser Maschinengattung neue Anregungen zu ihrer Vervollkommnung geben.

Berlin, im Juni 1923.

Dr. Fritz Schmidt.

Inhaltsverzeichnis.

I. Einleitung.

Von allen im Bergbau verwendeten Maschinen nimmt die Schachtfördermaschine einen bevorzugten Platz ein. Die Ursache jener Erscheinung muß man in der Erkenntnis erblicken, daß im gesamten Untertagebau, also im Erzbergbau, vor allem aber im Kohlen- und Kalibergbau die technische Vollkommenheit der Schachtfördermaschine den Ausgangspunkt der Betriebssicherheit und Wirtschaftlichkeit der Förderanlage darstellt. Eine betriebsunsichere oder eine unzweckmäßige, ebenso auch eine unwirtschaftlich arbeitende Schachtfördermaschine ist im neuzeitlichen Wettbewerb schlechthin nicht mehr daseinsberechtigt. Sie kann in besonderen Fällen sogar die Wirtschaftlichkeit des gesamten Bergwerkbetriebes in Frage stellen.

Die Geburt der Fördermaschine kann man in die Zeit des ersten Bergbaues zurückverlegen. Ursprünglich eine einfache Hebevorrichtung in Gestalt eines hölzernen Göpels oder Haspels, jener Hebezeuge einfachster Form, die in der Hauptsache aus einem senkrecht oder wagerecht angeordneten drehbaren Rundbaum bestanden und in der ersten Zeit durch menschliche oder tierische Muskelkräfte, späterhin aber auch durch Wasserkräfte angetrieben wurden, hat sie durch die Einführung der Dampfmaschine ihre erste fundamentale Umgestaltung erfahren. Zunächst als sogenannte atmosphärische Maschine, bei der in dem stehend angeordneten, oben offenen Zylinder unter den Kolben eingelassener Dampf niedergeschlagen wurde, mithin der Druck der Außenluft (Atmosphäre) den Kolben in den Zylinder hineindrückte und so die eigentliche Arbeit verrichtete, hat sie bereits um die Mitte des 18. Jahrhunderts eine wesentliche Rolle in der bergbaulichen Fördertechnik gespielt. Derartige atmosphärische Förderdampfmaschinen konnte man beispielweise im englischen Bergbau noch an der Wende des vorigen Jahrhunderts antreffen.

Mit steigender Technik, mit der Verbreitung und Vervollkommnung des Handwerks erfuhr auch die Dampfmaschine eine Umgestaltung. Es entstand die doppeltwirkende Nieder- und Hochdruckmaschine. Der Gedanke lag nahe, diese Systeme auch auf die Fördermaschine auszudehnen. In der Übertragung dieser Bauarten auf die Dampffördermaschine tritt uns ein zweiter Entwicklungsabschnitt im Bau jener Maschinen entgegen, die für den geschichtlichen Beobachter um so klarer hervortritt, als jene Umformung eine immer größer werdende Bedeutung für die Schachtfördermaschine erlangte. Im Laufe der Zeiten sind dann Ausführungsformen entstanden, welche die Dampffördermaschine zu einer hoch entwickelten Bergwerkseinrichtung emporgehoben haben.

Einen weiteren fundamentalen Abschnitt in der Entwicklung der Schachtfördermaschinen brachte die Erfindung der elektrischen Kraftmaschine durch Werner von Siemens im Jahre 1866. Wenn auch die Fördermaschine an den Auswirkungen jener genialen Gedanken zunächst noch keinen Anteil hatte, so muß immerhin daran festgehalten werden, daß erst das Prinzip der elektrischen Kraftmaschine die Frage einer Herstellung leicht steuerbarer Elektromotoren auslöste. Aber auch hier brachte der nie rastende technische Geist eine Lösung. Und damit fiel auch das letzte Hindernis, das der Einführung der elektrischen Kraftmaschine für die Fördermaschinentechnik hemmend noch im Wege stand. Bereits im Jahre 1891 finden wir die erste elektrische Fördermaschine im Betriebe vor (bei Bockwa, Hersteller: Elektrizitäts-Gesellschaft Schuckert). Dieser folgte 1893 eine zweite Anlage (auf Hollertszug in Herdorf a. d. Sieg), die von der ehemaligen Elektrizitäts-Gesellschaft Union erbaut wurde. Andere Anlagen kamen in mehr oder weniger langen Zeitabständen hinzu.

Die Einführung der elektrischen Fördermaschine stellt aber weiterhin einen Wendepunkt in der Entwickelung der gesamten Fördermaschinentechnik dar. Schon die Düsseldorfer Ausstellung im Jahre 1902 ließ die Fortschritte deutlich erkennen. Allgemein läßt sich sagen, daß seit dem Anfange dieses Jahrhunderts die Veredlung der Fördermaschinentechnik mit Riesenschritten einherging. Sowohl die lange Zeit in ihrer weiteren Durchbildung stehengebliebene Dampffördermaschine als auch die elektrische Fördermaschine haben infolge ihrer technischen Vollkommenheit einen derart großen Einfluß auf den Bergbaubetrieb gewonnen, daß dessen wirtschaftliche Hebung zu einem beträchtlichen Teil diesen Fördereinrichtungen zu verdanken ist.

Heftiger denn je tobt heute der Kampf zwischen der Dampffördermaschine einerseits und der elektrischen Fördermaschine andererseits. Neue Erfindungen und Verbesserungen wirtschaftlicher Natur wie auch in Rücksicht auf die Regelung und Sicherung der Maschine spornen zum gegenseitigen Wettkampf der beiden Rivalen an.

Aus den oben geschilderten Darlegungen heraus ist es daher zu erklären, daß das Interesse des Bergbautreibenden und im gleichen Maße auch des Erbauers jener Maschinen mehr und mehr einer Beherrschung der Fördermaschinentechnik zuneigt. Die folgenden Ausführungen versuchen darum, die Möglichkeit einer eingehenden Kenntnis durch eine gemeinverständliche Darstellung jener beiden für den Bergbau so überaus wichtigen Maschinengattungen zu vermitteln. Darüber hinaus will das Buch dem Leser auch ein übersichtliches Bild des derzeitigen Standes dieses dem Bergbau eigentümlichen, in der Entwicklung ständig fortschreitenden Sonderzweiges der Fördertechnik bieten.

II. Einteilung der Fördermaschinen.

Bei einer jeden Förderanlage sind die nachfolgenden Hauptbestandteile zu unterscheiden:

1. das Förderseil, deren frei in den Schacht herunterhängende Enden die Last (den Förderkorb bzw. Förderkübel einschließlich der darin enthaltenen Last) tragen;

2. der Seilträger, bestehend aus einer Trommel oder einer Treibscheibe (Reibungsscheibe);

3. die Antriebsmaschine (Fördermaschine im engeren Sinne).

Im allgemeinen wird das Förderseil derart über dem Seilträger gelagert, daß beide Seilenden gleichzeitig frei im Schacht auf- und ablaufen können. An jedem Seilende hängt ein Förderkorb bzw. Förderkübel. Beide Fördergestelle stehen jedoch in einer verschiedenen Höhenlage zueinander und zwar dergestalt, daß bei einer Endstellung beispielsweise der eine Korb auf dem höchsten Punkt, der sogenannten Hängebank (der über Tage liegenden Bühne, auf der das Abziehen der vollen Förderwagen und das Einsetzen der leeren Wagen in den Korb stattfindet), aufsitzt, während der zweite Förderkorb in dem gleichen Augenblick auf der Sohle des Schachtes (dem tiefsten Punkt der Förderanlage) sich befindet. Wird nun der Seilträger, etwa eine Trommel, durch die Antriebsmaschine in Bewegung versetzt, so wird hierbei das tieferliegende Seilende auf der Trommel aufgewickelt, also mit dem daran hängenden Förderkorb hochgezogen, während gleichzeitig das zweite Seilende von der Trommel abgewickelt wird und so samt dem angeschlossenen Förderkorb in die Tiefe fährt. Dadurch wird ein nahezu ununterbrochener Förderbetrieb ermöglicht. Wir können somit das Förderseil als den Vermittler des Förderkorbverkehrs zwischen der Hängebank und der Schachtsohle ansprechen.

Weil nun das mit beiden Enden in den Schacht hineinragende Förderseil eine doppeltwirkende Förderung zuläßt, hatte sich für diese Seilanordnung im Bergbau die Bezeichnung „zweitrümige Anlage" eingebürgert. Die Notwendigkeit hierzu ergab sich bei der Einführung dieser Bauart. Man wollte damit die unterschiedlichen Merkmale zwischen dieser und der „eintrümigen" Anlage klar hervorheben. Unter einer eintrümigen Förderanlage verstehen wir so-

1*

nach eine einfachwirkende Anlage, d. i. jene, bei der nur ein Seilende in den Schacht hineinragt. Für das Heben und Senken der Last ist hierbei stets nur das gleiche Seilende anwendbar.

Eintrümige Förderanlagen. — Die eintrümigen Anlagen werden im Bergbau nur noch gelegentlich und zwar für bestimmte, nur zeitweise wiederkehrende Zwecke, beispielsweise zum Herunterlassen schwerer Teile oder auch für die Baustoffzufuhr (Einbauholz, Maschinenersatzteile usw.), zum Nachführen von Senkpumpen bei Schachtabteufungen und ähnliches mehr verwendet. Für Förderzwecke sind sie wegen ihrer geringen Leistungsfähigkeit nicht gut brauchbar. Sie sind somit im Bergbau nur von nebengeordneter Bedeutung.

Die eintrümigen Förderanlagen bestehen in der Hauptsache aus dem weiter oben erwähnten Förderseil, einem Trommelwindwerk (beispielsweise einer Kabelwinde) mit einfachem oder doppeltem Zahnradvorgelege und der Antriebsvorrichtung.

Bei dem Trommelwindwerk ist infolge des mangelnden Seilgewichtsausgleichs für eine gute Ausrüstung durch Brems- und Sperrvorrichtungen zu sorgen. Das Förderseil wird von der Trommel auf- und abgewickelt und zum Teil nebeneinander, teilweise übereinander gelagert.

Der Antrieb erfolgt entweder durch Muskelkräfte oder mittels besonderer Dampf-, Preßluft- oder elektrischer Kraftmaschinen. Erfolgt der Antrieb von Hand aus, so müssen zur Erreichung einer möglichst hohen Sicherheit sämtliche Zahnradvorgelege in doppelter Ausführung vorhanden sein. Diese Forderung fällt bei mechanischem Antrieb fort, weil hier die Gefahren eines plötzlichen Versagens der Antriebskraft nicht annähernd so groß sind.

Zweitrümige Förderanlagen. — Eine zweitrümige Förderanlage liegt dagegen bei den sogenannten Förderhaspeln vor, weiterhin auch bei den Hauptschachtfördermaschinen und schließlich noch bei den Maschinen für Abteufzwecke.

In ihrem Wesen unterscheiden sich die Förderhaspel von den gewöhnlichen Winden — dem Trommelwindwerk — hauptsächlich durch die Anwendung des zweitrümigen Förderseils und in dem Vorhandensein weitgehender Sicherheitsvorrichtungen. Sie haben sonach bereits eine gewisse Ähnlichkeit mit den eigentlichen Schachtfördermaschinen. Was sie aber von den Hauptfördermaschinen trennt, das sind neben den kleineren Abmessungen die geringeren Geschwindigkeiten, dann aber auch die kleineren Fördermengen und die kürzere Lebensdauer. Hinzu kommt noch das Fehlen verschiedener wesentlicher Vorrichtungen für die Regelung und Sicherung der Maschine. Ohne diese ist aber heute eine Hauptfördermaschine schlechterdings unmöglich. Daraus ergibt sich auch das Anwendungsgebiet der Haspel. Sie kommen hauptsächlich für die sogenannte Nebenförderung in Frage.

Spricht man jedoch im Bergbau allgemein von Fördermaschinen, dann sind darunter stets die zweitrümigen Hauptschachtförderanlagen zu verstehen, also jene Fördereinrichtungen, die einen nahezu ununterbrochenen Betrieb bei höheren Seilgeschwindigkeiten und einer größeren Lastenhebung ermöglichen und dabei die denkbar weitgehendsten Sicherheitsvorrichtungen besitzen.

Im Sinne der vorstehenden Begriffsbestimmungen kann man demnach die Fördermaschinen einteilen:

1. Nach der Anzahl der im Schacht laufenden Förderseile in:

 a) eintrümige Maschinen,
 b) zweitrümige Maschinen.

Eine Sonderklasse der zweitrümigen Förderanlagen stellen ferner noch die sogenannten Abteufmaschinen dar.

2. Nach ihrer Verwendung in:

 a) Fördermaschinen (für Hauptförderungen),
 b) Förderhaspeln (für Nebenförderungen),
 c) Winden (für Sonderförderungen).

Eine weitere Einteilung folgt aus der Art der Seilträger. Wir haben da Maschinen mit zylindrisch oder kegelförmig ausgebildeten Trommeln, weiterhin mit sogenannten Bobinen und schließlich mit Treibscheiben. Bei der Trommelmaschine wird das Seil beim Hochziehen der Förderlast in nebeneinanderliegenden Windungen auf dem Trommelmantel aufgewickelt. Bei den Bobinen wird das Förderseil hingegen auf einer seilscheibenförmigen Trommel in übereinanderliegenden Windungen aufgerollt, so daß mit zunehmender Seilaufwicklung auch der Trommeldurchmesser wächst und umgekehrt mit der Seilabwicklung der Trommeldurchmesser kleiner wird. Auch die Treibscheibe stellt einen Maschinenteil dar, der in seinem Aufbau und in seiner Arbeitsweise einer Seilscheibe gleicht. Ähnlich wie bei der Seilscheibe wird hier das Förderseil — im Gegensatz zur Trommel oder Bobine — nicht auf der Treibscheibe aufgespeichert. Das Seil läuft vielmehr, von einer Seite kommend, auf der andern wieder verschwindend, über die durch die Antriebsmaschine in drehende Bewegung versetzte Treibscheibe nur hinweg. Bei diesem Arbeitsvorgang wird das Förderseil lediglich durch die Reibung zwischen Seil und Treibscheibe mitgenommen.

Die Fördermaschinen können somit

3. nach der Art der Seilträger eingeteilt werden in:
 a) Trommelmaschinen und zwar in solche
  α) mit zylindrischen Trommeln,
  β) mit kegelförmigen Trommeln;
 b) Bobinenmaschinen;
 c) Treibscheibenmaschinen.

4. Nach der Art des Antriebes in:
   a) Dampffördermaschinen;
   b) elektrische Fördermaschinen.

Daneben sind noch zu erwähnen Fördermaschinen
   c) mit Preßluftantrieb;
   d) mit Wasserkraftantrieb;
   e) mit Muskelantrieb.

Eine wesentliche Rolle spielen im Bergbau vor allem die Dampf- und die elektrisch angetriebenen Fördermaschinen, während ein Preßluftantrieb vielfach noch bei kleineren Förderhaspeln, beispielsweise in Bremsberganlagen oder auch bei der Förderung in Hilfsschächten, vorkommt. Diese Art der Hebemaschinen unterscheidet sich nur unwesentlich von denen mittels Dampf angetriebenen Maschinen, sodaß eine besondere Behandlung der Preßluftförderhaspel sich erübrigt. Von den beiden verbleibenden Antriebsarten hat für den Bergbau nur noch der Handantrieb eine gewisse Bedeutung.

Eine weitere Einteilung der Fördermaschinen ergibt sich schließlich noch

5. aus der Art der Förderbehälter.

Je nachdem, ob die Nutzlast in besonderen, auf Förderschalen oder Körben aufgeschobenen Wagen gehoben wird, oder ob ihre Förderung unmittelbar vermittels am Seil hängender großer Kübel oder Gefäße erfolgt, sind zu unterscheiden:

   a) Maschinen mit Korbförderung,
   b) Maschinen mit Gefäßförderung.

Die erstere Art, die Korbförderung, ist die üblichere, doch findet in neuerer Zeit die Gefäßförderung, bei der das Auffüllen der Kübel von einem am Füllort eingebauten Bunker aus selbsttätig geschieht — desgleichen auch das Entleeren der Gefäße über Tage — namentlich im Kohlenbergbau u. a. zur Erzielung größerer Förderleistungen immer mehr Beachtung.

III. Allgemeine Anordnung der Fördermaschinen.

Die Fördermaschinen werden entweder seitlich vom Schacht — etwa in Flurhöhe (Geländehöhe) — oder aber auf einem besonderen Gerüstturm (dem sogenannten Förder- oder Schachtgerüst) unmittelbar über dem Schachte aufgestellt.

Nach der Art ihrer Aufstellung sind daher zu unterscheiden:
   1. Flur-Fördermaschinen (Abb. 1 und 2),
   2. Turm-Fördermaschinen (Abb. 3 und 4).

Wenn auch eine rein äußerliche Erscheinung, nämlich der Standort der Fördermaschine, für deren Bezeichnung als Flur- oder Turmmaschine bestimmend ist, so muß doch festgehalten werden, daß mit

Obere
Hängebank
Seilscheibe
Hänge-
bank
Seilträger
Unterseil
Füllort
Schuckmannflöz,
Niederbank
von oberer Hängebank
bis Füllortsohle = 249,26 m
Pochhammer
Flöz
von oberer Hängebank
bis Füllortsohle = 373,25 m

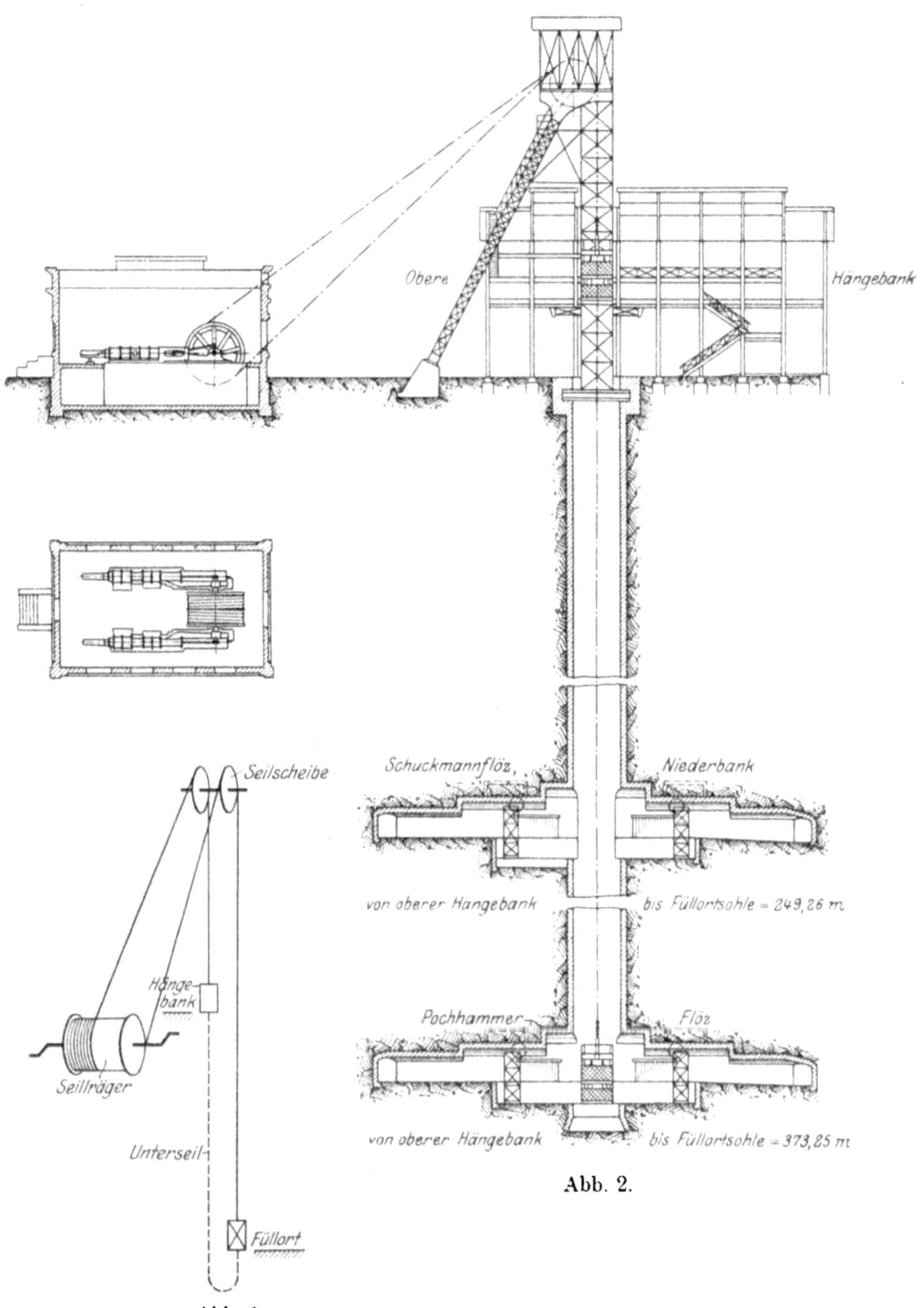

Abb. 2.

Abb. 1.

der getroffenen Wahl des Standortes gleichzeitig die Maschinengattung festgelegt ist. Während als Flurmaschinen mittels Dampf oder durch elektrischen Strom angetriebene Trommel- oder Treibscheiben-, ebenso auch Bobinenmaschinen verwendet werden können, kommen für die Turmmaschinen besonders bei größeren Schachttiefen nur die Treibscheibenmaschinen und zwar fast ausschließlich die elektrisch betriebenen in Frage. (Bei einer Seiltrommel wandert das Seil während eines Aufzuges über die Länge der Seiltrommel hin. Es kann daher bei der geringen Entfernung der Leitscheiben — s. Abb. 3 und 4 — nicht zur Korbmitte abgelenkt werden, ohne einen unerträglichen Seitenzug zu erfahren. Ähnliche Erwägungen verbieten auch den Einbau von Bobinen.) Man hatte auch versucht, Dampf-Treibscheibenmaschinen als Turmmaschinen anzuwenden (so war

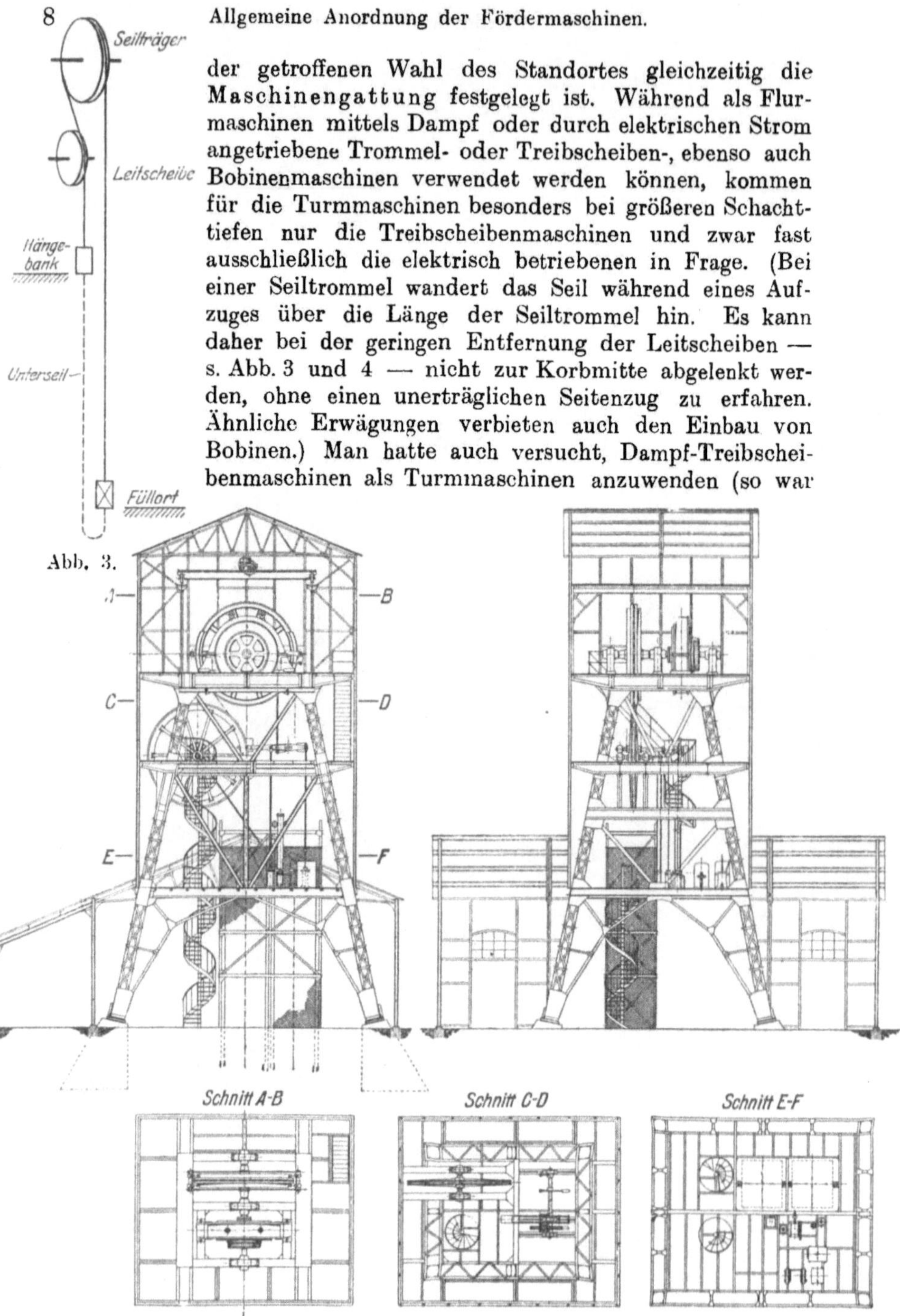

Abb. 4.

die erste von Koepe im Jahre 1878 angefertigte Turmmaschine
kleiner Leistung eine Dampffördermaschine gewesen, und im Jahre
1914 hatte auch die „Gutehoffnungshütte", A. G. für Bergbau
und Hüttenbetrieb, auf der Zeche Neumühl in Hamborn[1]) eine
solche Turmmaschine eingebaut). Diese Bauart hat sich jedoch wenig
bewährt und daher keine weitere Anwendung gefunden.

1. Flurfördermaschinen.

Bei der seitlich in einem gewissen, später zu besprechenden Abstande vom Schacht stehenden Flurmaschine (Abb. 1 und 2) erfolgt
die Führung der Förderseile in einrilligen, in dem oberen Teil des
Schachtgerüstes eingebauten Seilscheiben. Jede Seilscheibe ist dergestalt anzuordnen, daß die Seilablaufstelle über der Mitte des zugehörigen Förderkorbes liegt. Ihre übrige Lage ergibt sich aus der
Stellung der Fördermaschine. Das Förderseil wird somit über die
Seilscheibe hinweg zur Förderkorbmitte geleitet.

Je nach der Stellung der Förderkörbe zueinander und zur Richtung der Seilträgerachse erfolgt auch die Lagerung der Seilscheiben
über- oder nebeneinander. Liegen beispielsweise zwei Förderkörbe
mit ihrer Wagenlaufrichtung parallel zur Seilträgerachse nach Abb. 17,
so werden die Seilscheiben übereinandergelagert. Aus Zweckmäßig-
keitsgründen wird die untere Hälfte einer jeden Seilscheibe mittels
Eisenblech abgedeckt, so daß dieser Seilscheibenteil in einem der Seil-
scheibenform angepaßten Eisenkasten — dem Seilscheibentrog —
eingehüllt ist. Damit die Bewegungsfreiheit der Seilscheibe nicht ein-
geschnürt wird, muß der Seilscheibentrog allseitig durch einen Abstand von der Seilscheibe getrennt sein.

Der Seilscheibendurchmesser wird in der
Regel bis zu 6,0 m angenommen. In einigen Fällen
können wir auch eine Überschreitung dieses Grenz-
maßes feststellen, beispielsweise auf Concordia und
Donnersmarkhütte, wo der Seilscheibendurchmesser
8,0 m beträgt.

Der auf die Seilscheibe wirkende gesamte
Seildruck (Abb. 5) wird von dem die Seilscheiben
tragenden, früher in Holz jetzt vorwiegend in Eisen
— neuerdings auch in Eisenbeton — ausgebildeten
Turmgerüst aufgenommen. Die durch das Kräfte-
parallelogramm nach Größe und Richtung bestimmte
resultierende Gesamtdruckkraft R der Seilscheiben

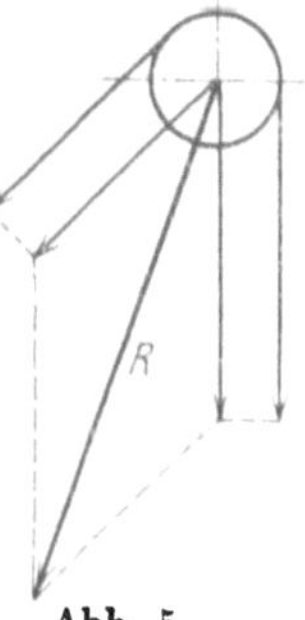

Abb. 5.

ist bestrebt, das Turmgerüst in der Richtung der Kraft R umzu-
biegen. Diese der Förderanlage schädliche Wirkung wird allgemein
durch den Einbau zweier mit dem eigentlichen Schachtgerüst und
häufig noch miteinander starr verbundener Turmgerüstdruckstreben

---

[1]) Zeitschr. d. Ver. deutsch. Ing. 1916, S. 978 und 1917.

aufgehoben (Abb. 2). Ihre Lage (als Druckstreben nach der Förder-
maschinenseite zu) und Neigung folgt aus der Richtung der Resultierenden *R*.

In etwa 8,0—12,0 m Höhe wird in dem Turmgerüst eine feststehende Bühne, die Hängebank, eingebaut (Abb. 2).

Von wesentlicher Bedeutung ist die Höhenlage der Seilscheiben
im Fördergerüst, d. i. der senkrechte Abstand zwischen Seilscheiben-
mitte und der Hängebank (Abb. 6, Abstand a). Diese Entfernung darf

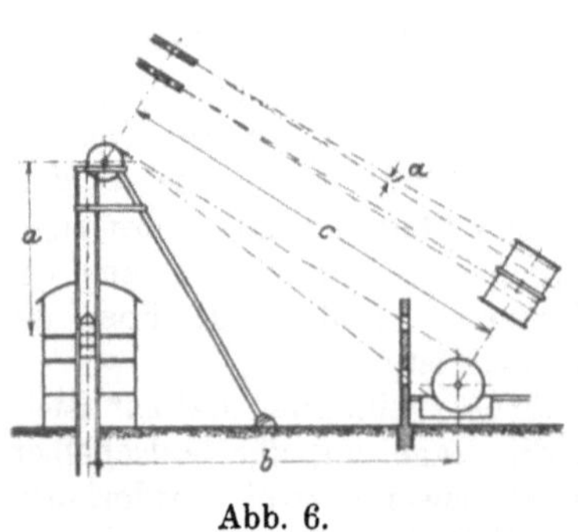

Abb. 6.

aus Sicherheitsgründen nicht zu gering bemessen werden. Es kann
nämlich vorkommen, daß der Förderkorb aus irgendwelchen Ursachen
über die Hängebank hinausfährt.
In diesem Falle kann nur genügend
großer Spielraum zwischen der Hängebank und den Seilscheiben eine Beschädigung der Förderanlage infolge
Anstoßens des Förderkorbes an den
Seilscheiben verhindern und das spä-
tere selbsttätige oder durch den Maschinenführer geleitete Stillsetzen des
Förderkorbes auf die Hängebank er-
möglichen. Je größer sonach der Höhenunterschied ist, um so größer
ist auch die Sicherheit gegen Betriebsstörungen. Aus diesen Erwägungen heraus sollte daher diese Entfernung niemals kleiner sein
als: Förderkorbhöhe plus 6,0 m. Im allgemeinen wird dieses
Maß je nach dem Grade der vorliegenden Fördergeschwindigkeit überschritten und zwar bis zu einem Werte von: Korbhöhe plus 14,0 m
und selbst noch darüber hinaus. So finden wir, wenn auch vereinzelt,
Anlagen, bei denen der gesamte Höhenunterschied zwischen Seilscheiben-
mitte und Flur über 30,0 m, bei übereinanderliegenden Seilscheiben
bis zu 35,0 m und darüber beträgt (Carmerschacht 39,2 m, Eduard-
schacht der Grube Anna II des Eschweiler Bergwerksvereins 40 m).

Von gleicher Bedeutung ist weiterhin auch die richtige Bemessung
der Entfernung zwischen der Schachtmitte und der Mitte
der Seilträgerwelle (Abstand b in Abb. 6). Bei zu geringem Abstande liegt die Gefahr vor, daß bei den Trommelmaschinen das auf
dem Seilträger hin und her wandernde Förderseil zu stark an die
Rillenwandungen der fest eingebauten Seilscheiben anläuft. Bei der
Trommel wiederum werden beim Aufwickeln durch den gleichen Fehler
die äußeren Seilwandungen je zweier benachbarter Seilwindungen
übermäßig stark gegeneinander gedrückt. Diese Erscheinung kann zu
einem unordnungsmäßigen Seilaufwickeln auf der Trommel führen.
Die Auswirkung jener Fehlerquelle ist in einer starken Seilabnutzung
zu erblicken.

Auch bei den Treibscheibenmaschinen mit nebeneinander liegenden Seilscheiben darf in Rücksicht auf ein gutes Laufen des Seiles

in der Treibscheibenrille jener Abstand nicht zu gering bemessen werden.

Eine zu große Entfernung des Seilträgers von der Schachtmitte hat wiederum — namentlich beim Dampfbetrieb infolge der hierbei auftretenden Kraftschwankungen in der Maschine und der daraus resultierenden Geschwindigkeitsschwankungen — den Nachteil, daß das Förderseil stark schlägt und dadurch leicht aus den Seilrillen der Seilscheibe springen kann.

Einen Maßstab für die günstigste Lage der Flur-Fördermaschine zur Seilscheibe bietet die Kenntnis der Größe des Seilablenkungswinkels α (Abb. 7), d. i. jener Winkel, den die auf der Seilträgerlängsachse senkrecht stehende Seilscheibenebene mit der Verbindungslinie zwischen der äußersten Trommelwindung und der Seilscheibenebene bildet.

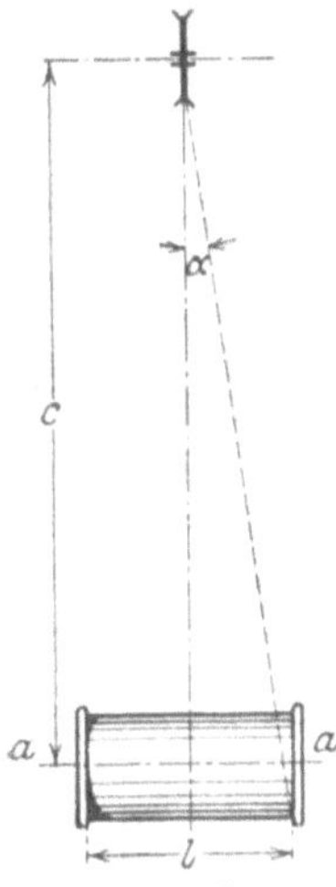

Abb. 7.

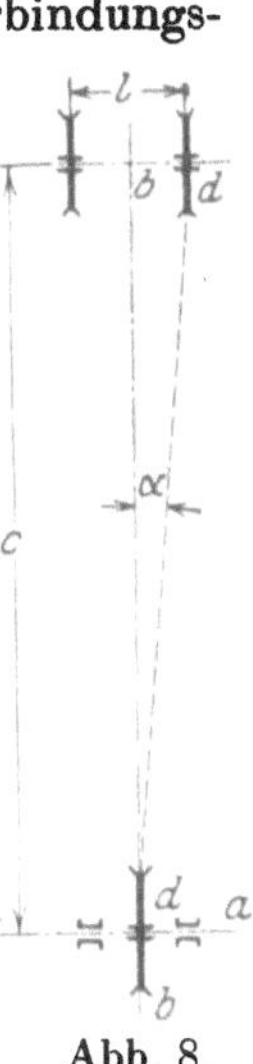

Abb. 8.

Ähnlich ermittelt man die Größe des Ablenkungswinkels bei den Treibscheibenmaschinen mit nebeneinanderliegenden Seilscheiben. Der Winkel α wird hier begrenzt von der Senkrechten b—b — errichtet in der Treibscheibenachse — und der Verbindungslinie d—d zwischen der Seilscheiben- und Treibscheibenebene (Abb. 8).

Die Betrachtung der Abb. 7 zeigt uns, daß der Winkel α bei Trommelmaschinen mit fortschreitender Seilaufwicklung bzw. -abwicklung seine Größe ändert. Offenbar erreicht α den Größtwert in der äußersten Lage des Förderseils auf der Trommellängsachse. Anders bei den Treibscheibenmaschinen. Hier hat der Winkel α stets einen gleichbleibenden Wert, weil eine seitliche Förderseilabwicklung auf der Treibscheibe nicht stattfinden kann. Dieser Zustand verdient unsere volle Aufmerksamkeit. Gemäß Abb. 7 und 8 ist $\operatorname{tg} \alpha = \dfrac{l/2}{c}$. Daraus folgt, daß bei den Treibscheibenanlagen mit zunehmender Größe des Abstandes l der beiden Seilscheiben voneinander auch der Seilableitungswinkel größer wird, und umgekehrt wird mit zunehmender Größe des Abstandes c und gleichbleibendem Seilscheibenabstand l der Ablenkungswinkel α kleiner.

Die Erfahrung lehrt nun, daß der Seilablenkungswinkel nach Möglichkeit den Wert von $1^0\,30'$ nicht überschreiten soll. In der Regel schwankt dieser Wert zwischen 1^0 und $1^0\,30'$, wenn auch hin und wieder größere Winkel vorkommen bis zu etwa $2^0\,40'$, nämlich dann, wenn die örtlichen Verhältnisse eine normale Aufstellung der Flurmaschine verbieten. Immerhin sollte man zur Verhütung von Betriebsstörungen durch ein Hinausspringen des Seiles aus den Seilscheibenrillen, bzw. um das Förderseil vor unnatürlicher Abnutzung zu schützen, die angegebenen Grenzwerte für den Ablenkungswinkel ohne Not niemals überschreiten.

Für den horizontalen Abstand der Schachtmitte von der Seilträgerwelle (Abstand b in Abb. 6) ist zu wählen:

Für zylindrische Trommeln: $b =$ den 35—40fachen Wert der Trommelbreite.

Für kegelförmige Trommeln: $b =$ den 20—30fachen Wert der Trommelbreite.

Gebräuchlich sind folgende Werte:

Für die zylindrischen und kegelförmigen Trommeln, ebenso auch für die Treibscheibenmaschinen soll der Abstand $b = 40$ bis 50 m betragen; für Bobinenmaschinen genügt dagegen eine Entfernung von 25—30 m. Über 50 m geht man nicht gern hinaus, weil dann ein starkes Schlagen der arbeitenden Förderseile eintritt. Da im allgemeinen der Abstand b vom Trommeldurchmesser abhängt, empfiehlt es sich häufig, beispielsweise bei Trommelmaschinen für größere Schachttiefen, die

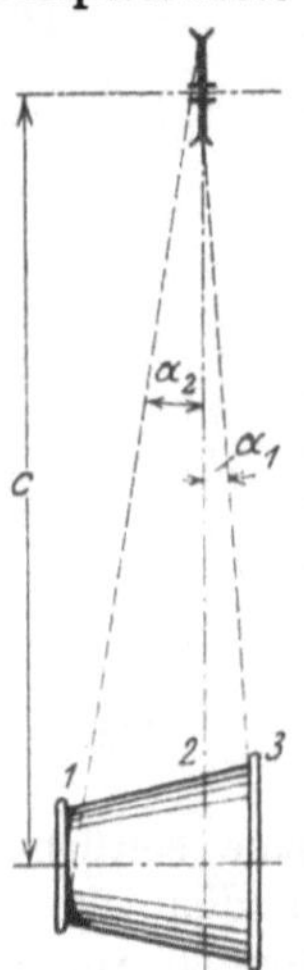

Abb. 9.

ja verhältnismäßig große Seillängen erfordern, zur Einhaltung des horizontalen Abstandes die Länge der Trommeln zu verkleinern und dafür den Durchmesser der Seilträger zu vergrößern, wodurch auch gleichzeitig — mit Rücksicht auf die Seilbiegung — die Haltbarkeit des Förderseiles erhöht wird. Ein anderes Hilfsmittel besteht darin, die Seillagen ein oder mehrere Male auf der Trommel übereinander winden zu lassen. Hier ist aber zu bedenken, daß dieses Hilfsmittel der Seilhaltbarkeit nicht förderlich ist.

Während bei den Fördermaschinen mit zylindrischen Trommeln die Seilscheibenebene in der Mitte des Seilträgers liegt (Abb. 7), um einen gleich großen Seilablenkungswinkel nach beiden Seiten hin zu erhalten, werden die Seilscheiben bei der Anwendung kegelförmiger Trommeln mehr oder weniger nach der Seite des größeren Durchmessers hinverlegt (Abb. 9). Die beiden Seilablenkungswinkel erhalten dadurch eine verschiedene Größe. Bei dieser Anordnung liegt der größere Winkel α_2 auf dem dünneren Ende der Trommel. Maßgebend für diese Anordnung ist die bessere Aufwicklung des Seiles auf dem Seilträger. Die einzelnen Windungen gleiten beim Auftreffen auf der glatten schrägen Mantelfläche in der schrägen Richtung, bis sie durch die vorhergehende Seilwindung aufgehalten werden. Die Folge ist ein sicheres Anliegen an der vorhergehenden Seilwindung und eine Verminderung der gegenseitigen Reibung beim Auftreffen zweier benachbarter Windungen. Es leuchtet ein, daß dadurch eine verminderte Seilabnutzung stattfindet im Gegensatz zu den zylindrischen Trommeln, wo bei der Seilaufwicklung jede nachfolgende Seilwindung das Bestreben zeigt, auf die vorgehende zu klettern und erst im weiteren Verlauf der jeweiligen Windung von der vorhergehenden abrutscht. Freilich darf nicht übersehen werden, daß durch die ungleichmäßige Seilscheibenstellung zum Seilträger die Seilreibung in der Seilscheibennut größer wird. Aber auch hier lehrt die Erfahrung, daß die gegenseitige Reibung der Windungen auf dem Seilträger wesentlich ungünstiger auf die Seilabnutzung einwirkt als jene in der Seilscheibennut.

Erwähnt muß noch werden, daß zur Erzielung eines guten Seilaufwickelns die kegelförmigen Trommeln einen Neigungswinkel zur Trommelachse von 18—23° nicht überschreiten dürfen.

Des öfteren werden auf dem Trommelmantel besondere Rillen für die Seilführung vorgesehen (Spiraltrommeln). In diesem Falle wird die Windungsreibung in eine Nutenreibung übergeführt. Die Auswirkung der Anwendung von Spiraltrommeln ist in einer wesentlich günstigeren Seilaufwicklung als bei jenen ohne eingedrehte Nuten zu erblicken, weil die spiralförmige Rille eine gute Führung der Seilwindungen erzwingt.

Bei den Spiraltrommeln ist im besonderen auf eine gute Lage der Seilscheiben zum Seilträger zu achten, um ein sicheres, einwandfreies Auflaufen des Seiles auf den Rillen der Trommel zu gewährleisten und eine geringe Seilabnutzung zu erzielen. Zwei Bedingungen sind hier zu erfüllen. Einmal darf der Neigungswinkel des kegelförmigen Rillenmantels den Wert von 43° nicht überschreiten. Dann muß aber auch die Seilscheibenebene möglichst nahe am Ende der größeren Trommelseite liegen (Abb. 9). Das ergibt sich aus der folgenden Überlegung. Während des Aufwickelns wandert das Seil über die Länge der Trommel. Auf beiden Seiten der Seilscheibenebene entsteht dabei — entsprechend der jeweiligen Stellung der Seilwindungen — ein seitlicher Zug (schräger Seilzug) von entgegengesetzter Richtung, der an den äußersten Seilwindungen einer jeden von der Seilscheibenebene getrennten Trommelscheibe seinen Größtwert erreicht, in der Seilscheibenebene dagegen gleich Null wird. Wird nun das Förderseil über einen kegelförmigen Trommelmantel gewickelt, so löst der schräge Seilzug auf jeder durch die Seilscheibenebene getrennten Trommelseite eine andere Wirkung aus. Bei den Windungen innerhalb der größeren Trommelseite ist diese Kraft nach dem ansteigenden Teile gerichtet. Der Absturz einer Windung innerhalb der Ebenen 1 und 2 (Abb. 9) ist mithin nicht zu befürchten. Anders dagegen bei den Windungen zwischen den Ebenen 2 und 3. Hier hat der Seilzug eine entgegengesetzte, also eine fallende Richtung. Damit ist aber die Möglichkeit eines Absturzes der Seilwindungen über die Rillen hinweg gegeben. Diese Gefahr ist namentlich bei Seilschwankungen recht groß. Aus jener Erwägung heraus muß daher die Seilscheibenebene der größten Seilwindung (3) möglichst nahe liegen, weil nur so der Seilablenkungswinkel für die gefährliche Trommelseite auf das geringste Maß beschränkt wird.

Die Abb. 10—18 zeigen die verschiedenen Möglichkeiten der Seilträgeranordnungen. Abb. 10 stellt zwei nebeneinander liegende Spiraltrommeln dar, wie sie vornehmlich bei kleineren Entfernungen der Förderkorbmitten voneinander vorkommen; Abb. 11 jene zweier

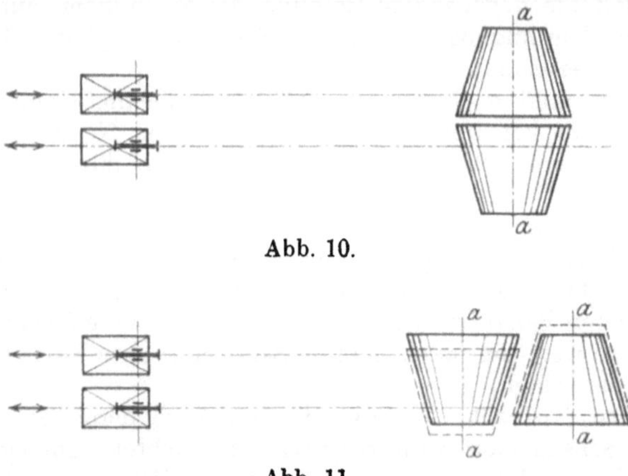

Abb. 10.

Abb. 11.

hintereinanderliegenden Trommeln. Die gestrichelte Lage der Spiraltrommeln ermöglicht es, die Seilebene nahe an die größte Windung zu legen. In beiden Ausführungsarten steht die Seilträgerachse $a—a$ senkrecht zum Förderwagenlauf. In Abb. 12 und 13

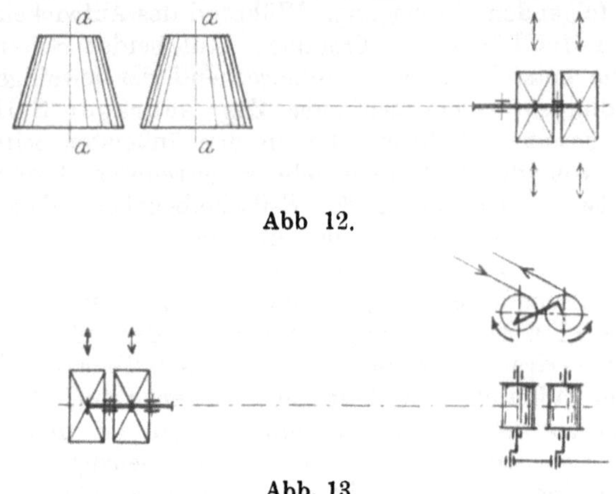

Abb 12.

Abb. 13.

liegen die beiden hintereinandersitzenden Trommeln parallel zum Förderwagenlauf. Nebeneinanderliegende Trommeln würden hier bei den üblichen Entfernungen des Seilträgers vom Schachte ab einen zu großen Seilablenkungswinkel ergeben. Die Abb. 13 zeigt weiterhin, wie durch zweckentsprechende Verbindungsteile der beiden

Trommelwellen eine entgegengesetzte Drehrichtung der Trommeln erreicht werden kann. Die Folge jener Anordnung ist, daß auf beiden Seilträgern das Förderseil als Oberseil läuft. (Das Auftreffen bzw. Verlassen des Förderseiles erfolgt beim Oberseil, auch „oberschlägiges Seil" genannt, stets von dem obersten, also höchsten Punkte der Trommel — siehe die obere Darstellung in Abb. 13 — im Gegensatz zum „unterschlägigen Seil", bei dem das Auf- bzw. Abrollen von der tiefsten Trommelstelle stattfindet.) Dadurch wird einmal der Betrieb für den bedienenden Maschinenführer übersichtlicher gestaltet, der jede Störung des Seillaufs im Augenblick ihrer Entstehung bemerken und durch Stillegung der Maschine Unfälle verhüten kann; zum andern aber hat sowohl das Seil auf der Trommel wie auch auf der

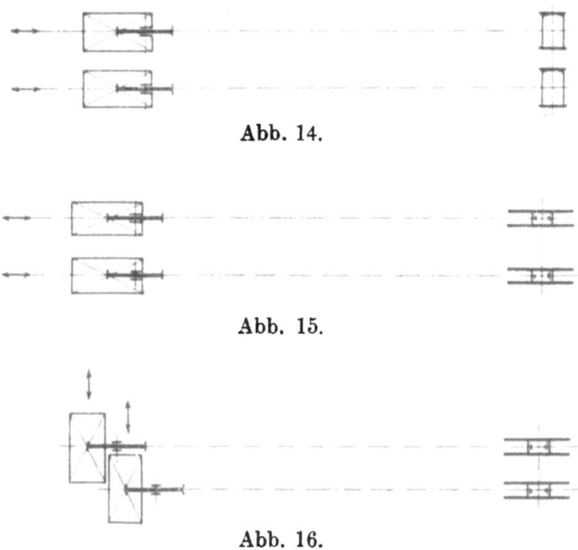

Abb. 14.

Abb. 15.

Abb. 16.

Seilscheibe stets die gleiche Umlaufsrichtung. Das Förderseil wird daher nicht so ungünstig beansprucht, wie bei Seilbiegungen in zweifacher Richtung, also bei einem unterschlägigen Seil, bei dem die Seilbiegung auf der Trommel die umgekehrte Richtung der Seilbiegung auf der Seilscheibe hat.

Wie bei den Maschinen mit nebeneinanderliegenden zylindrischen Trommeln wird auch bei nebeneinandersitzenden Bobinen durch eine senkrecht zum Förderwagenlauf liegende Seilträgerachse der günstigste Einlauf erzielt (Abb. 14 und 15). Soll die Bobinenachse parallel zum Förderwagenlauf liegen, dann müssen entweder die beiden Bobinen auf hintereinandergeschalteten Achsen in der Seilscheibenebene eingebaut werden, oder aber es müssen nach Abb. 16 die Förderkorbmitten um ein entsprechendes Stück gegeneinander versetzt werden.

Bei Treibscheibenmaschinen ist für den Seillauf die Aufstellung der Maschinen mit parallel zum Förderwagenlauf gehender Seilträgerachse am zweckmäßigsten (Abb. 17). Eine Lösung, die Seilträgerachse senkrecht zum Förderwagenlauf auch bei Treibscheibenanlagen

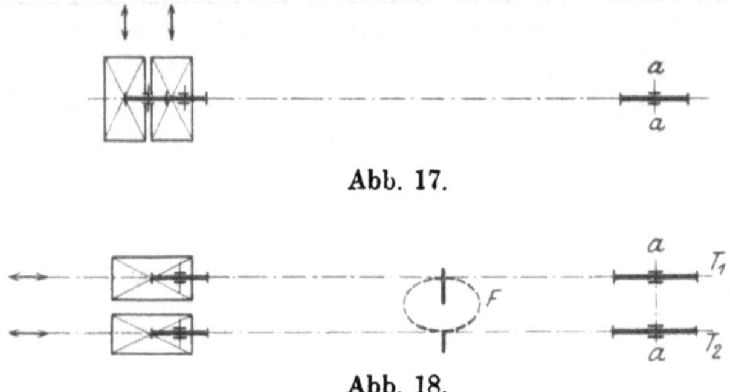

Abb. 17.

Abb. 18.

anzuordnen, zeigt Abb. 18. Um hier den für Reibungsseilscheiben besonders nachteiligen Seilablenkungswinkel zu vermeiden, sind zwei parallel sitzende, gemeinsam angetriebene Treibscheiben T_1 und T_2 mit einer entsprechend der Entfernung der beiden Treibscheibenebenen geneigt aufgestellten Umführungsscheibe F so eingebaut, daß das Förderseil stets in der Ebene der Gerüstseilscheibe von den Treibscheiben abläuft (Bauart Cravens-Heckel). Auch bei der Anordnung nach Abb. 90 wird durch zwei Treibscheiben und durch zweckentsprechend eingebaute Umführungsscheiben das Förderseil in den Ebenen der nebeinanderliegenden Gerüstscheiben abgeleitet.

2. Turmfördermaschinen.

Die Turmfördermaschinen (Abb. 3 und 4), die in neuerer Zeit als Treibscheibenmaschinen mehr und mehr in Anwendung kommen, unterscheiden sich von den Flurfördermaschinen hauptsächlich dadurch, daß sie in dem oberen Teil des Fördergerüstes aufgestellt sind und deshalb die Seilscheiben entbehrlich machen. Der Seillauf geschieht hierbei in der Weise, daß der eine Förderseiltrum unmittelbar von der Treibscheibe (Abb. 3 und 4) zur Mitte des einen Förderkorbes hinabläuft, während der andere Seiltrum über eine unterhalb der Treibscheibe sitzende Ablenk- oder Leitscheibe zur Mitte des anderen Förderkorbes geführt wird. Diese Anordnung hat den Vorteil, daß an Stelle der bei Flurfördermaschinen erforderlichen beiden Seilscheiben nur eine Leitscheibe als zu beschleunigende Masse in Betracht kommt, und daß der die Kraftübertragung beeinflussende Umschlingungswinkel zwischen der Reibungs- oder Treibscheibe und dem Seil größer ausfällt (bis zu $1{,}3 \cdot \pi$) gegenüber höchstens $1{,}1 \cdot \pi$ bei Flurmaschinen (vgl. Abb. 1 und 3). Ein weiterer Vorzug besteht darin, daß die gesamte Förderseillänge eine kürzere wird, weiterhin wird das Förderseil gegen Witterungseinflüsse besser geschützt und schließlich auch das Schlagen des Seiles verringert. Hinzu kommt noch der Wegfall eines besonderen Maschinenhauses mit seinen schweren Maschinenfundamenten, wie der seitliche Seilzug bei Flurmaschinen es bedingt. Die Anlagekosten, insbesondere aber die Seilkosten, werden daher im allgemeinen geringer. Auch das Schachtgerüst wird durch Seitenkräfte nicht beansprucht; es fallen somit die Druckstreben fort. Andrerseits erhalten die Turmmaschinen ein erhöhtes und wesentlich stärkeres, also teureres Fördergerüst. Ein weiterer Nachteil besteht in der Möglichkeit einer Beschädigung der Maschine bei einem Übertreiben der Förderkörbe, sowie in der Abweichung der Schachtmitte gegenüber ihrer ursprünglichen Lage bei Schachtbewegungen, wodurch die Aufstellung der Maschine in Rücksicht auf einen ordnungsgemäßen Seil- und Förderkorblauf eine mehr oder weniger ungenaue wird.

Die Turmfördermaschinen sind namentlich da am Platze, wo die örtlichen Verhältnisse (Raummangel) eine seitliche Aufstellung der Maschine in Geländehöhe nicht zulassen, oder wo ein besonders schlechter Baugrund vorliegt.

IV. Rechnungsgrundlagen.

1. Allgemeines.

Von einer neuzeitlichen Fördermaschine wird bei einer gegebenen Nutzlast und einer möglichst kurzen Fahrtzeitdauer, d. h. bei möglichst großer Seilgeschwindigkeit, neben einer genügend großen Betriebssicherheit auch ein weitgehendes wirtschaftliches Arbeiten verlangt. Diese Bedingungen erfordern bei der Berechnung einmal eine Berücksichtigung der in früheren Zeiten allein ausschlaggebenden statischen, dann aber auch — und vor allem — der dynamischen Verhältnisse. Bei einer Fördermaschine mit ihrem abgesetzten Betriebe handelt es sich stets um die Hebung beträchtlicher Massen, die bei jedem Zuge aus dem Zustand der Ruhe in möglichst kurzer Zeit auf eine Höchstgeschwindigkeit beschleunigt und am Ende der Fahrt wieder auf die Geschwindigkeit Null gebracht werden müssen. Hierbei ist es von größter wirtschaftlicher Bedeutung, die zur Beschleunigung der Masse aufgewendete Energie im letzten Teil des Förderzuges, also beim Auslauf der Maschine, nach Möglichkeit wieder zurückzugewinnen bzw. zur Hebung der Last im letzten Teil jeder Förderung wieder nutzbar zu machen. Jegliche Bremsarbeit zur Aufzehrung der in den Massen aufgespeicherten lebendigen Kraft bedeutet einen Energieverlust.

2. Lastverhältnisse.

Bei einer Förderung hat man zu unterscheiden:
a) die Nutzlast,
b) die Totlast.

Nutzlast. — Die Größe der Nutzlast ist sehr verschieden. Sie hängt in erster Linie von der gewünschten Förderleistung ab. Man kann mit verhältnismäßig kleiner Nutzlast und großer Seilgeschwindigkeit oder mit einer größeren Nutzlast und geringeren Fördergeschwindigkeit ausschließlich der Förderpause dieselbe Leistung erzielen. Im Steinkohlenbergbau wird mit einer Nutzlast von 500—800 kg für einen Kohlenwagen gerechnet, so daß beispielsweise bei 8 Wagen mit einer Nutzlast von je 600 kg für jeden Förderzug ein gesamtes Nutzgewicht von $8 \cdot 600 = 4800$ kg vorliegt. In Braunkohlengruben ist die übliche Nutzlast je Förderwagen 350—400 kg, im Erzbergbau 500—800 kg und mehr (Bleierz 1800 kg je Wagen).

Totlast. — Die Größe der Totlast setzt sich zusammen aus:
1. dem Gewicht des Förderkorbes oder des Förderkübels einschließlich der Fangvorrichtung und des Zwischengeschirrs,
2. dem Gewicht der leeren Förderwagen bei Korbförderung.

Das Förderkorbgewicht hängt hauptsächlich von der Größe der Nutzlast und der Bauart der Körbe ab. Es wird beeinflußt durch die Anzahl der übereinanderliegenden Korbböden, die namentlich bei Körben für enge Schächte vorkommen und zur Aufnahme mehrerer Wagen übereinander dienen, sowie weiterhin von der aufzunehmenden Wagenzahl. In der Regel werden die Förderkörbe zweistöckig ausgeführt, doch gibt es auch Bauarten mit 3 und 4, ja bis zu 12 Böden. Das Eigengewicht der Förderwagen mit einem Fassungsraum von 0,3—0,6 cbm schwankt zwischen 200 und 450 kg und kann im Mittel zu 350 kg angenommen werden, so daß beispielsweise unter der oben angeführten Annahme von 8 Wagen mit je 600 kg Nutzlast und einem Wagengewicht von je 350 kg das Gesamtgewicht der beladenen Wagen $8 \cdot 600 + 8 \cdot 350 = 7600$ kg beträgt. Nimmt man weiterhin das Gewicht des Förderkorbes einschließlich der Fangvorrichtung und des Zwischengeschirres zu 6000 kg an, so erhält man als Gewicht eines Förderkorbes einschließlich Nutzlast $7600 + 6000 = 13600$ kg, ohne Nutzlast, also mit leeren Wagen, dagegen $8 \cdot 350 + 6000 = 8800$ kg.

Teiwes gibt für Förderköbe mit 1—8 Wagen und einer Nutzlast für jeden Wagen von 550 kg folgende Angaben (Tab. S. 19):

Es verhält sich demnach die Nutzlast zum Förderkorbgewicht im Mittel wie $1 : 1,5$; die Nutzlast zum Förderkorbgewicht einschließlich der leeren Wagen aber wie $1 : 2$. Das Verhältnis der Nutzlast zu einem Förderkübelgewicht ist wesentlich günstiger und dürfte etwa wie $1 : 1,2—1,1$ und noch darunter sein — ein besonderer Vorzug der Gefäßförderung gegenüber der Korbförderung.

Das Gewicht des meist aus Stahldraht mit einer Bruchfestigkeit von 120—220 kg/mm² bestehenden Förderseiles — in der Regel

Zahl der Wagen	Bau des Förderkorbes	Gewicht des Korbes in kg	Gewicht der Wagen in kg	Nutz-last in kg	Totlast = Korb + Wagen-gewicht in kg	Nutzlast zum Korb-gewicht	Nutzlast zur Totlast	Per-sonen-zahl bei Seil-fahrt
1	—	650	300	550	950	1 : 1,2	1 : 1,7	
2	—	2000	600	1100	2600	1 : 1,8	1 : 2,4	
4	2 Böden, Wagen nebeneinander	2500	1200	2200	3700	1 : 1,1	1 : 1,7	
4	2 Böden, Wagen hintereinander	3000	1200	2200	4200	1 : 1,5	1 : 1,9	
4	4 Böden	3000	1200	2200	4200	1 : 1,5	1 : 1,9	
6	3 Böden	4500	1800	3300	6300	1 : 1,5	1 : 1,9	30
8	4 Böden	6000	2400	4400	8400	1 : 1,4	1 : 1,9	40—50

Litzenseile mit 6 Litzen und einer Hanfseele — hat insbesondere
bei größeren Schachttiefen einen beträchtlichen Anteil an der Gesamtbelastung. Nimmt man für das oben angeführte Beispiel eine Schachttiefe von 700 m an und wird unter Zugrundelegung einer entsprechenden
Sicherheit für die zu hebende Last von 13600 kg ein Seil aus 6 Litzen
zu je 36 Drähten von 2 mm Durchmesser mit einer Bruchfestigkeit
von insgesamt 120000 kg und einem Seilgewichte von 6,5 kg/m gewählt,
so beträgt das Gesamtgewicht des Seiles 700 · 6,5 = 4550 kg. Bei
größeren Förderwegen ist das Seilgewicht oft erheblich größer als die
Nutzlast. In Abb. 19 ist die ungefähre Zunahme des Seilgewichtes

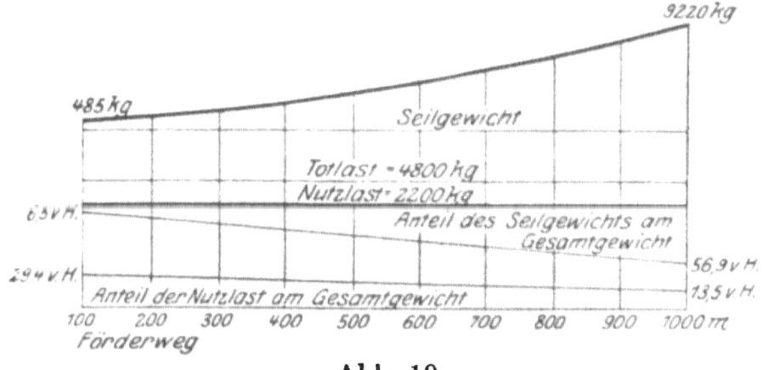

Abb. 19.

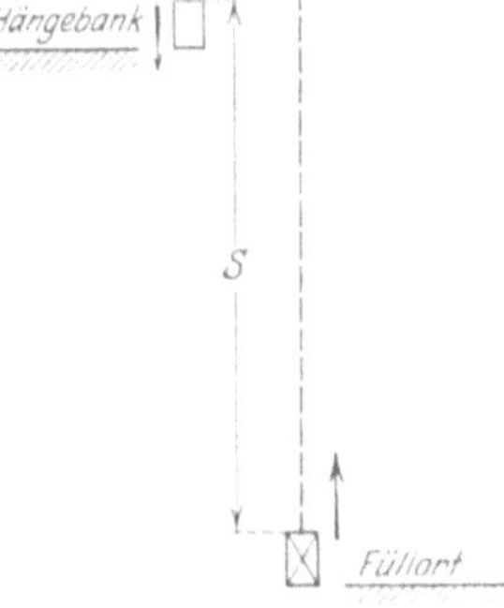

Abb. 20.

bei einer gegebenen Nutzlast von 2200 kg, einer
Totlast von 4800 kg mit größer werdendem Förder-
weg zeichnerisch dargestellt. Weiterhin gibt die
Abbildung den jeweiligen Anteil des Seilgewichtes
und der Nutzlast am Gesamtgewicht an. Bei einem
Förderweg von 1000 m beträgt beispielsweise das
Seilgewicht 9220 kg gegenüber der Nutzlast von
2200 kg, und der Anteil der Nutzlast am Gesamtgewicht ist nur
13,5 v. H., derjenige des Seilgewichtes dagegen 56,9 v. H. Infolge
der steten Änderung des Seilgewichtes S (Abb. 20) während eines
Zuges wird nicht nur eine verschieden große Beanspruchung der
Fördermaschine hervorgerufen, sondern es können auch durch den

abwärtsgehenden Förderkorb auf dem letzten Teil des Weges negative Momente auftreten, d. h. der Korb fährt dann von selbst abwärts und die Maschine muß stark gebremst werden. Hinzu kommt noch, daß beim Heben des vollen Korbes zu Beginn der Fahrt ein sehr großer Kraftverbrauch vorliegt. Man sucht deshalb das wechselnde Seilgewicht und damit die ungleichförmige Beanspruchung der Maschine auszugleichen. Über die verschiedenen Mittel der Seilgewichtsausgleichung wie Gegenseil und veränderliche Durchmesser der Seilträger ist im Abschnitt V auf Seite 57 Näheres aufgeführt.

3. Die statischen Momente.

Unter einem statischen Moment versteht man in der Fördertechnik das Produkt aus den Gewichten der am Seil hängenden nicht ausgeglichenen Massen einschließlich des Eigengewichtes des Förderseiles und dem jeweiligen dazugehörigen Hebelarm (Trommel- oder Scheibenhalbmesser). Dieses statische Lastmoment ist durch ein entgegengesetzt wirkendes Drehmoment der Antriebsmaschine zu überwinden.

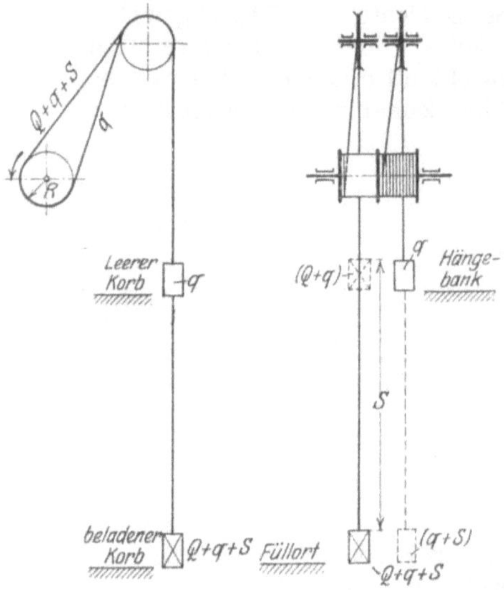

Bei einer zweitrümigen Förderanlage setzen sich die Kräfte der statischen Momente beim aufwärtsgehenden Förderseil zusammen aus den Gewichten der Nutzlast, des Förderkorbes einschließlich der Förderwagen bzw. des Förderkübels und der veränderlichen Seilgröße, bei dem abwärtsgehenden Förderseil aus dem Gewicht des Förderkorbes einschließlich der Wagen bzw. des Förderkübels und dem veränderlichen Seilgewicht.

Bezeichnet nach Abb. 21:
Q die Nutzlast,
q das Gewicht des Förderkorbes einschließlich des leeren Wagens bzw. das Gewicht des leeren Förderkübels,
S das der Länge des Förderweges entsprechende Seilgewicht,

Abb. 21.

R den gleichbleibenden Halbmesser der zylindrischen Trommel oder der Treibscheibe

und wird angenommen, daß das Anfahren mit einer ganz geringen gleichförmigen Geschwindigkeit geschieht, so daß die Beschleunigung unberücksichtigt bleiben kann, dann ist unter Vernachlässigung des Reibungswiderstandes im Schacht und in der Maschine das statische Moment beim Anfahren:

$$M_a = (Q + q + S - q) \cdot R = (Q + S) \cdot R$$

und am Ende der Fahrt:

$$M_e = [Q + q - (q + S)] \cdot R = (Q + q - q - S) \cdot R$$
$$M_e = (Q - S) \cdot R.$$

Wie auch aus der Abbildung ersichtlich, heben sich also die Korbgewichte einschließlich der Wagen (Totlast q) gegenseitig auf. Ist beispielsweise die Nutzlast 4400 kg, der Förderweg 600 m, der Trommelhalbmesser 4 m und wird ein Förderseil gewählt mit einem Seilgewicht von 9,55 kg je laufenden Meter, dann ergibt sich ein gesamtes Seilgewicht von $600 \cdot 9{,}55 = 5730$ kg und ein statisches Moment M_a bei Beginn und M_e am Ende der Fahrt unter Vernachlässigung der Reibungswiderstände im Schacht von

$$M_a = (4400 + 5730) \cdot 4 = 40520 \text{ mkg},$$
$$M_e = (4400 - 5730) \cdot 4 = -5320 \text{ mkg}.$$

Das statische Moment ändert sich also wegen des steten Wechselns der Größe des nicht ausgeglichenen Seilgewichtes während eines Zuges von $+40520$ mkg auf -5320 mkg. Wegen des durch das große Seilgewicht hervorgerufenen negativen statischen Momentes muß daher zur Vermeidung des Durchgehens am Ende der Fahrt die Maschine stark gebremst werden. Dadurch wird jedoch die Steuerfähigkeit und der Wirkungsgrad der Fördermaschine nicht unerheblich herabgesetzt. Ein so gestalteter Betrieb ist daher nicht nur gefährlich, sondern auch höchst unwirtschaftlich. Das Seilgewicht muß mithin möglichst klein gehalten werden. Man erreicht dieses durch die Anordnung dünner Seile, bzw. es wird bei größeren Schachttiefen das Seilgewicht ausgeglichen, so daß es keinen Einfluß auf das statische Moment ausübt, mit anderen Worten: M_a muß möglichst gleich M_e werden.

Findet bei zylindrischen Trommeln ein vollkommener Seilgewichtsausgleich statt (durch Unterseil), dann wird $M_a = M_e = Q \cdot R$. Wird ein Seilgewichtsausgleich durch eine Veränderlichkeit des Seilträgerhalbmessers während des Förderns zu erreichen gesucht, wie dies bei kegelförmigen Trommeln und bei Bobinen der Fall ist, und ist r der kleinste, R der größte Halbmesser, dann wird die Bedingung für gleiche statische Momente zu Beginn und am Ende der Fahrt durch die Gleichung erfüllt:

$$(Q + q + S) \cdot r - q \cdot R = (Q + q) \cdot R - (q + S) \cdot r$$

oder

$$\frac{R}{r} = \frac{Q + 2(q + S)}{Q + 2 \cdot q}.$$

4. Die dynamischen Verhältnisse.

Dynamische Momente entstehen bei einer Förderanlage dadurch, daß sämtliche bewegten Massen bei einem Zuge beschleunigt und verzögert, d. h. von einem Bewegungszustand in einen anderen übergeführt werden müssen. Sie treten also nur während des Beschleunigungs- und Verzögerungsabschnittes auf.

Ordnet man beispielsweise nach Abb. 22 zwei Kettenräder mit einer endlosen Kette an, und wird das obere Rad mittels einer Kurbel in Bewegung gesetzt, dann muß — unter der Annahme einer unendlich kleinen Masse der Räder und unter Vernachlässigung der Reibungswiderstände — eine Kraft aufgewendet werden, die, weil nichts gehoben wird, lediglich zum Beschleunigen der sich bewegenden, zwischen den Rädern gespannten beiden Teile a und b dient. Diese Massenkraft hängt von der Schwere der Kette und der Größe der Beschleunigung ab; eine doppelt so schwere Kette würde mithin bei gleicher Beschleunigung eine doppelt so große Kraft beanspruchen.

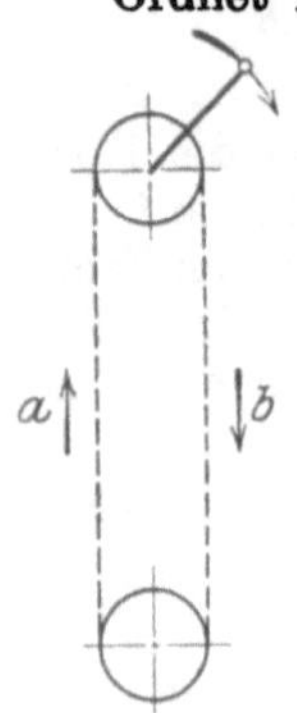
Abb. 22.

Ist P die Massen- oder Beschleunigungkraft in kg,

p die Beschleunigung in m/sek²,

G das Gewicht des zu beschleunigenden Körpers in kg,

$g = 9,81$ m/sek² (die Erdbeschleunigung),

m die Masse des Körpers,

dann ergibt sich die zu einer Beschleunigung von p m/sek² eines G kg schweren Körpers erforderliche Massenkraft P zu:

$$P = m \cdot p = \frac{G}{g} \cdot p \text{ in kg.}$$

Bei einer Förderanlage mit dem Hauptzweck einer Lasthebung wirkt diese Massenkraft während des Beschleunigungsabschnittes als ein zu überwindender Widerstand („Massenwiderstand"), während des Verzögerungsabschnittes dagegen aber als eine Massentriebkraft, d. h. der Verzögerung entgegen. Soll daher ein Körper vom Gewicht G kg mit einer Anfahrbeschleunigung von p m/sek² gehoben werden, dann ist eine Gesamtkraft P_1 erforderlich. Diese Gesamtkraft setzt sich zusammen aus einer Kraft für das eigentliche Heben des Körpers und aus der Massenkraft, um diesem Körper eine gewisse Geschwindigkeit zu erteilen. Wir erhalten:

$$P_1 = G + m \cdot p = G + \frac{G}{g} \cdot p \text{ kg.}$$

Während des Verzögerungsabschnittes muß aber diese Massenkraft in Abzug gebracht werden, mithin:

$$P_2 = G - \frac{G}{g} \cdot p \text{ kg.}$$

An der Beschleunigung bzw. Verzögerung nehmen bei einer Förderanlage nicht nur die Nutzlast, die Totlast und das Förderseil, also alle hin und her gehenden Massen, teil, sondern auch sämtliche umlaufenden Maschinenteile wie Trommeln, Treib- und Seilscheiben. Die entsprechenden Massenkräfte werden stets auf den

Umfang der umlaufenden Teile — und zwar auf die Seillaufmitte — bezogen. Ihre Wirkung nimmt mit der Entfernung von der Drehachse zu. Die Antriebsmaschine muß demnach während des Beschleunigungsabschnittes ein Moment leisten, das gleich ist der Summe des gesamten Lastmomentes und aller dynamischen Momente.

Die folgende Zusammenstellung[1]) gibt neben den wirklichen Gewichten von Trommeln und Scheiben auch jene an, die, auf den äußeren Umfang der drehenden Teile bezogen, dieselbe Massenwirkung ergeben würden wie ihre tatsächlichen Gewichte.

Für eine versteckbare zylindrische Trommel mit gußeisernen Naben, schmiedeeisernen Armen, schmiedeeisernem Kranz und Holzbelag:

Durchmesser Trommelbreite in m	Durchschnittliches absolutes Gewicht G in kg	Quadratisch auf den Seilumfang bezogenes Gewicht G_u in kg
2,5/0,9	3 400	1 400
4/1,1	8 000	3 700
5/1,2	11 000	5 400
6/1,4	20 000	9 000
7/1,8	35 000	13 000
8/2	45 000	18 000

Für Treibscheiben aus Stahlguß mit verbreitertem Rand:

Durchmesser in m	Durchschnittliches absolutes Gewicht G in kg	Quadratisch auf den Seilumfang bezogenes Gewicht G_u in kg
4	12 000	8 000
5	19 000	12 000
6	25 000	16 000
7	38 000	24 000
8	48 000	32 000

Für Seilscheiben mit gußeiserner Nabe sowie Arme und Kranz aus Schmiedeeisen:

Durchmesser in m	Durchschnittliches absolutes Gewicht G in kg	Quadratisch auf den Seilumfang bezogenes Gewicht G_u in kg
2,5	1 400	750
3	2 000	1 000
4	3 000	1 500
5	5 000	2 400
6	7 500	3 400
7	12 000	4 700

[1]) „Hütte", 22. Auflage, II. Teil. Seite 439.

Bei Bobinen mit ihrem veränderlichen Halbmesser während eines Treibens und der dadurch hervorgerufenen ständig wechselnden Entfernung der Massenkräfte von der Drehachse lassen sich die Massenwirkungen schwer übersehen. Erfahrungswerte sind nicht bekannt geworden. Immerhin kann als Anhalt dienen, daß ihre wirklichen Gewichte geringer als die gleich großer Treibscheiben sind.

Trommeln weisen ebenfalls, je nach Bauart, sehr verschiedene Eigengewichte auf. Im besonderen haben die sogenannten Spiraltrommeln ein wesentlich größeres Gewicht als entsprechend große zylindrische Trommeln. So wiegt beispielsweise in einem Falle eine Spiraltrommel für einen Förderweg von 800 m rund 75000 kg. Der Eigengewichtsunterschied zwischen zylindrischen und spiralförmigen Trommeln kann nach Laudien[1]) unter sonst gleichen Verhältnissen angenommen werden wie 1 : 1,7. Das auf den Umfang bezogene Gewichtsverhältnis der beiden Trommelarten ist noch wesentlich größer, weil die ganze Gewichtszunahme der Spiraltrommel zum überwiegenden Teil auf den Umfang entfällt. Man kann für das auf den Umfang umgerechnete Gewicht das Verhältnis 1 : 2,5 setzen.

Die gesamten bei einer Förderanlage der Geschwindigkeitsänderung unterworfenen Massen, und zwar der hin und her gehenden sowie der umlaufenden, sind also sehr beträchtlich, und man erkennt in dieser Beziehung den Vorteil der Anlagen, bei denen unter gleichen Bedingungen geringere Massen vorliegen. Bei einer Nutzlast von 5000 kg und einem Förderweg von 500 m kann als auf die Seilmitte bezogenes, an den Massenwirkungen teilnehmendes Gesamtgewicht (einschließlich des Förderseil- und Unterseilgewichtes) für Überschlagsrechnungen gesetzt werden:

für Treibscheibenmaschinen $\sim$ 50000 kg,
für Trommelmaschinen $\sim$ 90000 kg.

5. Geschwindigkeitsverhältnisse.

Zur Erzielung genügend großer Förderleistungen wie auch zur weitgehenden Ausnutzung des Schachtes ist man immer bestrebt, mit der größtmöglichen Seilgeschwindigkeit bei geringen Zwischenpausen zu fördern. Bei neuzeitlichen Anlagen hat die Seilgeschwindigkeit bereits Werte bis zu 30 m/sek angenommen.

Die Fördergeschwindigkeit einer Anlage ist abhängig von der gewünschten stündlichen Förderleistung, der vorhandenen Förderhöhe, der gegebenen Nutzlast eines Zuges und der erforderlichen Förderpause zwischen zwei Zügen. Daraus ergibt sich die in jeder Stunde erforderliche Anzahl der Züge und somit auch die Fördergeschwindigkeit eines Zuges.

Während eines Zuges hat die Fördergeschwindigkeit wechselnde Größen. Sie beginnt mit dem Werte Null, wächst bis zu einem

---

[1]) „Glückauf" 1903, S. 878.

Höchstwerte an und geht dann entweder sofort auf Null zurück — ein Fall, der nur bei verhältnismäßig geringen Schachttiefen vorkommt — oder aber erst — und das ist die Regel — nach einer gewissen Zeit des Weiterförderns bei voller Fahrt, also bei einer gleichbleibenden höchsten Geschwindigkeit. In beiden Fällen kann die Wirkung dieser wechselnden Geschwindigkeiten innerhalb eines Zuges durch eine durchschnittliche mittlere Geschwindigkeit ersetzt werden. Wir müssen demnach bei einer Anlage eine Höchstgeschwindigkeit v_h und eine mittlere Geschwindigkeit v_m unterscheiden.

Bedeutet t_f die Zeitdauer der reinen Förderung, t_p die Zeit der Förderpause zwischen zwei Zügen in Sekunden, dann erhält man die zeichnerische Darstellung der Geschwindigkeitsverhältnisse dadurch, daß auf der wagerechten Achse die Zeiten in Sekunden, auf der senkrechten die jeweiligen Geschwindigkeitsgrößen in m/sek aufgetragen werden. Im ersten Falle ist das ideale Fahr- oder Geschwindigkeitsdiagramm ein Dreieck (Abb. 23), im anderen ein Trapez (Abb. 24). Hierbei ist eine gleichbleibende Beschleunigung und Verzögerung, d. h. ein gleichbleibendes dynamisches Moment angenommen. Das Geschwindigkeitsdiagramm stellt also den Bewegungsvorgang der Fördermaschine während eines Zuges dar, der beim Dreieck-Diagramm aus dem Beschleunigungs- oder Anfahrabschnitt und dem Verzögerungs- oder Auslaufab-

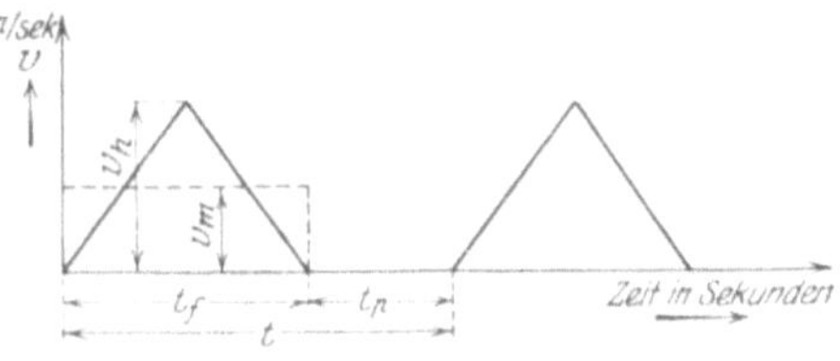

Abb. 23.

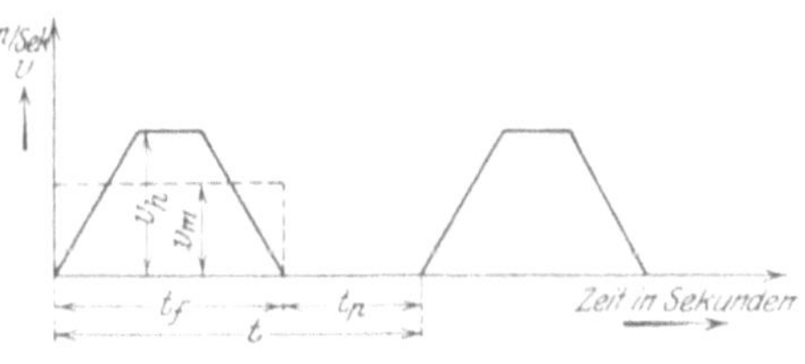

Abb. 24.

schnitt besteht, zu denen bei dem trapezförmigen Diagramm noch ein Abschnitt der vollen, höchsten Geschwindigkeit — das ist eine Parallele zur Zeitachse („Gleichlauf") — hinzukommt. Dieser Bewegungsvorgang wiederholt sich nach einer jedesmaligen Förderpause für das Abziehen und Auffahren der Förderwagen in regelmäßiger Folge (siehe Abb. 23 und 24).

Bei einem Förderweg von T Metern und der Dauer eines Förderzuges von t_f Sekunden ist v_m, die mittlere Geschwindigkeit:

$$v_m = \frac{T}{t_f}\ \text{m/sek}$$

und

$$T = v_m \cdot t_f \left(\frac{\text{m}}{\text{sek}} \cdot \text{sek}\right)\text{m}\,.$$

Das Produkt $v_m \cdot t_f$ ist aber nach Abb. 23 der Inhalt eines dem Dreieck flächengleichen Rechtecks von der Grundlinie t_f und der Höhe v_m, mit anderen Worten: der Inhalt eines Geschwindigkeits- oder Fahrdiagramms ergibt die Größe des Förderweges T in Meter. Da der Inhalt eines Dreiecks gleich ist dem halben Produkt aus Grundlinie und Höhe, im vorliegenden Falle also $\dfrac{t_f \cdot v_h}{2}$, andererseits aber auch gleich dem Förderwege $T = v_m \cdot t_f$, so ist

$$\frac{t_f \cdot v_h}{2} = v_m \cdot t_f,$$

oder $v_m = \tfrac{1}{2} v_h$, ein Wert, der bei Überschlagsberechnungen für Schachttiefen bis zu etwa 500 m gewählt werden kann, während bei trapezförmigen Geschwindigkeitsdiagrammen — also bei größeren Schachttiefen — v_m im Mittel $\tfrac{2}{3} v_h$ zu setzen ist (Abb. 24).

Ist t die gesamte Förderzeit eines Zuges, einschließlich der Pause, dann ist

$$t = t_f + t_p.$$

Und da $v_m = \dfrac{T}{t_f}$, also $t_f = \dfrac{T}{v_m}$ ist, so ergibt sich:

$$t = \frac{T}{v_m} + t_p \quad \text{bzw.} \quad v_m = \frac{T}{t - t_p}\ \text{m/sek}.$$

Man kann demnach bei einer gegebenen mittleren Geschwindigkeit und einem bestimmten Förderweg die Anzahl der Züge je Schicht oder bei gegebener Fördermenge je Schicht die erforderliche Zugzahl, die Dauer eines Zuges, sowie v_m leicht errechnen.

Die bei den Förderanlagen üblichen größten und mittleren Geschwindigkeiten sind sehr verschieden. Sie sind in erster Linie von der Förderhöhe, der Bauart und dem Betriebe der Maschine sowie von der Beschaffenheit des Schachtausbaues und den Schachtleitungen abhängig. Im besonderen besteht ein Unterschied zwischen der Geschwindigkeit bei einer reinen Güterförderung und einer Personenförderung, der sogenannten Seilfahrt. Die Seilfahrtsgeschwindigkeit, die vor allem von dem Grade der Vollkommenheit der Sicherheitsvorrichtungen abhängt, ist bei einer Anlage stets geringer als die Geschwindigkeit der Güterförderung und wird in jedem einzelnen Falle von der Bergpolizei vorgeschrieben.

Geschwindigkeit bei Güterförderung. — Während ältere Anlagen bei der Güterförderung eine Höchstgeschwindigkeit von 6—10 m/sek aufweisen, haben neuzeitliche Anlagen — besonders im Kohlenbergbau mit seinen großen Förderleistungen — bei größeren Tiefen und gut ausgebauten Schächten eine solche von 20—30 m/sek und darüber bzw. eine mittlere Geschwindigkeit von 10—20 m/sek. Bei neueren Anlagen rechnet man mit nachfolgenden Höchstgeschwindigkeiten bei den entsprechenden Schachttiefen:

$$300 \text{ m von etwa } 10 \text{ m/sek,}$$
$$400 \text{ „ „ „ } 10\text{--}15 \text{ m/sek,}$$
$$600 \text{ „ „ „ } 15\text{--}20 \text{ „ ,}$$
$$\text{und über } 600 \text{ „ „ „ } 20\text{--}30 \text{ „ .}$$

Der gleichmäßigere Gang elektrischer Fördermaschinen läßt im allgemeinen etwas höhere Geschwindigkeiten zu als Dampffördermaschinen.

Seilfahrtsgeschwindigkeit. — Die Seilfahrtsgeschwindigkeit elektrisch angetriebener Fördermaschinen beträgt bis zu 12 m/sek und mehr, der Dampffördermaschinen dagegen im allgemeinen 6—8 m/sek. Neuerdings hat aber das Oberbergamt Dortmund auch bei den Dampffördermaschinen Seilfahrtsgeschwindigkeiten von 10 m/sek sogar bei geringeren Schachttiefen als 350 m zugelassen, und es erscheint nicht unwahrscheinlich, daß in einzelnen Fällen, wo die behördlich vorgeschriebenen Sicherheiten (zuverlässig wirkende Sicherheitsapparate und schreibende Geschwindigkeitsmesser) vorhanden sind und der Schacht sowie die Schachtleitungen in einwandfreiem Zustande sich befinden, zur Verkürzung der Seilfahrt und damit zur Erzielung einer Zeitersparnis noch höhere Seilfahrtsgeschwindigkeiten (bis zu 15 m/sek) erlaubt werden[1]).

Förderpause. — Zur Erreichung einer möglichst großen Förderleistung ist aber bei einer gegebenen Nutzlast je Zug und dem ebenfalls gegebenen Förderweg nicht nur eine hohe Seilgeschwindigkeit und damit eine geringe reine Förderzeit t_f zu erstreben, sondern auch eine Abkürzung der Förderpausen, also eine Verringerung von t_p, zumal durch das vorsichtige langsame Einfahren in die Hängebank im allgemeinen bei Trommelmaschinen ein Zeitverlust von 3—5 Sekunden, bei Treibscheibenmaschinen sogar von 4—10 Sekunden stattfindet. Der Wert einer möglichst kurzen Betriebspause besteht außerdem nicht nur darin, daß bei der gegebenen Seilgeschwindigkeit und gegebener Leistung der Antriebsmaschine die Förderleistung je Schicht größer wird, sondern weil auch bei gegebener Seilgeschwindigkeit und gegebener Förderleistung die Nutzlast je Zug und damit auch die Leistung der Antriebsmaschine kleiner ausfallen kann. Der Frage einer weitgehenden Verkürzung der für das Bedienen des Förderkorbes erforderlichen Betriebspause ist deshalb eine erhöhte Aufmerksamkeit zu widmen.

Die Größe der Förderpause t_p ist einmal von der Art des Auswechselns der nebeneinander oder hintereinander auf den einzelnen Korbböden angeordneten vollen und leeren Wagen am Füllort und an der Hängebank abhängig, d. h. von der Frage, ob die Fahrschienen es zulassen, die vollen Wagen durch gleichzeitiges Aufschieben der leeren Wagen aus dem Förderkorb zu stoßen, dann

---

[1]) „Die Verhandlungen und Untersuchungen der Preußischen Sicherheitskommission", Sonderheft der Zeitschrift für das Berg-, Hütten- und Salinenwesen 1921.

aber auch davon, ob das Aufschieben und Abziehen der Wagen maschinell oder von Hand aus vorgenommen wird. Weiterhin spielt auch die Anzahl der Abzugsbühnen im Verhältnis zur Bodenzahl des Förderkorbes, also die Frage des Umsetzens mehrbödiger Körbe, sowie das Einheben und Anheben des Förderkorbes, d. h. die Art der Aufsatzvorrichtungen bzw. der Abschlußbühnen für die Größenbestimmung der Förderpause eine wesentliche Rolle. Im V. Band des Sammelwerkes „Entwicklung des Niederrheinisch-Westfälischen Steinkohlenbergbaus" S. 416 werden hierüber folgende Erfahrungsangaben gemacht:

Für Förderkörbe mit vier Böden und nur einer Abzugsbühne — also mit viermaligem Umsetzen — kann, falls ein Überheben, d. h. ein Anheben des an der Hängebank befindlichen Korbes auf die Aufsatzvorrichtung nach Beendigung des Zuges, nicht vorliegt, eine Förderpause angenommen werden von:

45 sek bei einem Wagen auf jedem Boden,
55 „ „ zwei „ „ „ „ (nebeneinander),
60 „ „ zwei „ „ „ „ (hintereinander).

Bei gleichzeitigem Abziehen von zwei Bühnen, d. h. bei nur zweimaligem Umsetzen, verkürzt sich die Zeit in den entsprechenden Fällen auf 30 bzw. 40 bzw. 45 Sekunden, so daß also ein Zeitgewinn von 15 Sekunden vorliegt. Es ist deshalb stets vorteilhaft, soviel Abzugsbühnen anzuordnen, wie Förderkorbböden vorhanden sind, um jedes Umsetzen der Körbe und damit eine Verlängerung der Betriebspause zu vermeiden. Allerdings hat das wieder den Nachteil, daß einmal eine Verteuerung der Fahrschienen vorliegt, dann aber auch, daß mehr Betriebsmannschaften erforderlich sind. Man ist deshalb in solchen Fällen, wie übrigens neuerdings auch bei Anlagen mit Umsetzen, bestrebt, besondere selbsttätige Entlade- und Beladevorrichtungen einzubauen, wobei die Wagen durch Maschinenkraft auf die Förderschale hinauf- und hinuntergeschoben werden. Bei dem Förderverfahren von Bergingenieur Tomson (auf der Zeche „Preußen" der Harpener Bergbau A.-G. bei Dortmund erstmalig ausgeführt) befinden sich beispielsweise für jeden Hauptförderkorb über und unter Tage unmittelbar danebenliegende besondere Beschickförderkörbe mit einer entsprechenden Anzahl von Böden als Leerwagen- und als Vollwagenschalen, so daß bei einem vierbödigen Korb zu gleicher Zeit vier volle Wagen bzw. vier leere Wagen abgezogen bzw. aufgeschoben werden können. Der Hauptförderkorb hält also nur in einer Höhenlage, ein Umsetzen ist daher nicht erforderlich. Sowohl in den Hauptförderkörben wie in den Beschickförderkörben können außerdem die Fahrschienen geneigt angeordnet werden, so daß die Wagen nach Auslösung einer Haltevorrichtung durch die eigene Schwerkraft selbsttätig ab- und auflaufen können. Das Eigengewicht der Beschickförderkörbe wird hierbei ausgeglichen. Näheres hierüber wie auch über selbsttätige Wagenwechsler zur maschinellen Auswechslung der Wagen (sogenannte Stößel) siehe·

Band IV dieser Sammlung S. 222 ff. Mit dem Wagenwechsler Bauart Wolf (Pendelstößel) werden z. B. die Wagen mit einer Geschwindigkeit von 0,7 m/sek aufgeschoben, so daß zum Auswechseln der Wagen insgesamt nur etwa 6 Sekunden erforderlich sind. Durch derartige Einrichtungen wird nicht nur an Bedienungsmannschaften gespart und die Zeitdauer der Förderpause abgekürzt, sondern es werden auch die häufigen, durch nicht rechtzeitiges Aufschieben der Wagen hervorgerufenen Unglücksfälle vermieden.

6. Beschleunigungsverhältnisse.

Im vorigen Abschnitt ist das ideale Fahr- oder Geschwindigkeitsdiagramm unter der Voraussetzung einer gleichbleibenden Beschleunigung und Verzögerung als ein Dreieck bzw. ein Trapez ermittelt worden. Beim dreieckigen Diagramm (Abb. 25) hört nach Erreichung der Höchstgeschwindigkeit v_h der während des Beschleunigungsabschnittes ständig zunehmende Energieaufwand bei a auf, so daß die bewegten Teile infolge der in der Schwungmasse aufgespeicherten lebendigen Kraft auslaufen, während beim Trapezdiagramm (Abb. 26) nach dem Beschleunigungsabschnitt bei a mit der gleichförmigen höchsten Geschwindigkeit, also mit einer Beschleunigung Null („Gleichlauf“), und mit einer verminderten, aber gleichmäßigen Energiezufuhr weiter gefahren wird, um erst von b ab frei auszulaufen. Die

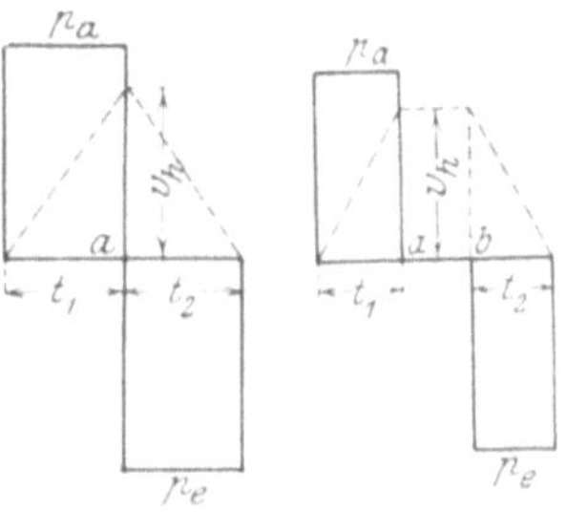

Abb. 25.   Abb. 26.

entsprechende gleichbleibende Beschleunigung p_a und Verzögerung p_e lassen sich unter Zugrundelegung eines Maßstabes ebenfalls zeichnerisch darstellen (Abb. 25 und 26). Ist nun die Anfahrzeit t_1 und die Höchstgeschwindigkeit v_h bekannt, so ist die gleichbleibende Beschleunigung

$$p_a = \frac{v_h}{t_1} \text{ m/sek}^2$$

und die Verzögerung

$$p_e = \frac{v_h}{t_2} \text{ m/sek}^2.$$

Umgekehrt bestimmt sich bei einer Anlage die Höchstgeschwindigkeit v_h nach der Größe der Beschleunigung und zwar wird v_h nach einer Zeit von

$$t_1 = \frac{v_h}{p_a} \text{ sek erreicht.}$$

Zur Verkürzung der Förderzeit und damit verbundener Erhöhung der Förderleistung ist also eine möglichst große Anfahrbeschleunigung

und Verzögerung, d. h. eine Erhöhung der mittleren Geschwindigkeit
anzustreben. Hierbei ist aber zu berücksichtigen, daß höhere Beschleunigungen naturgemäß auch größere Antriebskräfte erfordern.
Ein anschauliches Bild verschiedener Anfahrbeschleunigungen bei ein-
und derselben Schachttiefe, also bei gleichem Flächeninhalt der Diagramme, und gleicher Verzögerung zeigen die Abb. 27 und 28[1]). Die
Abb. 27 stellt die Verhältnisse bei einer Trommelmaschine mit den
Anfahrbeschleunigungen von 2,5, 1 und 0,5 m/sek², Abb. 28 die-

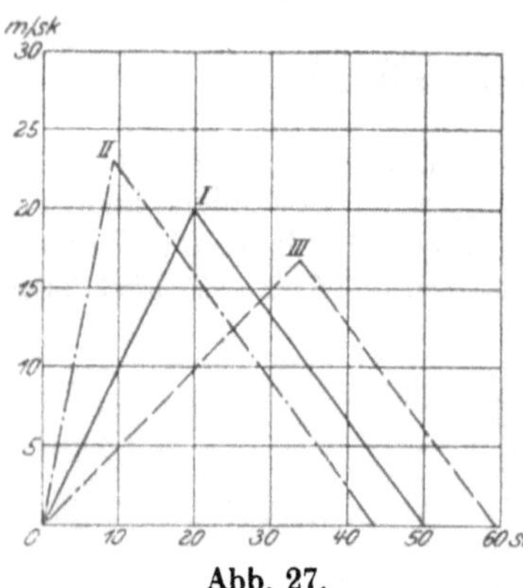

Abb. 27.

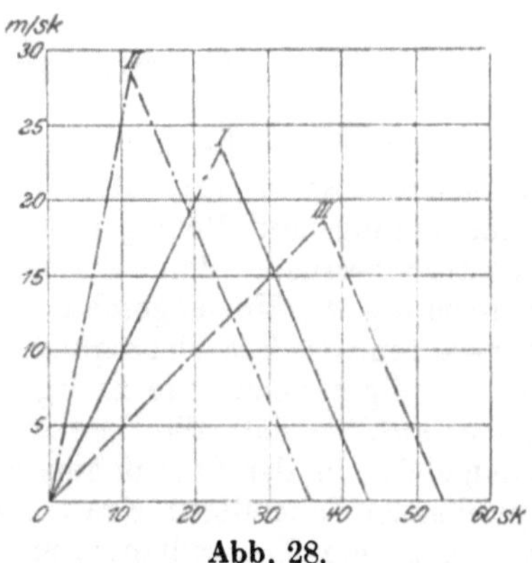

Abb. 28.

jenige einer Treibscheibenanlage dar. Die Antriebskräfte sind bei der
Treibscheibenmaschine in den entsprechenden drei Fällen dabei die
gleichen wie bei der schwereren Trommelmaschinenanlage, so daß
sowohl die Beschleunigungen wie auch die Höchstgeschwindigkeiten
größer ausfallen. Wegen der geringeren Masse der Treibscheibe wird
aber auch die Verzögerung größer, so daß die Förderzeit eine nicht
unwesentliche Verkürzung erfährt. Im besonderen zeigen aber beide
Abbildungen eindeutig den Einfluß von Beschleunigung und Verzögerung auf die Förderzeit.

Die Größe und der Zeitverlauf der Beschleunigung und Verzögerung ist bei den einzelnen Anlagen sehr verschieden. Sie hängen
in erster Linie von der Förderleistung, dem Förderwege, der Schacht-
führung, von der Eigenart und Stärke der Antriebsmaschine, sowie
von der Steuerung und ihrer Bedienung durch den Maschinenführer ab.

Bei Trommelmaschinen wird im allgemeinen eine Beschleunigung
von 1 bis 1,5 m/sek² angenommen, und zwar rechnet man mit dem
kleineren Wert bei Anlagen mit großen in Bewegung zu setzenden
Massen, um ein zu großes Anfahrmoment der Antriebsmaschine zu
vermeiden. Bei Treibscheibenmaschinen kann wegen der geringeren
zu bewegenden Masse die Beschleunigung wesentlich größer sein,

---

[1]) Dr. Hoffmann: „Untersuchungen an Dampffördermaschinen," Z. d.
V. d. I. 1904.

doch hängt andrerseits die höchstzulässige Beschleunigung[1] von der Gefahr des Seilgleitens auf der Treibscheibe ab. Man geht hier im allgemeinen über eine Beschleunigung von 1 m/sek² nicht hinaus. Die Verzögerung hingegen ist stets derart zu wählen, daß die in den bewegten Massen nach abgestellter Energiezufuhr aufgespeicherte lebendige Kraft nach Möglichkeit ausgenutzt wird. Erfahrungsgemäß beträgt diese bei Trommelmaschinen mit freiem Auslauf etwa 0,6 bis 0,85 m/sek², bei Treibscheibenanlagen dagegen 1 bis 1,4 m/sek², weil die Treibscheibenmaschinen wegen der geringeren Masse schneller zum Stillstand kommen. Durch Anwendung von Hemmwirkungen können größere Verzögerungswerte und damit eine Verkürzung der Zeitdauer der reinen Förderung erzielt werden.

Die tatsächlichen Anfahrbeschleunigungen überschreiten jedoch häufig noch die oben aufgeführten, den Berechnungen zugrunde gelegten Werte nicht unerheblich. Weitgehende Versuche des Geh. Bergrates Prof. Dr. E. Jahnke mittels des Beschleunigungsmessers Jahnke-Keinath haben dies erwiesen. Nähere Angaben hierüber siehe Seite 138.

Während des Beschleunigungsabschnittes nimmt, wie wir gesehen haben, die Leistung der Antriebsmaschine ständig zu, um nach Erreichung der Höchstgeschwindigkeit, d. h. wenn die Beschleunigung $= 0$ geworden ist, plötzlich auf einen geringeren Wert abzufallen. Um diese sogenannte Spitzenleistung nicht zu groß werden zu lassen, unterteilt man oft die Beschleunigung und erhält dann einen ein- oder mehrfach abgestuften Beschleunigungsabschnitt. Die Abb. 29 zeigt ein derartiges Diagramm mit zwei Beschleunigungsstufen der Förderanlage auf Walbeck. Man kann diese Unterteilung sogar so weitgehend vornehmen, daß die Beschleunigung nach einer bestimmten Kurve abnimmt, wie es in

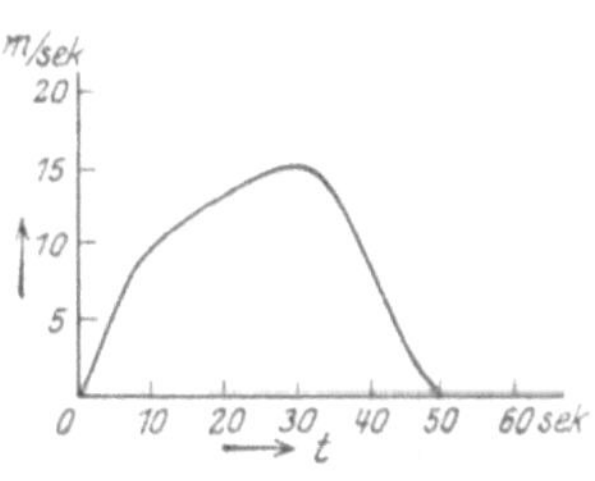

Abb. 29.

neuerer Zeit bei elektrischen Fördermaschinen in Leonardschaltung ohne Ilgnerschwungrad zur Behebung unzulässiger Spitzenleistungen und damit zur Energieersparnis Anwendung findet („schwungradloser Umformer"). Dieses Verfahren der Anfahrtregelung hat dann allerdings auch eine Verringerung der mittleren Geschwindigkeit, also eine Vergrößerung der Fahrtdauer, zur Folge.

Wird bei einer Anlage mit einer Schachttiefe von 500 m eine zweimalige Unterteilung des Beschleunigungsabschnittes angenommen, und zwar derart, daß bei einer Anfahrbeschleunigung von $p_{a_1} = 1{,}1$ m/sek² nach Erreichung einer Geschwindigkeit von $v_1 = 16$ m/sek mit einer Beschleunigung $p_{a_2} = 0{,}6$ m/sek² bis zur Höchstgeschwindigkeit $v_2 = 20$ m/sek weitergefahren wird, und daß die Verzögerung $p_e = 1{,}6$ m/sek² beträgt,

---

[1] Vgl. Seite 100.

dann lassen sich die für die Aufzeichnung des Diagramms erforder‍lichen Zeiten dieser Abschnitte wie folgt bestimmen.

Es ist die Zeitdauer t_1 und t_2 der Beschleunigungsabschnitte:

$$t_1 = \frac{v_1}{p_{a_1}} = \frac{16}{1,1} = 14,5 \text{ sek und}$$

$$t_2 = \frac{v_2 - v_1}{p_{a_2}} = \frac{20 - 16}{0,6} = 6,66 \text{ sek.}$$

Die Zeitdauer t_4 des Verzögerungsabschnittes ergibt sich zu:

$$t_4 = \frac{v_2}{p_e} = \frac{20}{1,6} = 12,5 \text{ sek.}$$

Um t_3, die Zeitdauer der gleichförmigen Höchstgeschwindigkeit, zu ermitteln, müssen zunächst die den Zeiten t_1, t_2 und t_4 entsprechenden Förderkorbwege s errechnet werden. Allgemein ist $s = v \cdot t + \frac{p \cdot t^2}{2}$, demnach:

$$s_1 = 0 + \tfrac{1}{2} \cdot p_{a_1} t_1{}^2 = \tfrac{1}{2} \cdot 1,1 \cdot 14,5^2 = 116,2 \text{ m}$$
$$s_2 = v_1 \cdot t_2 + \tfrac{1}{2} \cdot p_{a_2} t_2{}^2 = 16 \cdot 6,66 + \tfrac{1}{2} \cdot 0,6 \cdot 6,66^2 = 120,15 \text{ m und}$$
$$s_4 = v_4 \cdot t_4 + \tfrac{1}{2} \cdot p_e t_4{}^2.$$

Da die Geschwindigkeit am Ende der Förderung $v_4 = 0$ ist, so ergibt sich

$$s_4 = 0 + \tfrac{1}{2} \cdot 1,6 \cdot 12,5^2 = 125 \text{ m.}$$

Es ist also $s_1 + s_2 + s_4 = 116,2 + 120,15 + 125 = 361,35$ m, und da der gesamte Weg gleich dem Förderwege $T = 500$ m beträgt, so wird $s_3 = T - 361,35 = 500 - 361,35 = 138,65$ m.

Demnach ergibt sich t_3, weil $v_3 = v_2$ ist, zu:

$$t_3 = \frac{s_3}{v_3} = \frac{138,65}{20} = 6,95 \text{ sek.}$$

Die reine Förderzeit ist also:

$$t_f = t_1 + t_2 + t_3 + t_4 = 14,5 + 6,66 + 6,95 + 12,5 = 40,61 \text{ sek.}$$

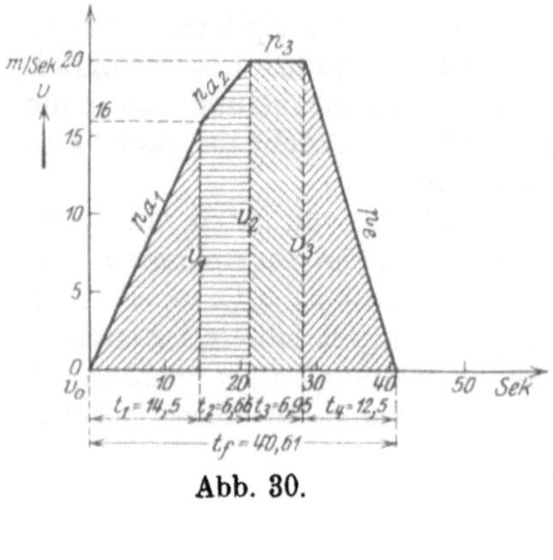

Das entsprechende Diagramm zeigt Abb. 30.

In Wirklichkeit ist jedoch der Verlauf der Beschleunigungs‍linie selten ein gerader, wie wir es bisher angenommen haben, sondern ein mehr oder weniger nach vorn oder rückwärts gebo‍gener.

Eine Vorwärtskrümmung nach Abb. 32 liegt dann vor, wenn die Anlage eine Seilgewichtsausglei‍chung durch ein Unterseil hat. Die

Abb. 30.

Krümmung ist bei einer Treibscheibenanlage größer als bei einer solchen mit Trommelmaschine. Die Ursache dieser Abweichung gegenüber der theoretischen Anfahrlinie liegt in der Abnahme der Antriebskraft bei wachsender Maschinengeschwindigkeit. Zum Anfahren wird eine große Kraft gebraucht. Steigt aber die Maschinengeschwindigkeit, so nimmt auch die Durchflußgeschwindigkeit des treibenden Kraftmittels zu. Dies hat aber eine Druckabnahme durch Drosselung zur Folge. Bei den Treibscheibenmaschinen ist diese Abnahme wegen der geringen Massen stärker (Kurve B,

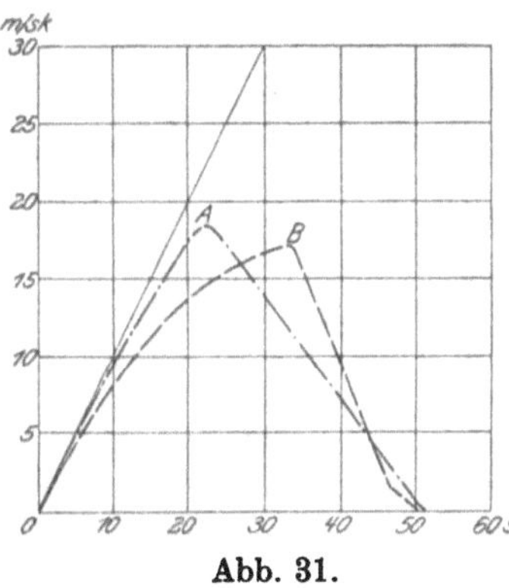

Abb. 31.

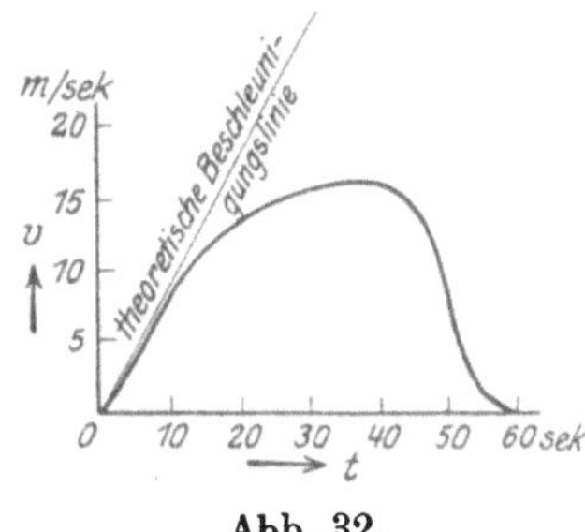

Abb. 32.

Abb. 31)[1]) als bei Trommelmaschinen (Kurve A, Abb. 31), bei denen die größere Massentriebkraft den Bewegungszustand noch aufrechtzuerhalten sucht. Der entstehende Unterschied in der Anfahrzeit zwischen den beiden Maschinengattungen findet in dem Verzögerungsabschnitt dadurch wieder seinen Ausgleich, daß die Treibscheibenmaschine eine größere Verzögerung zuläßt, so daß bei gleichem Förderwege die Zeit der reinen Förderung nahezu die gleiche ist (Abb. 31). Abb. 32 zeigt das Fahrdiagramm der Treibscheibenanlage der Gewerkschaft Braunschweig-Lüneburg in Grasleben mit den erwähnten Eigenschaften der Beschleunigungs- und Verzögerungskurve.

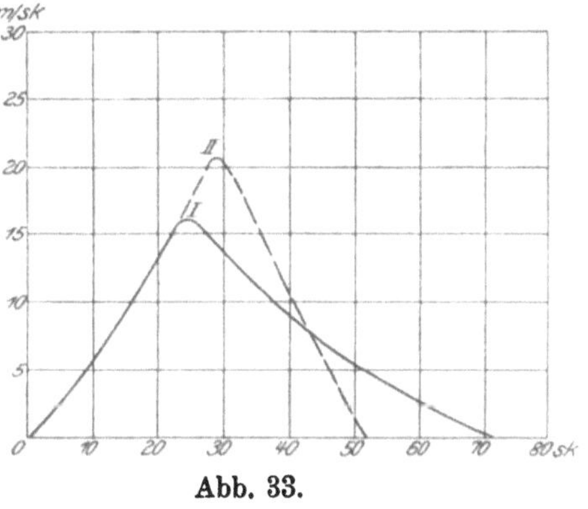

Abb. 33.

Aus dem Diagramm ist auch das langsame Einfahren in die Hängebahn deutlich zu ersehen. Gegen Ende des Zuges mußte nochmals etwas Triebkraft gegeben werden.

Bei Trommelmaschinen ohne Seilgewichtsausgleichung ist der Verlauf der Anfahrlinie ein nach rückwärts gekrümmter (Abb. 33)[1]). Die Beschleunigung nimmt also im Anfahrabschnitt zu, weil mit

---

[1]) S. Anm. Seite 30.

wachsender Fördergeschwindigkeit die Entfernung zwischen den beiden Körben und damit das nicht ausgeglichene Seilgewicht geringer wird. Die erforderliche Beschleunigungskraft wird also allmählich kleiner, was bei gleicher Kraftzufuhr eine Erhöhung der Beschleunigung zur Folge hat. Bei dem Geschwindigkeitsdiagramm I arbeitet hierbei die Maschine mit freiem, nach dem Fahrtende zu sehr flach verlaufendem Auslauf und damit mit großer Förderzeit t_f, weil das zunehmende Gewicht des mit dem leeren Korbe verbundenen niedergehenden Seiles eine wachsende Triebkraft ausübt, also der Verzögerung entgegenwirkt. Bei dem auf dieselbe Schachttiefe bezogenen Diagramm II der Abb. 33 dagegen wird der Auslauf und damit die Zeitdauer der reinen Förderung durch besondere Maschinenhemmkräfte verkürzt. Der hierzu nötige Energieaufwand zur Aufzehrung der lebendigen Kräfte der auslaufenden bewegten Massen (z. B. Gegendampf) wird mithin nicht nutzlos aufgewendet, sondern dient zur Verminderung der Förderzeit. Hinzu kommt noch, daß auch eine Erhöhung der Beschleunigungsdauer und damit der größten und mittleren Geschwindigkeit vorliegt, weil der Beginn des Auslaufabschnittes nicht so frühzeitig einzusetzen braucht wie im Falle I. Die Förderleistung wird also durch die Hemmwirkung erhöht.

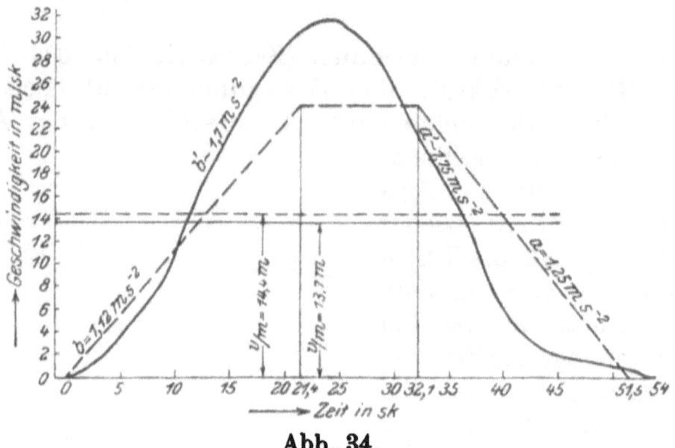

Abb. 34.

Wie ein tatsächliches, vom Tachographen während des Betriebes aufgenommenes Geschwindigkeitsdiagramm von dem theoretisch errechneten abweicht, zeigt Abb. 34 [1]). Im Anfang ist die Beschleunigung etwas geringer, später wird sie jedoch größer als die der Berechnung zugrunde gelegte, was darauf zurückzuführen ist, daß das Unterseil leichter als das Förderseil war. Es lag also ein unvollkommener Seilgewichtsausgleich vor. Da ein Teil des Förderseilgewichts anfangs mitzuheben war, mußte die Beschleunigung zunächst gering werden. Die Verzögerungslinie weicht insofern von der theo-

---

[1]) Wallichs: „Dampffördermaschinen oder elektrische Fördermaschinen". Z. d. V. d. I. 1907, S. 4.

retischen ab, als sie zunächst größer ist und gegen das Ende des Förderzuges sehr gering wird. Das Einfahren in die Hängebank geschieht äußerst vorsichtig. Dies hat natürlich einen Zeitverlust zur Folge. Dieser Zeitverlust wird aber durch eine größere Höchstgeschwindigkeit bis auf über 30 m/sek gegenüber der errechneten von 24 m/sek wieder ausgeglichen. Die reine Förderzeit ist in beiden Fällen nahezu die gleiche.

7. Kraft-, Arbeits- und Leistungsverhältnisse.

Der Gesamtarbeitsverbrauch einer Förderanlage setzt sich zusammen aus der für das Heben der Nutzlast erforderlichen Arbeit vermehrt um die Beschleunigungsarbeit für die ganzen zu bewegenden Massen, denn es müssen Lasten gehoben und Massen beschleunigt werden.

Wird eine gleichbleibende Beschleunigung angenommen, so ist der Kraftbedarf bei Anlagen mit vollständigem Seilgewichtsausgleich während des Anfahrabschnittes gleichbleibend. Nach der Erreichung der Höchstgeschwindigkeit sinkt der Kraftverbrauch bei einem idealen dreieckigen Fahrdiagramm auf Null, bei einem trapezförmigen Ge-

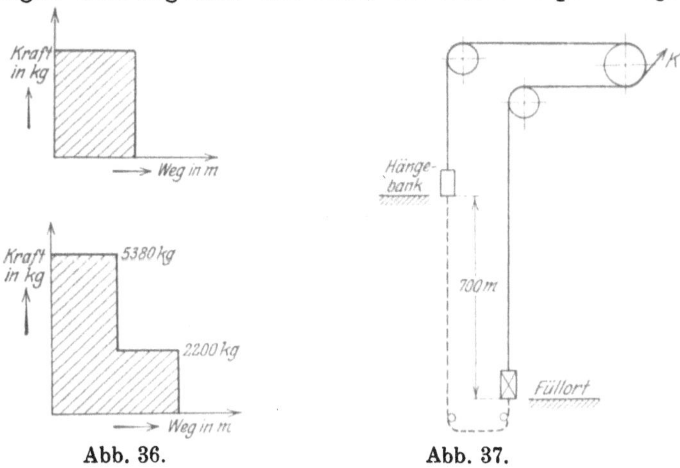

Abb. 36.   Abb. 37.

schwindigkeitsdiagramm dagegen auf den gleichbleibenden Unterschied der Gesamtkraft minus der Beschleunigungskraft, bis zu Beginn des Verzögerungsabschnittes der Kraftbedarf aufhört. Die entsprechenden Kraft-Weg-Diagramme zeigen Abb. 35 und Abb. 36.

Ist bei einer Förderanlage mit vollständigem Seilgewichtsausgleich die Nutzlast $Q = 2200$ kg, das Gewicht eines Korbes einschließlich der leeren Wagen 5200 kg, der Förderweg 700 m, das Seilgewicht 6 kg/m und das gesamte Seilgewicht 9000 kg, wird ferner angenommen, daß der Anteil der drehenden Maschinenteile an allen zu beschleunigenden Massen 10200 kg beträgt, dann ist bei einer Anfahrbeschleunigung $p_a = 1$ m/sek²,

bei einer Anfahrzeit $t_1 = 16$ sek und einer Höchstgeschwindigkei-
$v_h = 16$ m/sek (trapezförmiges Geschwindigkeitsdiagramm) die **Gesamtkraft** K (Abb. 37:)

$$K = Q + m \cdot p \text{ kg}$$

$$K = 2200 + \frac{Q + 2q + S + 10200}{g} \cdot p_a \text{ kg}$$

g werde zu 10 m/sek² angenommen.

$$K = 2200 + \frac{12600 + 9000 + 10200}{10} \cdot 1 = 5380 \text{ kg.}$$

Diese Kraft hat während der Anfahrzeit $t_1 = 16$ sek stets eine gleichbleibende Größe (s. Abb. 36). Da jedoch die Geschwindigkeit von
0 bis zu v_h ständig zunimmt, so wächst die **Leistung**, d. h. das
Produkt Kraft $\times$ Geschwindigkeit. Die Leistung nimmt also proportional der Zeit zu. Wird der Wirkungsgrad der Anlage $\eta = 0,85$
angenommen, dann ist die Leistung N in PS am Ende der 16.
Sekunde:

$$N_{16} = \frac{K \cdot v}{75 \cdot \eta} = \frac{5380 \cdot 16}{75 \cdot 0,85} = 1360 \text{ PS.}$$

Am Anfang der 17. Sekunde ist die Beschleunigungskraft gleich Null,
und es ist nur noch die Nutzlast $Q = 2200$ kg zu heben, so daß
$$K_{17} = 2200 \text{ kg} \quad \text{wird (s. Abb. 36) und demnach}$$
$$N_{17} = \frac{2200 \cdot 16}{75 \cdot 0,85} = 555 \text{ PS.}$$

Diese Leistung hält bis zu Beginn des Auslaufabschnittes, beispielsweise nach $t_2 = 20$ sek, ihre Größe bei. Trägt man auf der Wagerechten

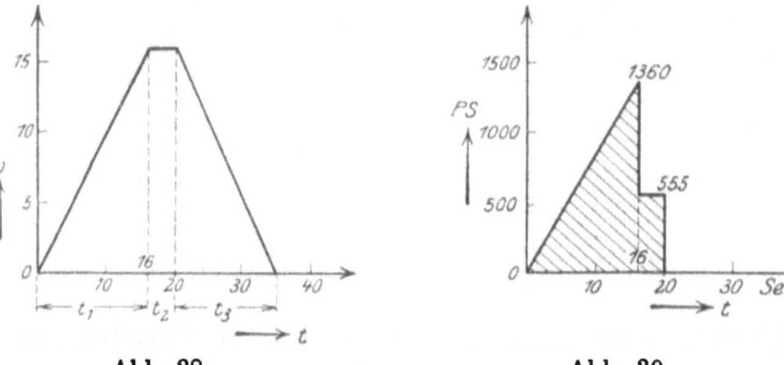

Abb. 38.Abb. 39.

eines Achsenkreuzes die Förderzeiten in Sekunden, auf der Senkrechten
die jeweiligen Leistungen in PS auf, dann erhält man die zeichnerische
Darstellung des Leistungsverlaufes (Abb. 39; die Abb. 38 stellt das
dazugehörige Geschwindigkeitsdiagramm dar). Der Flächeninhalt
des **Leistungsdiagramms** gibt die geleistete Arbeit in mkg an
$$\left(\frac{\text{mkg}}{\text{sek}} \times \text{sek} = \text{mkg} \right).$$

Als Überschlagswert für die zur Nutzlast hinzukommende beschleunigende Kraft kann nach Angaben von H. Hoffmann für Anlagen mit vollständigem Gewichtsausgleich bei Schachttiefen von 500 m und einer Anfahrbeschleunigung von 1 m/sek² gesetzt werden:

bei Trommelmaschinen 2 × Nutzlast,

bei Treibscheibenmaschinen 1 × Nutzlast.

Hätte die oben beschriebene Förderanlage keinen Seilgewichtsausgleich, dann wäre die Kraft zu Beginn der Förderung, da außer der Nutzlast $Q =$ 2200 kg auch noch das nicht ausgeglichene Seilgewicht $= 700 \cdot 6$ (Förderweg × Seilgewicht je lfd. m) $= 4200$ kg zu heben sind:

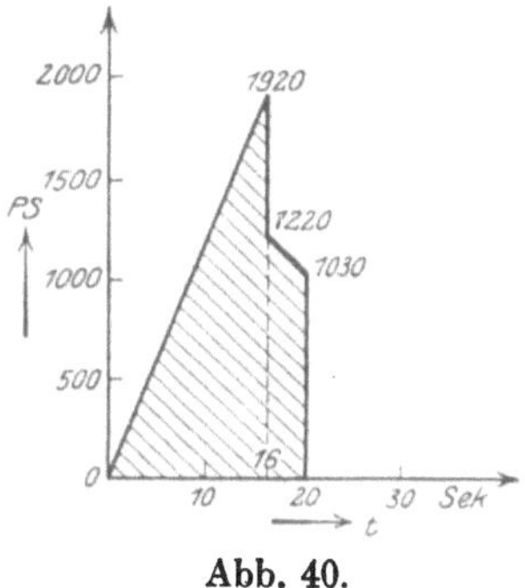

Abb. 40.

$$K = Q + 4200 + \frac{Q + 2q + S' + 10200}{g} \cdot p_a \, \text{kg} .$$

Das gesamte Seilgewicht betrug bei vollständiger Seilausgleichung durch Gegenseil 9000 kg. Unter Abzug des Unterseilgewichtes von $700 \cdot 6 = 4200$ kg kommen also nur noch $9000 - 4200 = 4800$ kg $= S'$ für die Beschleunigung in Betracht. Somit wird:

$$K = Q + 4200 + \frac{Q + 2q + S' + 10200}{g} \cdot p_a \, \text{kg}$$

$$K = 2200 + 4200 + \frac{2200 + 10400 + 4800 + 10200}{10} \cdot 1 = 9160 \, \text{kg} .$$

Diese Kraft, die also über das Vierfache der Nutzlast beträgt, nimmt mit wachsender Geschwindigkeit ab und hat nach 16 Sekunden nur noch die Größe 7624 kg. Denn nach 16 sek haben die Förderkörbe einen Weg $s = \frac{1}{2} p t^2 = \frac{1}{2} \cdot 1 \cdot 16^2 = 128$ m zurückgelegt, so daß sich das nicht ausgeglichene Seilgewicht um $2 \cdot 128 \cdot 6 = 1536$ kg vermindert. Es liegt somit ein noch· nicht ausgeglichenes Seilgewicht von $4200 - 1536 = 2664$ kg vor.

Die Kraft K ist also nach 16 sek zurückgegangen auf:

$$K = 2200 + 2664 + \frac{2200 + 10400 + 4800 + 10200}{10} \cdot 1 = 7624 \, \text{kg} .$$

Die Leistung am Ende der 16. Sekunde ist demnach:

$$N_{16} = \frac{7624 \cdot 16}{75 \cdot 0{,}85} = 1920 \, \text{PS} .$$

Am Anfang der 17. Sekunde fällt die Beschleunigungskraft fort, so daß außer der Nutzlast $Q = 2200$ kg nur noch der Betrag des nicht ausgeglichenen Seilgewichtes von 2664 kg zu berücksichtigen ist. Demnach wird:

$$K = 2200 + 2664 = 4864 \text{ kg}$$

und die entsprechende Leistung:

$$N_{17} = \frac{4864 \cdot 16}{75 \cdot 0,85} = 1220 \text{ PS}.$$

Nach 20 sek hat jeder Korb einen Weg von $s = \frac{1}{2} \cdot p_a \cdot t_1^2 + v_h (t_2 - t_1)$ $= 128 + 16 \cdot (20 - 16) = 192$ m zurückgelegt, was einem Seilgewicht von $2 \cdot 192 \cdot 6 = 2304$ kg entspricht. Es ist mithin noch ein Seilgewicht von $4200 - 2304 = 1896$ kg zu heben.

Die Kraft K am Ende der 20. Sekunde ergibt sich also zu:

$$K = 2200 + 1896 = 4096 \text{ kg}$$

und die Leistung zu:

$$N_{20} = \frac{4096 \cdot 16}{75 \cdot 0,85} = 1030 \text{ PS}.$$

Die Leistung wird also von Beginn der 17. Sekunde an geringer. Das entsprechende Leistungsdiagramm zeigt Abb. 40. Die Spitzenleistung ist bei der Anlage ohne Seilgewichtsausgleich somit größer als bei der Anlage mit Unterseil.

Bei der auf Seite 31 angegebenen Anlage mit abgestuftem Beschleunigungsabschnitt und einer vollständigen Seilgewichtsausgleichung würde sich folgendes ergeben. Es waren

$$p_{a_1} = 1,1 \text{ m/sek}^2;$$
$$p_{a_2} = 0,6 \text{ m/sek}^2;$$
$$v_1 = 16 \text{ m/sek};$$
$$v_2 = 20 \text{ m/sek}.$$

Ist ferner die Nutzlast $Q = 4200$ kg, das auf die Seilmitte bezogene Gewicht aller an der Bewegung teilnehmender Massen 38 000 kg und wird ein Wirkungsgrad $\eta = 0,85$ angenommen, dann ist die Anfangskraft $K_a = Q + m \cdot p$ kg:

$$K_a = 4200 + \frac{38\,000}{10} \cdot 1,1 = 8380 \text{ kg}.$$

Die von der Maschine abzugebende Leistung beträgt demnach

$$N_a = \frac{8380 \cdot 16}{75 \cdot 0,85} = 2118 \text{ PS}.$$

Von der 14,5. Sekunde ab ist die Beschleunigung geringer und zwar $p_{a_2} = 0,6$ m/sek². Es wird

$$K_b = 4200 + \frac{38\,000}{10} \cdot 0,6 = 6480 \text{ kg}$$

und, da die Geschwindigkeit ebenfalls noch 16 m/sek ist, wird

$$N_b = \frac{6480 \cdot 16}{75 \cdot 0,85} = 1626 \text{ PS}.$$

Nach $t_2 = 6{,}66$ sek hat die Kraft noch die gleiche Größe von 6480 kg, denn die Beschleunigung $p_{a_2} = 0{,}6$ m/sek^2 bleibt ja in diesem Zeitabschnitt t_2 gleich,

$$K_c = K_b.$$

Anders dagegen die Leistung. Nach $t_2 = 6{,}66$ sek ist die Höchstgeschwindigkeit $v_h = 20$ m/sek erreicht worden. Es ist also

$$N_c = \frac{6480 \cdot 20}{75 \cdot 0{,}85} = 2040 \text{ PS}.$$

Zu Beginn des Zeitabschnittes t_3 wird die Beschleunigung gleich Null, die Kraft K_d somit gleich der Nutzlast

$$K_d = 4200 \text{ kg}$$

und $\quad N_d = \dfrac{4200 \cdot 20}{75 \cdot 0{,}85} = 1320 \text{ PS}.$

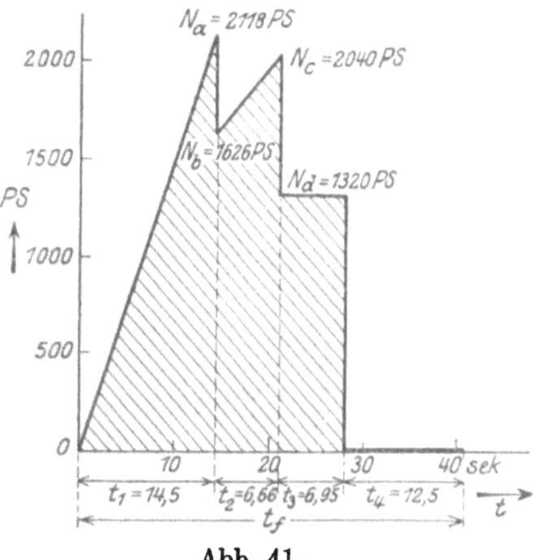

Abb. 41.

Diese Leistung bleibt bis zum Beginn des Auslaufabschnittes (t_4) gleich groß, so daß sich das zu dem Geschwindigkeitsdiagramm Abb. 30 auf Seite 32 zugehörige Leistungsdiagramm nach Abb. 41 ergibt.

Die Abb. 42 zeigt die Kraft-, Geschwindigkeits- und Leistungsverhältnisse einer Förderanlage mit Unterseil und einer Zwillings-Reihenverbunddampfmaschine als Antriebsmaschine nach Wallichs[1]). Die der Berechnung zugrunde gelegte Nutzlast beträgt hierbei 5600 kg, der Förderweg rund 750 m, die höchste Geschwindigkeit 24 m/sek, die Anfahrbeschleunigung $p_a = 1{,}12$ m/sek^2 und die Verzögerung $p_b = 1{,}32$ m/sek^2. Die ausgezogenen Linien des Leistungsdiagramms geben die theoretisch errechneten, die strichierten Linien die hiervon wahrscheinlich abweichenden tatsächlichen Verhältnisse an. Die schraffierte Fläche des Kraft-Weg-Diagramms bringt die geleistete Arbeit in Meter-Tonnen zum Ausdruck. Es geht im besonderen hieraus hervor, daß der Hauptanteil der Arbeit — mit 68,5 v. H. der Gesamtarbeit eines Förderzuges — auf die Beschleunigungszeit entfällt.

Über das Verhalten der Antriebsmaschinen, des Elektromotors und der Dampfmaschine, zur Bewältigung der Hauptarbeit während des Beschleunigungsabschnittes wird später näher eingegangen werden. Im besonderen ist hier nur hervorzuheben, daß die neuzeitliche Fördermaschinentechnik einen weitgehend geringen Energieaufwand fordert. Bei Dampfmaschinen soll daher nicht, wie das früher fast ausschließlich der Fall war, während des ganzen Anfahrabschnittes mit voller Füllung gearbeitet werden, sondern es soll bereits zu Anfang der Fahrt eine günstige kleine Füllung vorliegen. Da eine solche kleinere Füllung

---

[1]) Z. d. V. d. I. 1907, S. 4.

einen geringeren mittleren Dampfdruck zur Folge hat, so muß die wirksame Kolbenfläche zur Erzielung der erforderlichen großen Anfahrkräfte dementsprechend größer sein. Es ist also eine Dampfmaschine mit großen Zylinderabmessungen (höhere Anschaffungskosten!) in diesem Falle einer solchen mit kleineren Abmessungen vorzuziehen.

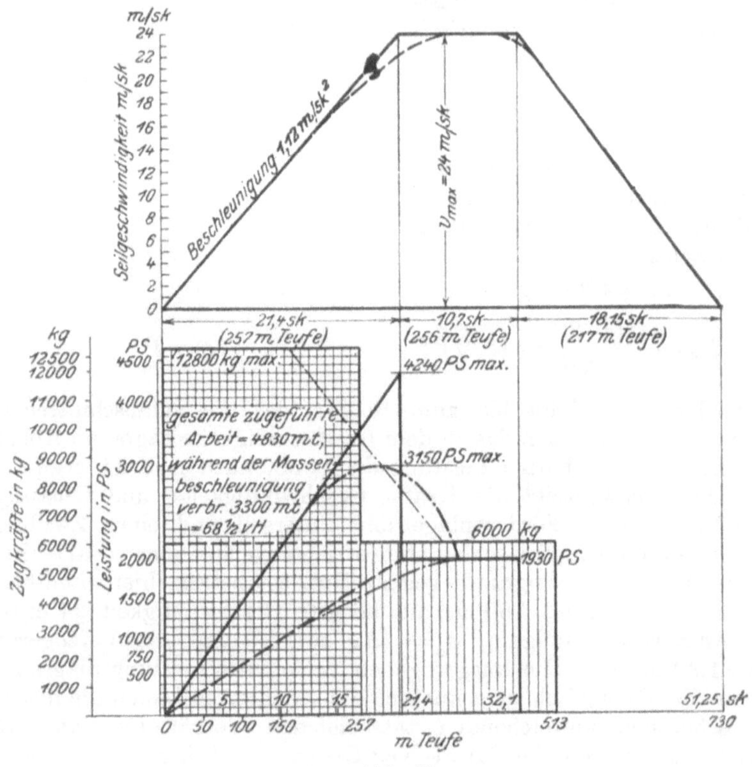

Abb. 42.

Beim elektrischen Betrieb der Fördermaschine erfordert die Bedingung des kleinsten Energieaufwandes besondere Einrichtungen zu dem für gleichmäßige Kraftabgabe geeigneten Antriebsmotor, zumal ihm die Energiereserve zum Ausgleich der Belastungsschwankungen, wie sie beim Dampfbetrieb vorliegt, fehlt. Das Leitungsnetz darf aus betriebstechnischen Gründen nicht fortwährend ungleichmäßig beansprucht werden. Die Art, wie diese Energieschwankungen zum Ausgleich gebracht werden, war für die Entwicklung der elektrischen Fördermaschinen von ausschlaggebender Bedeutung.

8. Mechanische Verluste.

Zu den aufzuwendenden Kräften zum Fördern der Nutzlast und zum Beschleunigen der zu bewegenden Massen kommt noch eine Kraft hinzu zur Überwindung des sogenannten Schachtwiderstandes und der Reibungswiderstände innerhalb der Fördermaschine selbst.

a) Schachtwiderstand.

Der Schachtwiderstand setzt sich zusammen aus den Widerständen durch Reibung der Förderkorbführungen an den Spurlatten, durch Lagerreibung der Seilscheiben im Schachtgerüst, durch Seilbiegung und Seibreibung sowie durch den Luftwiderstand des Seiles, der Seilscheiben und vor allem der Förderkörbe. Über die Größe des von den örtlichen Verhältnissen in hohem Grade abhängigen gesamten Schachtwiderstandes herrschte lange Zeit hindurch eine ziemliche Unklarheit, und sie hat sich auch bis jetzt noch nicht einwandfrei bestimmen lassen.

Eine wesentliche Rolle spielen hierbei der Reibungswiderstand an den Schachtführungen und der Luftwiderstand der Förderkörbe, der einen nicht unbeträchtlichen Teil des Schachtwiderstandes ausmacht. Der erstere ist abhängig von der mehr oder weniger richtigen Anordnung der Führungsstraßen im Schacht (durchweg senkrechte Lage und gleichmäßige Entfernung der Spurlatten voneinander), sowie von den durch den Drall und den auftretenden Längs- und Querschwingungen des Seiles hervorgerufenen Schwingungsstößen der Förderkörbe, ferner auch von der genauen Aufhängung und der Belastung der Körbe, d. h. von der Lage des Förderkorb-Schwerpunktes unter dem Aufhängepunkt des Seiles.

Der in hohem Maße veränderliche Luftwiderstand wird hauptsächlich durch die, eine wesentliche Luftreibung im Schachte hervorrufende Fördergeschwindigkeit, dann aber auch von der Größe der Förderkorbgrundfläche und von der relativen Geschwindigkeit der Körbe gegen die Geschwindigkeit der ein- und ausziehenden Wetter beeinflußt.

Die ältesten Angaben über die Reibungsverluste im Schacht rühren von Julius von Hauer[1] her. Er setzt den gesamten, von einer Dampffördermaschine zu überwindenden Schachtwiderstand, den er während des ganzen Förderweges als unveränderlich annimmt, der Summe der Seilspannungen proportional und zwar zu 4 v. H. der Gesamtbelastung. Bedeutet Q die Nutzlast, S das wirksame Gewicht des Förderseiles und q das Gewicht des Förderkorbes in kg einschließlich der leeren Wagen, so ist der Schachtwiderstand R nach J. v. Hauer:

$$R = 0{,}04 \cdot (Q + 2q + S) \text{ kg.}$$

---

[1] „Die Fördermaschinen der Bergwerke", 3. Aufl., S. 270. Leipzig: A. Felix 1884.

Unter der Annahme, daß der Schachtwiderstand von der Größe der Fördergeschwindigkeit stark beeinflußt wird, und zwar ändert sich dieser mit dem Quadrat der Geschwindigkeit, haben sowohl v. Reiche wie auch Hrabak den Ausdruck v. Hauers durch Hinzufügung eines veränderlichen Gliedes erweitert. Wird die senkrecht zur Bewegungsrichtung gelegene Grundfläche beider Förderkörbe mit F in Quadratmeter und die Fördergeschwindigkeit mit v in m/sek bezeichnet, dann ist nach v. Reiche:

$$R = 0{,}04 \cdot (Q + 2q + S) + 0{,}061\,F \cdot v^2.$$

Hrabak setzt das dem Quadrate der Fördergeschwindigkeit entsprechende Glied noch höher an. Nach ihm ist:

$$R = 0{,}05\,(Q + 2q + S) + 0{,}6 \cdot F \cdot v^2.$$

Im Jahre 1906 ist Joh. Ruths[1]) nach sorgfältigen Versuchen an einer gut eingebauten elektrischen Fördermaschinenanlage auf dem Gräflich Laarisch-Mönningschen Tiefbauschacht in Karwin zu dem Ergebnis gekommen, den Schachtwiderstand nur von der Größe der Luftreibung im Schacht, d. h. von der relativen Geschwindigkeit der Förderkörbe zum Strom der ein- und ausziehenden Wetter in Abhängigkeit zu bringen, alle übrigen Schachtreibungswiderstände also unberücksichtigt zu lassen. Der von ihm aufgestellte Ausdruck für den Schachtwiderstand lautet:

$$R = 0{,}3 \cdot F \cdot (v^2 + V^2),$$

wenn $v > V$, und:

$$R = 0{,}6 \cdot F \cdot v \cdot V,$$

wenn $v < V$ ist.

Hierin bedeutet F wiederum die Grundfläche beider Körbe in qm, v die größte Fördergeschwindigkeit und V die Wettergeschwindigkeit im Schacht in m/sek. Dieser Ausdruck für R gilt für größere Fördergeschwindigkeiten. Bei kleineren Geschwindigkeiten vermehrt Ruths die Werte noch um eine von der Fördergeschwindigkeit unabhängige Größe 44, so daß dann:

$$R = 44 + 0{,}3 \cdot F \cdot (v^2 + V^2)$$

bzw.

$$R = 44 + 0{,}6 \cdot F \cdot v \cdot V$$

wird.

J. Havlicek weist darauf hin, daß der Luftwiderstand wohl einen sehr beträchtlichen Anteil an dem gesamten Schachtwiderstand hat, daß aber die übrigen Reibungswiderstände nicht vernachlässigt werden dürfen. Auf Grund seiner bei verschiedenen Fördergeschwindigkeiten ermittelten Versuchsergebnisse an einer elektrischen Fördermaschinenanlage gibt er deshalb den Schachtwiderstand an zu:

$$R = 0{,}012\,(Q + S + 2q) + 4\,F \cdot v^{1{,}275}.$$

---

[1]) „Versuche zur Bestimmung der Widerstände an Förderanlagen". Mitteilungen über Forschungsarbeiten Heft 85 (Doktordissertation). Berlin: Julius Springer 1910.

Philippi[1]) wählt den Schachtwiderstand bei elektrischen Fördermaschinen unabhängig von der Fördergeschwindigkeit bzw. dem Luftwiderstand als eine während des ganzen Treibens gleichbleibende Größe. Auf Grund reicher Erfahrungen hält Philippi bei Fördergeschwindigkeiten bis zu etwa 16 m/sek die durchschnittliche Größe des Schachtwiderstandes zu rund 15 v. H. der Nutzlast für ausreichend, so daß also

$$R = 0{,}15 \cdot Q$$

wird. Bei größeren Geschwindigkeiten empfiehlt Philippi noch einen nach der Ruthsschen Formel nachzuprüfenden Zuschlag von ein oder mehreren Teilen vom Hundert.

Für die Bestimmung des Schachtwiderstandes sind somit im Laufe der Zeit die verschiedensten Angaben gemacht worden, von denen die einen lediglich die während eines Treibens auftretenden Seilspannungen berücksichtigen, der andere Teil dagegen außerdem noch einen dem Quadrate der Geschwindigkeit entsprechenden Wert hinzugenommen hat. Mit der Frage, welcher von den bisher bekannten Ausdrücken sich wohl den tatsächlichen Verhältnissen am meisten nähert, hat sich R. Mögelin eingehend beschäftigt. Er kommt in seiner wertvollen Abhandlung „Über die Anfahrbeschleunigung bei Koepefördermaschinen", einer preisgekrönten Lösung der von der Bergbauabteilung der Technischen Hochschule Berlin-Charlottenburg gestellten Preisaufgabe[2]), zu dem Ergebnis, daß sowohl der Ausdruck von Ruths wie auch der von Havlicek den größten Anspruch auf Berücksichtigung hat. Der Ausdruck von Ruths liefert hierbei Werte, die als eine untere Grenze der Schachtwiderstandsgröße angesprochen werden können, während die Werte nach der Formel von Havlicek eine obere Grenze darstellen.

Für die üblichen Fördergeschwindigkeiten dürfte es bei Überschlagsrechnungen — und besonders in den Fällen, wo die Grundfläche der Förderkörbe noch unbestimmt ist — genügen, wenn eine während des Förderzuges unveränderliche Größe als Zuschlag zur Nutzlast — je nach den örtlichen Verhältnissen 12 bis 25 v. H. der Nutzlast — gewählt wird.

Der mechanische Wirkungsgrad der Förderung oder der Schachtwirkungsgrad η_s ergibt sich aus dem Verhältnis der nutzbaren zur tatsächlichen Schachtleistung:

$$\eta_s = \frac{Q}{Q+R} \, .$$

Je nach dem Zustande des Schachtes, der Förderkorbführung, der Seilscheiben usw. kann η_s zu 0,85—0,98 angenommen werden und

---

[1]) Philippi, „Elektrische Fördermaschinen", S. 115. Leipzig: S. Hirzel 1921.

[2]) Dinglers Polytechnisches Journal 1918, Nr. 23 und 24.

zwar im Mittel bei Beginn der Förderung, also dann, wenn kein nennenswerter Luftwiderstand vorliegt, zu 0,95 und bei mittlerer Fahrt zu 0,93.

b) Fördermaschinenwiderstand.

Der Reibungswiderstand innerhalb der Fördermaschine bis zur Welle des Seilträgers findet seinen Ausdruck in dem mechanischen Wirkungsgrad η_m der Maschine, d. h. in dem Verhältnis der Nutzleistung N_n zur indizierten Leistung N_i:

$$\eta_m = \frac{N_n}{N_i}.$$

Je nach der Bauart und Größe der Maschine kann dieser bei Dampffördermaschinen zu 0,75—0,85, bei elektrischen Fördermaschinen mit unmittelbarer Kupplung von Seilträgerwelle und Antriebsmotor zu 0,85—0,90 angenommen werden. Bei Förderhaspeln mit Vorgelege kann für jedes Vorgelege $\eta_v = 0,9$ gesetzt werden.

9. Berechnung der Maschinenabmessungen.

a) Abmessungen der Trommeln und Scheiben.

Trommel- und Scheibendurchmesser. — Um die Größenverhältnisse der Trommeln und Seilscheiben ermitteln zu können, muß zunächst die Stärke des Seiles festgelegt werden. Ist nun unter Zugrundelegung der Bruchfestigkeit des Seilmaterials und unter Berücksichtigung eines genügend großen Sicherheitswertes (s. S. 130) der Durchmesser d des Förderseiles bestimmt, bedeutet weiterhin δ die Stärke des Einzeldrahtes und besteht das Seil aus Stahldraht mit einem Elastizitätsmodul von etwa 2150000, dann ist in Rücksicht auf die in zulässigen Grenzen zu haltende Biegungsbeanspruchung des Seiles der Seillaufdurchmesser D der Trommeln (Abb. 43) und Scheiben mindestens

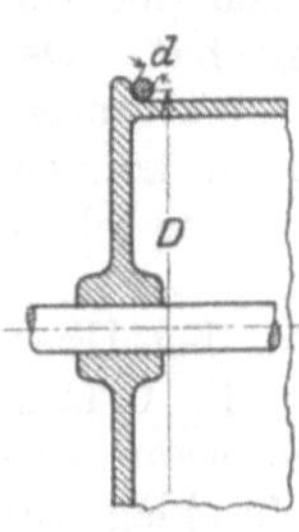

Abb. 43.

$$D \geqq (80 \text{ bis } 100) \cdot d \quad \text{oder} \quad D \geqq (800 \text{ bis } 1000) \cdot \delta$$

zu wählen, wobei die Werte D, d und δ in gleichen Einheiten zu setzen sind. Bei größeren Schachttiefen (über 500 m) wird der Seillaufdurchmesser der Trommeln nicht selten erheblich größer (bis zu etwa $150 \cdot d$ bzw. $3000 \cdot \delta$, d. h. bis zu 8 und sogar 10 m) genommen, damit der Seilablenkungswinkel α den Wert von $1^0\,30'$ möglichst nicht überschreitet. Dadurch wird erreicht, daß die erforderliche Trommelbreite bzw. die Entfernung der Seilträgerwelle von Mitte Schacht nicht zu groß wird. Auch bei härteren Drahtsorten werden zur Schonung des Seiles größere Seillaufdurchmesser gewählt. Immerhin ist aber hier zu berücksichtigen, daß bei zu großen Trommeln die zu beschleunigenden und zu verzögernden Schwungmassen bei jeder Förderung sehr groß ausfallen. Hierdurch wird die Maschine schwerfälliger und schwer steuerbar. Man geht aus diesem Grunde allgemein nicht gern über einen Trommeldurchmesser von 7,5 m hinaus. Bei größeren Schachttiefen ist es daher von besonderem Vorteil, Stahldrahtseile von möglichst hoher Bruchfestigkeit (180 kg/qmm und mehr) bei einem entsprechend kleineren Durchmesser zu wählen oder aber mit einem kleineren Sicherheitswert (s. S. 131) zu rechnen. Ein weiteres vom Ausland häufig angewendetes Mittel zur Vermeidung zu großer Trommelabmessungen besteht in der Aufwicklung des Seiles in zwei übereinander angeordneten Lagen, ein Verfahren, das einen starken Seilverschleiß zur Folge hat und daher wenig zu empfehlen ist.

Bei **Kegeltrommeln** und bei **Bobinen** ist der errechnete Wert D stets der kleinste Seillaufdurchmesser.

Der übliche Durchmesser der **Treibscheiben** ist aus Gründen der Schonung des Seiles und unter Berücksichtigung des Auflagerdruckes zwischen Seil und Holzfütterung der Scheiben, der 8 kg/qcm im allgemeinen nicht überschreiten soll, etwa gleich dem 100- bis 125 fachen des Seildurchmessers zu wählen.

Bei Hanfseilen wird der Durchmesser der Trommeln und Scheiben angenommen: a) für untergeordnete Förderungen $D \geq 10$- bis 15 fachem, b) für größere Förderungen $D \geq 25$ bis 30 fachem des Seildurchmessers.

Trommelbreite. — Die Breite B innerhalb der Flanschen zylindrischer Trommeln ergibt sich aus der Länge des aufzuwickelnden Förderseiles, dem Trommelumfange, der Seilstärke, der Anzahl der Überschußwindungen und gegebenenfalls einem Spielraum zwischen zwei Windungen.

Bezeichnet:

T den Förderweg,
D den Trommeldurchmesser,
d den Seildurchmesser,
z die Anzahl der Seilwindungen,
n die Anzahl der Überschußwindungen $(2-6)$,
s den Spielraum zwischen zwei Windungen $(2-3\ \text{mm})$,

dann muß die Länge des aufzuwickelnden Seiles sein:

$$T \doteq D \cdot \pi \cdot z.$$

Daraus folgt die Windungszahl zu:

$$z = \frac{T}{D \cdot \pi},$$

bzw. einschließlich der Überschußwindungen zu:

$$z = \frac{T}{D \cdot \pi} + n.$$

Wird ein Spielraum zwischen zwei Windungen von s mm angenommen, dann wird die Trommelbreite:

$$B = (d + s)\,z$$

oder

$$B = (d + s) \cdot \left(\frac{T}{D \cdot \pi} + n\right).$$

Bei Seilen mit absatzweise abnehmendem Querschnitt (verjüngten Seilen) von den Teillängen $T_1, T_2, \ldots, T_h$, den entsprechenden Seildurchmessern $d_1, d_2, \ldots, d_h$, wobei d_h den obersten (größten) Seildurchmesser darstellt, ergibt sich die Trommelbreite zu:

$$B = (d_h + s)\,n + \frac{T_1(d_1 + s) + T_2(d_2 + s) + \ldots + T_h(d_h + s)}{D \cdot \pi}.$$

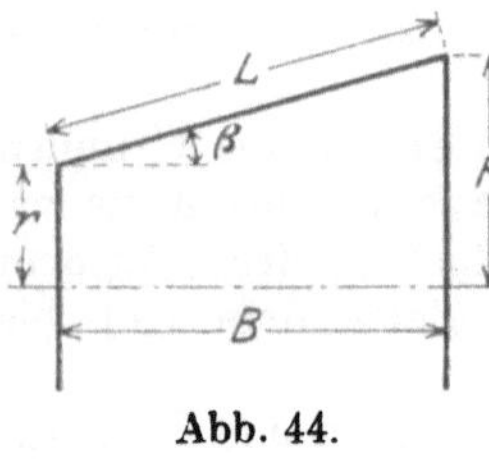

Abb. 44.

Bei kegelförmigen Trommeln ist die Breite B innerhalb der Flanschen in axialer Richtung (Abb. 44) bei glattem Trommelmantel aus den beiden Halbmessern R und r, dem Seildurchmesser d, der Windungszahl z und dem Neigungswinkel β des Kegelmantels gegen die axiale Richtung zu errechnen. Die Schräge des Kegelmantels L beträgt:

$$L = z \cdot d$$

und

$$B = L \cdot \cos \beta$$

oder

$$B = z \cdot d \cdot \cos \beta.$$

Da die Länge des aufgewickelten Seiles

$$T = (R + r) \cdot \pi \cdot z$$

ist, und

$$z = \frac{T}{(R + r) \cdot \pi},$$

so ergibt sich:

$$B = \frac{T}{(R + r) \cdot \pi} \cdot d \cdot \cos \beta,$$

oder nach Abb. 44 auch:

$$B = \frac{R - r}{\operatorname{tg} \beta}.$$

Bei Spiraltrommeln mit einem Rillenmantel und einem Spielraum des Seiles s in der Richtung des Kegelmantels wird:

$$B = \frac{T}{(R + r) \cdot \pi} \cdot (d + s) \cdot \cos \beta.$$

Hierzu ist für Überschußwindungen nach der Seite des kleinen Durchmessers hin noch ein Zuschlag zu nehmen.

Bei glattem Mantel soll $\beta \leq 18$ bis 23^0, beim Rillenmantel dagegen $\beta \leq 43^0$ sein.

Die Breite von Bobinen (ohne Bremskränze) richtet sich nach der Breite des Bandseiles, die beispielsweise bei den in Westfalen üblichen Seilen 90—140 mm beträgt. Zu dieser Breite kommt noch ein Spielraum von etwa 10 mm hinzu. Die nachfolgende Tabelle gibt nach „Hütte"[1]) übliche Seillaufdurchmesser von Trommeln, Bobinen, Treib- und Seilscheiben an. Hierbei ist für die Kegeltrommeln und Bobinen der kleinste Wickeldurchmesser aufgeführt.

Maschinenhub	Zylindrische Trommeln	Kegeltrommeln	Bobinen	Treibscheiben	Seilscheiben
	m	m	m	m	m
0,8	2,5—4	2—2,5	1,5—1,8	4	2,5—3,5
1,0	2,5—4	2—2,5	1,5—1,8	4	2,5—3,5
1,2	4—5	3	2	5	3,5—4,5
1,6	6—7	3,5	2,5	6—7	5
1,8	7—8	4	3	7—8	6
2,0	8—9	4,5 - 5	3—3,5	8—9	7

b) Die Momente des Seilwiderstandes.

Jede Fördermaschine muß imstande sein, die größten auftretenden statischen Seilwiderstände zu überwinden. Es ist daher zunächst zu untersuchen, unter welchen Verhältnissen die größten statischen Momente M auftreten.

Im besonderen kommen bei einer Förderanlage folgende drei wichtige Betriebseigentümlichkeiten vor:

1. das „Anheben" der Last, d. h. das Ingangsetzen der Förderanlage (Abb. 45),

2. das „Überheben" des aufgehenden beladenen Förderkorbes über die obere Aufsatzvorrichtung, wobei der untere leere Förderkorb am Füllort aufsitzt (Abb. 46),

3. das „Umstecken" der Förderkörbe bei Sohlenwechsel (Abb. 47), wobei nach dem Befestigen des einen Förderkorbes an der Hängebank und der Abkupplung der entsprechenden Trommel der am Füllort befindliche unbeladene Förderkorb (meist nach abgezogenen leeren Wagen) anzuheben ist.

Die jenen drei Fällen entsprechenden statischen Momente sind unter Berücksichtigung einer Förderung mit und ohne Ausgleich des Seilübergewichtes aufzustellen. Bei der Treibscheibenförderung genügt die Aufstellung der ersten Bedingung.

---

[1]) „Hütte", 22. Auflage, II. Teil, S. 439.

α) **Das Anheben.** — Bei nicht ausgeglichenem Seilübergewicht, aber sonstigem Ausgleich der Totlast beträgt das Anfahrmoment der zylindrischen Trommeln nach Seite 21:

$$M_a = (Q + S) \cdot R.$$

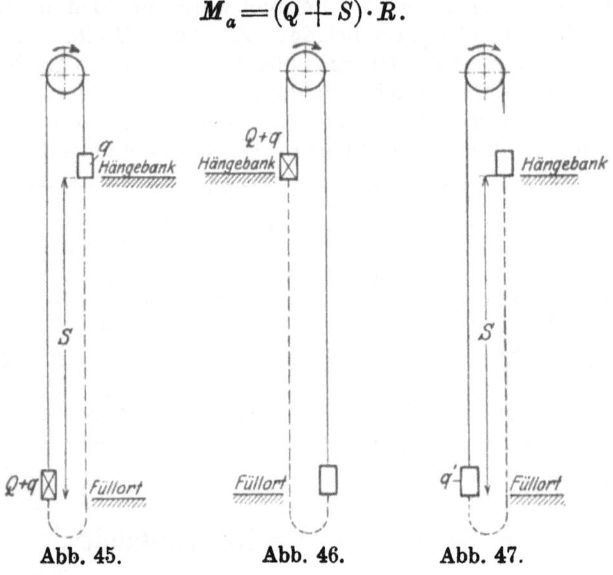

Abb. 45.   Abb. 46.   Abb. 47.

Hierbei bedeutet.

Q die Nutzlast,
S das der Länge des Förderweges entsprechende Seilgewicht,
R den Halbmesser des Seilträgers.

Unter Berücksichtigung des Schachtwirkungsgrades η_s wird aber

$$M_a = \frac{(Q + S) \cdot R}{\eta_s}.$$

Dieses statische Moment nimmt während eines Förderzuges allmählich ab, weil ja S (s. Abb. 20) entsprechend kleiner wird. Es erreicht in der Mitte, also da, wo das Seilgewicht sich vollständig ausgeglichen hat, den Wert:

$$M = \frac{Q \cdot R}{\eta_s}$$

und geht am Ende der Fahrt über in:

$$M_e = \frac{(Q - S) \cdot R}{\eta_s}.$$

Solange die Nutzlast größer als das Seilgewicht S ist, bleibt das Lastmoment am Ende der Fahrt positiv, im anderen Falle — also bei großem S, d. h. bei großen Förderwegen — wird es negativ.

Ist das Seilübergewicht vollkommen ausgeglichen, dann wird das statische Moment beim Anfahren:

$$M_a' = \frac{Q \cdot R}{\eta_s}.$$

Das größte statische Anfahrmoment beträgt mithin bei einer Förderung ohne Seilgewichtsausgleich:

$$M_a = \frac{(Q + S) \cdot R}{\eta_s};$$

bei vollkommenem Ausgleich des Seilübergewichtes und gleichen Gewichten von Ober- und Unterseil dagegen:

$$M_a' = \frac{Q \cdot R}{\eta_s}.$$

Ist das Unterseil S_u schwerer als das Oberseil S_o, dann wird:

$$M_a' = \frac{(Q + S_o - S_u) \cdot R}{\eta_s}.$$

β) **Das Überheben.** Liegt ein Seilgewichtsausgleich nicht vor, und sitzt der leere Förderkorb am Füllort auf, dann ergibt sich für den Seiltrum des zu überhebenden beladenen Korbes eine Seilspannung von:

$$S_1 = Q + q,$$

wobei q das Gewicht des Förderkorbes einschließlich der leeren Wagen bedeutet. Am niedergehenden Seiltrum ist dagegen eine Seilspannung S_2 gleich dem Seilgewicht S:

$$S_2 = S.$$

Das statische Lastmoment ergibt sich dann zu:

$$M_{\ddot{u}} = \frac{(Q + q - S) \cdot R}{\eta_s}.$$

Bei vollkommenem Seilgewichtsausgleich wird dagegen:

$$M_{\ddot{u}}' = \frac{(Q + q) \cdot R}{\eta_s}.$$

γ) **Das Umstecken.** Um die beiden Förderkörbe gegeneinander zu verstellen, wird die lose Trommel abgekuppelt, nachdem der entsprechende Korb an der Hängebank befestigt worden ist. Es fällt also das gesamte Gewicht der einen Seite aus (Abb. 47). Nimmt man an, daß sich — wie das im allgemeinen der Fall ist — während des Versteckens auf dem anzuhebenden Förderkorb keine Wagen befinden, so ergibt sich für die Antriebsmaschine ein zu überwindendes Lastmoment von:

$$M_u = \frac{(q' + S) \cdot R}{\eta_s}.$$

Hierin bedeutet q' das Gewicht eines Förderkorbes ohne die leeren Wagen.

Ist nach dem Beispiel auf S. 18 die Nutzlast einer Förderanlage mit zylindrischer Trommelmaschine 4800 kg, das Korbgewicht 6000 kg, das Gewicht von acht leeren Wagen zu je 350 kg = 2800 kg, wird ferner ein Seilgewicht je laufenden Meter von 6,5 kg, mithin bei einer Schachttiefe von 700 m ein wirksames Gesamtgewicht des Seiles von $700 \cdot 6,5 = 4550$ kg angenommen und hat das Unterseil das gleiche Gewicht für die Längeneinheit wie das Oberseil, dann ergeben sich für die dargestellten Betriebsbedingungen folgende statischen Momente bei einem Schachtwirkungsgrad $\eta_s = 0,95$ (s. S. 44) und einem Durchmesser der zylindrischen Trommel von 7 m:

1. beim Anheben und nicht ausgeglichenem Seilgewicht:

$$M_a = \frac{(4800 + 4550) \cdot 3,75}{0,95} = 36\,900 \text{ mkg,}$$

beim Anheben und vollkommener Seilgewichtsausgleichung:

$$M_a' = \frac{4800 \cdot 3,75}{0,95} = 18\,947 \text{ mkg;}$$

2. beim Überheben und nicht ausgeglichenem Seilgewicht:

$$M_{\ddot{u}} = \frac{(4800 + 8800 - 4550) \cdot 3,75}{0,95} = 35\,723 \text{ mkg,}$$

beim Überheben und vollkommenem Seilgewichtsausgleich:

$$M_{\ddot{u}}' = \frac{(4800 + 8800) \cdot 3,75}{0,95} = 53\,675 \text{ mkg;}$$

3. beim Umstecken:

$$M_u = \frac{(6000 + 4550) \cdot 3,75}{0,95} = 41\,644 \text{ mkg.}$$

Bei einer zylindrischen Trommelmaschine mit Unterseil ergibt sich beim Überheben also ein besonders großes statisches Moment M.

Bei den Kegeltrommeln und den Bobinen wirkt beim „Anheben" die Last am kleinen Halbmesser r. Bei der Veränderung der Stellung der Förderkörbe zueinander, also beim „Umstecken" bis zur gewünschten Sohle, wird jedoch r allmählich größer und erreicht schließlich den Wert r_1, während das Seilgewicht dagegen immer kleiner wird bis zum Endwert S'. Es sind also für diesen Fall des Umsteckens die beiden Momente:

$$M_a = r(q' + S)$$
$$\text{und} \qquad M_{a_1} = r_1 \cdot (q' + S')$$

aufzustellen. Beim „Überheben" wirkt sowohl bei den Bobinen wie bei den Kegeltrommeln die in Frage kommende größte Last am großen Halbmesser R.

Bei einer normalen Förderung mit Ausgleich der Totlast und gegebenenfalls mit einem Seilgewichtsausgleich kommt während der

Anfahrzeit neben den statischen Seilwiderständen noch eine Beschleunigung der Last in Frage.

Das von der Antriebsmaschine zu überwindende „gesamte" Lastmoment M_f während der Anfahrzeit ergibt sich für zylindrische Trommeln mit Unterseil und für Treibscheiben zu:

$$M_f = \left(Q + \frac{G_r}{g} p \right) \cdot R.$$

Hierin bedeuten G_r das Gewicht sämtlicher bewegten Teile (mit Ausnahme des Maschinentriebwerkes), wobei für die Gewichte von Trommeln, Treib- und Seilscheiben die quadratisch auf die entsprechenden Seilumfänge umgerechneten Gewichte einzusetzen sind (s. S. 23), p die gewünschte Beschleunigung und $g = 9{,}81$ m/sek² gleich der Fallbeschleunigung.

Für zylindrische Trommeln ohne Seilgewichtsausgleich, also bei wechselndem Seilgewicht, für das bei Überschlagsrechnungen die Hälfte des Seilgewichtes eingesetzt werden kann, wird

$$M_f = \left(Q + 0{,}5 \cdot S + \frac{G_r}{g} p \right) \cdot R.$$

Bei Kegeltrommeln und Bobinen wird mit hinreichender Annäherung:

$$M_f = \left(Q + \frac{G_r}{g} \cdot p \right) + S \cdot (0{,}75\, r_{m_1} - 0{,}25\, r_{m_2}) - q\, (r_{m_2} - r_{m_1});$$

r_{m_1} und r_{m_2} sind hierbei diejenigen Seillaufhalbmesser, die der Korbstellung auf $^1/_4$ bzw. $^3/_4$ des Förderweges von unten aus gerechnet, entsprechen.

Jede Antriebsmaschine einer Förderanlage muß nun so beschaffen sein, daß den größten statischen Lastmomenten M die größten Kraftmomente M_{k_1}, den Anfahrmomenten M_f dagegen die mittleren Kraftmomente bei wirtschaftlicher Füllung M_{k_2} gleich sein müssen.

c) Die Kraftmomente.

Für die Aufstellung der Kraftmomente M_k der Antriebsmaschine kommen die Kolbenfläche F in qcm, der Kolbenweg o in m und der Kurbelarm $r = \dfrac{s}{2}$ in m in Betracht (Abb. 48). Wirkt in dem Zylinder der Antriebsmaschine der Dampfüberdruck p kg/qcm, das ist der Dampfdruck auf der einen Kolbenseite abzüglich des Gegendruckes auf der anderen, dann ist der gesamte Kolbendruck $F \cdot p$ kg. Das zur Wirkung kommende Kraftmoment ergibt sich in der gezeichneten Kurbelstellung unter Berücksichtigung des mechanischen Wirkungsgrades der Maschine η_m und des Schachtwirkungsgrades η_s, sowie einem Zahlenwert α, der durch die endliche Schubstangenlänge und die Größe der Füllung bedingt ist und bei dem üblichen

Verhältnis des Kurbelarmes zur Schubstangenlänge $\lambda = \frac{1}{5}$ und einer größten Füllung von 95 v. H. einen Wert $\alpha \sim 0,7$ hat, zu:

$$M_{k_1} = F \cdot p \cdot r \cdot \eta_m \cdot \eta_s \cdot \alpha = F \cdot p \cdot \frac{s}{2} \cdot \eta_m \cdot \eta_s \cdot \alpha.$$

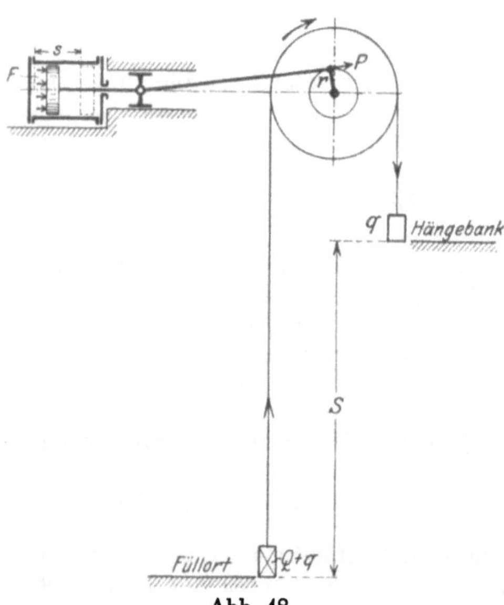

Abb. 48.   Abb. 49.

Dieses Kraftmoment ändert sich während einer Umdrehung fortwährend und sinkt in den Totlagen der Kurbel bis auf Null herab. Um nun ein möglichst gleichbleibendes Kraftmoment zu erhalten, läßt man auf die Seilträgerwelle eine zweite Maschine derart einwirken, daß ihre Kurbel gegen die erste um 90° versetzt ist (Abb. 49). Man kann dann annehmen, daß durch eine solche Zwillingsanordnung zweier nebeneinanderliegender Maschinen mit gemeinsamer Welle und um 90° versetzten Kurbeln die Summe der Kraftmomente beider Maschinen annähernd stets gleich bleibt, die wirksamen Hebelarme beider Kurbelgetriebe sich also gewissermaßen ergänzen.

Neben einer derartigen Zwillingsanordnung zweier selbständigen, an einer gemeinsamen Welle angreifenden Maschinen (Abb. 50) kann auch eine Zwillings-Verbundmaschine, das ist eine Maschine mit zweistufiger Dampfdehnung und nebeneinanderliegendem Hochdruck- und Niederdruckzylinder nach Abb. 51 — eine heutzutage für Fördermaschinen kaum noch gebaute Ausführung — oder namentlich für größere Schachttiefen und größere Lasten bei Kondensationsbetrieb eine sogenannte Zwillings-Reihenverbundmaschine nach Abb. 52, bei der Hochdruck- und Niederdruckzylinder hintereinander und beide Maschinensätze

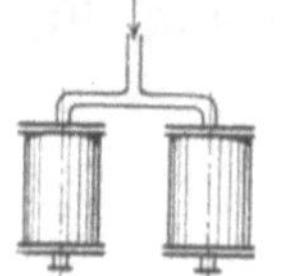

Abb. 50.

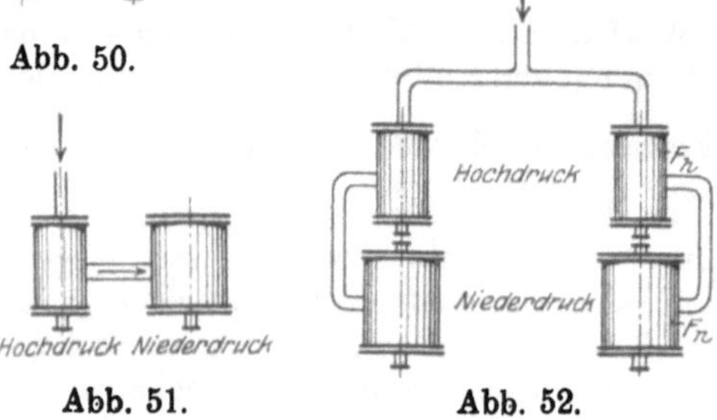

Abb. 51.   Abb. 52.

in Zwillingsanordnung nebeneinandergeschaltet sind, genommen werden. Diese Maschinen bieten den besonderen Vorteil, daß bei ihnen der Druck- bzw. Temperaturabfall in einem Zylinder nicht so groß ist. Weiterhin ermöglichen sie ein ruhiges Fahren und eine gute Steuerbewegung beim Umsetzen der Förderkörbe. Bei den einfachen Zwillingsmaschinen (Abb. 50) hingegen erhalten die beiden großen Zylinder den vollen Kesseldruck während des Umsetzens. Sie entwickeln hierbei Kräfte, die von dem Fördermaschinisten oft nur schwer mit der wünschenswerten Genauigkeit gemeistert werden können.

Werden die Kolbenflächen vom Hochdruck- und Niederdruckzylinder mit F_h bzw. F_n, die entsprechenden größten Dampfüberdrücke mit p_h und p_n, sowie die bei verschiedenen Füllungen sich ergebenden und aus dem Dampfdiagramm zu errechnenden mittleren Überdrücke mit p_m bzw. p_{m_h} und p_{m_n} bezeichnet, dann ergeben sich die Kraftmomente:

für die Zwillingsmaschinen (Abb. 50):

$$M_{k_1} = F \cdot p \cdot \frac{s}{2} \cdot \eta_m \cdot \eta_s \cdot \alpha,$$

für die Zwillingsverbundmaschinen (Abb. 51):

$$M_{k_1} = F_h \cdot p_h \cdot \frac{s}{2} \cdot \eta_m \cdot \eta_s \cdot \alpha$$

bzw.

$$M_{k_1} = F_n \cdot p_n \cdot \frac{s}{2} \cdot \eta_m \cdot \eta_s \cdot \alpha,$$

je nachdem, ob der Kolben des Hochdruck- oder des Niederdruckzylinders in der Mitte des Hubes steht;

für die Zwillings-Reihenverbundmaschinen (Abb. 52):

$$M_{k_1} = (F_h \cdot p_h + F_n \cdot p_n) \cdot \frac{s}{2} \cdot \eta_m \cdot \eta_s \cdot \alpha.$$

Von diesen Kraftmomenten M_{k_1}, welche die höchsten Werte darstellen und nach S. 51 die größten statischen Lastmomente aufzunehmen haben, sind die bei einer gewünschten mittleren Füllung auftretenden Kraftmomente M_{k_2} zu unterscheiden. Diese mittleren Kraftmomente M_{k_2} haben die Anfahrmomente M_f zu uberwinden.

Herrscht auf jeder der vier Zylinderseiten einer Zwillingsmaschine ein mittlerer Dampfdruck p_m kg/qcm, dann ist der mittlere Gesamtdruck $F \cdot p_m$ kg und die bei einer Umdrehung der Welle auf jeder Zylinderseite geleistete Arbeit $A = F \cdot p_m \cdot s$ mkg. Diese Arbeit kann auch infolge des Zusammenarbeitens der vier Zylinderseiten und der ausgleichenden Wirkung der Schwungmassen als von einer am Kurbelkreis wirkenden Umfangskraft P von stets gleichbleibender Größe geleistet werden, so daß ihre Arbeit während einer Umdrehung $P \cdot 2r \cdot \pi$ mkg sein würde. Wegen $r = \frac{s}{2}$ ergibt sich diese auch zu

$P \cdot 2 \cdot \dfrac{s}{2} \cdot \pi = P \cdot s \cdot \pi$. Da nun bei einer Umdrehung vier Zylinderseiten in Wirkung sind, so muß sein:

$$P \cdot s \cdot \pi = 4 \cdot F \cdot p_m \cdot s,$$

oder

$$P \cdot s = \frac{4 \cdot F \cdot p_m \cdot s}{\pi}.$$

Weil aber $s = 2r$ ist, erhält man:

$$P \cdot 2r = \frac{4 \cdot F \cdot p_m \cdot s}{\pi}.$$

Das Drehmoment der Umfangskraft P am Kurbelhalbmesser r ergibt sich sonach zu:

$$P \cdot r = \frac{2 \cdot F \cdot p_m \cdot s}{\pi}.$$

Unter Berücksichtigung der Wirkungsgrade η_m und η_s erhält man schließlich für Zwillingsmaschinen:

$$M_{k_2} = \frac{2 \cdot F \cdot p_m \cdot s}{\pi} \cdot \eta_m \cdot \eta_s.$$

Für die Zwillingsverbundmaschinen wird aus gleicher Überlegung:

$$M_{k_2} = \frac{(F_h \cdot p_{m_h} + F_n \cdot p_{m_n}) \cdot s}{\pi} \cdot \eta_m \cdot \eta_s$$

und für die Zwillings-Reihenverbundmaschinen

$$M_{k_2} = \frac{2 \, (F_h \cdot p_{m_h} + F_n \cdot p_{m_n}) \cdot s}{\pi} \cdot \eta_m \cdot \eta_s.$$

Die Werte für den mittleren Dampfdruck p_m, die hauptsächlich von der Größe der Eintritts- und Austrittsspannung, sowie von der Füllung und der Verdichtung des Dampfes abhängig sind, können aus dem nach der Erfahrung zu entwerfenden Dampfdruckdiagramm oder auch aus sogenannten Spannungstabellen der Handbücher über Dampfmaschinen entnommen werden.

In dem vorhergehenden Abschnitt hatten wir gesehen, daß das größte auftretende Lastmoment M von dem größten Kraftmoment M_{k_1} und das Moment während der Anfahrzeit M_f von dem mittleren Kraftmoment M_{k_2} aufzunehmen sei.

$$M_{k_1} = M,$$
$$M_{k_2} = M_f.$$

Beide Bedingungen müssen also von der Maschine erfüllt werden, so daß der größere Wert auch die größeren Maschinenabmessungen ergibt.

d) Gang der Rechnung.

Der Gang der Rechnung ist nunmehr zusammenfassend folgender:

Nach der Ermittlung des Seildurchmessers und des Durchmessers des Seilträgers im Zusammenhang mit der erforderlichen Breite, wobei die Größe des Seilablenkungswinkels zu beachten ist, sowie nach der Umrechnung des Gewichtes der an der Beschleunigung teilnehmenden drehenden Maschinenteile auf den Seillaufumfang, müssen zunächst die statischen Lastmomente aufgestellt werden. Aus der Bedingung, daß $M = M_{k_1}$ sein muß, ergeben sich dann die Hauptabmessungen der Maschine.

Für die Zwillingsmaschinen ist nach Seite 53

$$M_{k_1} = F \cdot p \cdot \frac{s}{2} \cdot \eta_m \cdot \eta_s \cdot \alpha.$$

Es muß also sein:

$$F \cdot p \cdot \frac{s}{2} \cdot \eta_m \cdot \eta_s \cdot \alpha = M.$$

Daraus folgt die Größe des Zylindervolumens zu:

$$F \cdot s = \frac{2\,M}{p \cdot \eta_m \cdot \eta_s \cdot \alpha}.$$

Wird das Verhältnis des Zylinderdurchmessers zum Kolbenhub $\frac{D}{s}$ gewählt, dann lassen sich die beiden Hauptabmessungen selbst bestimmen. Ist D der Zylinderdurchmesser der Zwillingsmaschine und D_h der Durchmesser des Hochdruckzylinders, dann wird im allgemeinen gewählt

$$\frac{D}{s} = \frac{1}{1,7} \text{ bis } \frac{1}{2} \quad \text{bzw.} \quad \frac{D_h}{s} = \frac{1}{2} \text{ bis zu } \frac{1}{2,3}.$$

Häufig wird ein noch größerer Kolbenweg von $s = 3\,D$ bzw. $3\,D_h$ angenommen zum Zwecke besserer Steuerfähigkeit beim „Umsetzen" besonders langhübiger Maschinen.

Für die Ermittlung der Hauptabmessungen des Niederdruckzylinders einer Verbundmaschine wird angenommen, daß bei normaler Füllung im Hochdruck- und im Niederdruckzylinder gleiche Arbeit geleistet wird. Ist F_h die Kolbenfläche des Hochdruckzylinders und F_n diejenige des Niederdruckzylinders, dann gilt für mittlere Spannungen das Verhältnis $\frac{F_h}{F_n} = \frac{1}{2}$ und für höhere Drücke $\frac{F_h}{F_n} = \frac{1}{2,5}$ bis zu $\frac{1}{3}$. Genaue Werte ergeben sich für die verschiedenen Einzelfälle aus der Aufzeichnung des Dampfdruckdiagramms.

Sind die Hauptabmessungen der Antriebsmaschine auf diese Weise vorläufig bestimmt worden, so setzt nunmehr die Nachprüfung dieser Werte ein. Sie erstreckt sich auf den Nachweis, ob das von der Maschine zu leistende mittlere Kraftmoment M_{k_s} bei der zugrunde gelegten wirtschaftlichen Füllung auch imstande ist, das Moment während der Anfahrzeit M_f zu überwinden.

Die mittlere Kolbengeschwindigkeit c_m, die bei Erreichung der höchsten Fördergeschwindigkeit v_h eintritt, ergibt sich aus folgender Überlegung:

Ist R der Halbmesser des Seilträgers und n seine minutliche Umlaufszahl, dann ist $v_h = \dfrac{2R \cdot \pi \cdot n}{60}$ m/sek und die entsprechende Umfangsgeschwindigkeit der Kurbel vom Halbmesser r:

$$v = \frac{2r \cdot \pi \cdot n}{60} \ \text{m/sek.}$$

Hieraus folgt: $\dfrac{v}{v_h} = \dfrac{r}{R}$ oder $v = v_h \cdot \dfrac{r}{R}$ m/sek. Die zugehörige mittlere Kolbengeschwindigkeit c_m ist:

$$c_m = \frac{2s \cdot n}{60} \ \text{m/sek,}$$

so daß

$$\frac{v}{c_m} = \frac{2r \cdot \pi \cdot n}{60} \cdot \frac{60}{2s \cdot n} = \frac{r \cdot \pi}{s}$$

und da $s = 2r$, wird

$$\frac{v}{c_m} = \frac{r \cdot \pi}{2r} = \frac{\pi}{2},$$

d. h. die mittlere Kolbengeschwindigkeit ist $c_m = v \cdot \dfrac{2}{\pi}$. Wird nun in diese Gleichung der oben ermittelte Ausdruck für $v = v_h \cdot \dfrac{r}{R}$ eingesetzt, so erhält man:

$$c_m = v_h \frac{2r}{\pi \cdot R},$$

und wegen $r = \dfrac{s}{2}$

$$c_m = v_h \frac{2s}{\pi \cdot R \cdot 2} \ \text{m/sek}$$

$$c_m = v_h \frac{s}{R \cdot \pi} \ \text{m/sek.}$$

Bei einer größten Fördergeschwindigkeit $v_h \sim 20$ m/sek bis zu 25 m/sek wird die mittlere Kolbengeschwindigkeit: $c_m = 3$ bis 4,5 m/sek.

V. Seilgewichtsausgleich.

1. Allgemeines.

Mit zunehmendem Förderweg und größer werdender Nutzlast kommt das Eigengewicht des Seiles beim Fördern sehr zur Geltung. Nicht nur, daß bei Beginn des Treibens das Seilgewicht des aufgehenden Förderkorbes mitgehoben werden muß — das Anfahrmoment also außerordentlich groß ist —, was eine nicht unwesentliche Vermehrung des Kraftverbrauches und eine unverhältnismäßig starke und große Antriebsmaschine insbesondere bei elektrischem Betriebe bedingt, es verringert sich auch die Leistung der Maschinen in dem Maße stark, als das Seil auf der Seite des abwärtsgehenden Förderkorbes zur Wirkung kommt. Es muß also allmählich mit abnehmender Energiezufuhr gefahren werden. Dieser Umstand ist aber vom wirtschaftlichen Gesichtswinkel aus betrachtet ungünstig. Ebenso wird auch die gute und sichere Steuerfähigkeit der Maschine stark behindert. Hinzu kommt häufig das Auftreten negativer Drehmomente an der Welle des Seilträgers während des letzten Teiles des Förderweges, nämlich dann, wenn das Gewicht eines Seiltrums größer ist als die Nutzlast, ein Fall, der bei Schachttiefen von etwa 500 m an vorliegt (vgl. S. 21). Diese negativen Momente arbeiten der Maschine entgegen und verzögern ihren freien Auslauf in erheblichem Maße. Außerdem setzen sie, wie bereits erwähnt, ihre Steuerfähigkeit stark herab. Wohl gibt es Steuer- und Bremsvorrichtungen für die Dampf- wie auch für die elektrischen Fördermaschinen, die diese Gegenwirkung einwandfrei regeln lassen. Immerhin, die Sicherheit in der Führung der Maschine erfährt durch das Seilübergewicht auf alle Fälle eine starke Einbuße. Im besonderen tritt diese Erscheinung beim Einhängen von Lasten hervor, weil zu dem Seilgewicht auf der Seite des abwärtsgehenden Förderkorbes noch eine Last treibend wirkt. Bei Personenförderungen liegt wiederum die Gefahr vor, daß durch eine nicht richtige Betätigung der Steuerungsvorrichtung der abwärtsgehende Korb scharf aufsetzt, wodurch schwere Unfälle hervorgerufen werden können.

Es sind daher sowohl Gründe der Sicherheit wie der Wirtschaftlichkeit des Förderbetriebes, die — bereits seit Jahrzehnten — Veranlassung geben, das wechselnde Seilgewicht nach Möglichkeit auszugleichen. In der Hauptsache versucht man dies zu erreichen:

1. durch sogenannte Gegen- oder Unterseile,

2. durch Veränderung des Aufwicklungshalbmessers des Förderseiles (kegelförmige Trommeln, Bobinen).

Aus diesen Erwägungen heraus entstanden die folgenden Ausführungsarten der Trommel-Fördermaschinen:

I. Zylindrische Trommeln ohne Seilgewichtsausgleich,
II. Zylindrische Trommeln mit Seilgewichtsausgleich durch Unterseil,
III. Bobinen,
IV. Kegelförmige Trommeln.

Zu diesen Ausgleichsarten kommen noch verschiedene Abarten, auf die an geeigneter Stelle hingewiesen werden wird.

Bei Treibscheiben erfolgt dagegen der Seilgewichtsausgleich stets durch ein Unterseil.

2. Zylindrische Trommeln ohne Seilgewichtsausgleich.

Fördermaschinen mit zylindrischen Trommeln ohne Seilgewichtsausgleich kommen fast ausschließlich nur noch bei kleineren Förderwegen bis zu etwa 200 m vor und zwar im allgemeinen dann, wenn das Gewicht der Nutzlast größer ist als das des Förderseiles von der Länge des Förderweges. Hier kann also das Seilübergewicht keine negativen Drehmomente an der Seilträgerwelle herbeiführen. Diese Trommelmaschinen haben den großen Vorzug, daß sie ohne weiteres ein gleichzeitiges Umsetzen der Förderkörbe mit mehreren Böden an der Hängebank und am Füllort gestatten, wobei bei geeigneten Aufsatzvorrichtungen das sogenannte Hängeseil und die damit verbundenen Seilstauchungen vermieden werden können. Weiterhin ist es in leichter Weise möglich, die beiden Trommeln zur Förderung aus verschiedenen Sohlen gegenseitig umzustecken.

In bergmännischer Hinsicht stellt sonach diese Ausführungsart die einfachste und zweckentsprechendste Fördermaschine dar. Ihr besonderer Nachteil liegt darin, daß das Anfahrmoment durch das beim Hubbeginn mitzuhebende Seilübergewicht des aufgehenden Förderkorbes besonders groß ist.

3. Zylindrische Trommeln mit Seilgewichtsausgleich durch Unterseil.

a) Allgemeines.

Das einfachste und zugleich vollkommenste Mittel zum Ausgleich des wechselnden Förderseilgewichtes ist das Unter- oder Gegenseil (Abb. 1, S. 7). Es ist die in Deutschland bei größeren Schachttiefen am häufigsten angewendete Art der Seilgewichtsausgleichung.

Unter den Böden der beiden Förderkörbe angeschlagen, hängt das Unterseil bis zum Schachttiefsten durch und wird hier über Querhölzer von einer Förderkorbführung in die andere geleitet. Es wirkt mithin während der ganzen Förderung stets die gleiche Seillänge auf den Seilträger, also auch das gleiche Seilgewicht ein, so daß eine nahezu vollständige Gleichheit der statischen Momente am

Anfang und am Ende der Fahrt erreicht wird. Hierbei ist allerdings vorausgesetzt, daß die Längeneinheit des Gegenseiles das gleiche Gewicht hat wie jene des Oberseiles. Bei kleinerem Einheitsgewicht des Unterseiles gegenüber dem des eigentlichen Förderseiles, wie es früher lediglich zur Behebung des negativen Drehmomentes am Ende der Fahrt verwendet worden ist, und auch bei dem neuerdings mehr und mehr zur Anwendung kommenden Übergewicht des Unterseiles ist die Seilgewichtsausgleichung eine mehr oder weniger unvollkommene.

Der Grund, warum das Unterseil oft schwerer als das Oberseil gewählt wird, liegt in der günstigeren Belastung der Fördermaschine und ferner bei einer gegebenen Fördermaschine auch darin, daß eine größere Beschleunigung erzielt werden kann. Nicht nur, daß das Übergewicht des Gegenseils während des Beschleunigungsabschnittes im niedergehenden Seil zur Wirkung kommt, mithin die Antriebsmaschine nur den Unterschied aus der Nutzlast und dem Übergewicht des Gegenseiles zu heben hat, es führt auch wegen seiner bremsenden Wirkung am Ende des Treibens eine Vergrößerung des freien Auslaufens und daher eine Verkürzung der Förderzeit herbei. Ein weiterer wichtiger Vorteil eines schweren Unterseiles besteht darin, daß am Ende des Anfahrabschnittes eine Veringerung der Beschleunigung eintritt, ohne daß an der Förderzeit zuviel

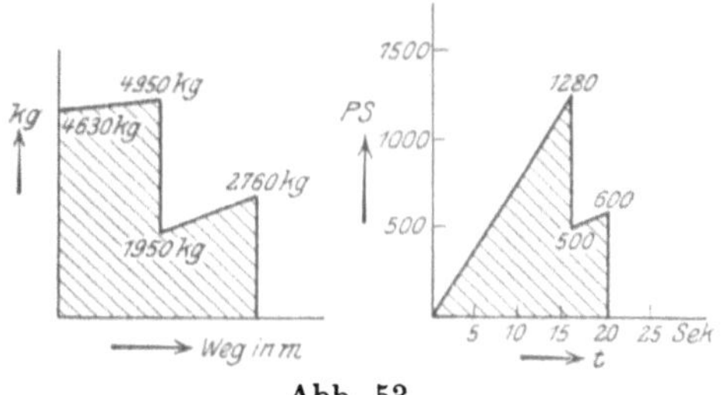

Abb. 53.

eingebüßt wird, und daß daher die Spitzenleistung der Antriebsmaschine geringer ausfällt. Die Abb. 53 zeigt, wie sich das Kraft- und Leistungsdiagramm des Beispieles auf Seite 35 bei einem Übergewicht des Gegenseiles ändern würde. Man vergleiche damit das entsprechende Leistungsdiagramm Abb. 40 Seite 37 bei der gleichen Förderanlage aber ohne Seilgewichtsausgleich.

Das Übergewicht des Unterseiles beträgt im allgemeinen 1—1,5 kg/m. Bei zu schwerem Unterseil würde nicht nur die Tragfähigkeit des Förderseils wesentlich ungünstiger beeinflußt werden, es würde auch durch eine zu große Vermehrung der Totlast das auf der anderen Seite Gewonnene eine starke Einbuße erleiden. Dessen ungeachtet haben weit schwerere Gegenseile Anwendung gefunden. So gibt S p a c k e l e r in seiner wertvollen Abhandlung über „Wirkung und Ausführung der Unterseile“[1]) an, daß auf dem Bahnschacht des Steinkohlenbergwerks K ö n i g in Oberschlesien bei einem Förderweg von nur 170 m und einem Oberseilgewicht von 8 kg/m das Unterseil ein Gewicht von 11,1 kg/m, d. h. ein Übergewicht von 3,1 kg/m hat. Hierdurch wird ungeachtet des verhältnismäßig kleinen Förderweges ein derart

---

[1]) Verlag Wilhelm Ernst & Sohn, 1918.

schnelles Anfahren und ein Auslaufweg von kaum 50 m bei 10 sek Zeitdauer ermöglicht, daß während einer Zeit von $7^3/_4$ sek mit einer Höchstgeschwindigkeit von 10 m/sek gefördert werden kann.

Ein Übergewicht des Unterseiles gegenüber dem Oberseil ist jedoch nur dann ratsam, wenn ein „Überheben" des beladenen Förderkorbes über die Aufsatzvorrichtung am Schluß der Förderung nicht erforderlich ist, weil sonst der Kraftbedarf der Antriebsmaschine zu groß ausfallen kann. Insbesondere ist dies dann der Fall, wenn bei den zylindrischen Trommelmaschinen infolge des Seillängens nach dem Aufsetzen des unteren, leeren Förderkorbes der beladene schwere Korb einschließlich des Gewichtes des schweren Unterseiles von der Länge des Förderweges noch angehoben werden muß. Bei neueren Anlagen wird deshalb eine Aufsatzvorrichtung am Füllort kaum noch vorgesehen.

Die Vorteile eines schwereren Unterseiles gegenüber dem Oberseil will Bergassesor Duncker noch dadurch vergrößern, daß er das Gegenseil nur in seinem mittleren Teil auf eine bestimmte Länge verstärkt, so daß das Übergewicht im Beschleunigungsabschnitt lediglich im niedergehenden Seiltrum zur Wirkung kommt. Immerhin ist hierbei aber in Betracht zu ziehen, daß durch die besondere Bauart des Gegenseiles eine wesentliche Erhöhung der Seilunkosten entsteht, die den Gewinn aufzehren dürfte.

Ein wesentlicher Nachteil des Seilgewichtsausgleichs durch Gegenseil besteht jedoch darin, daß man mit ihm in der Regel nur dauernd von derselben Sohle fördern kann. Soll aber beispielsweise aus einer höheren Sohle gefördert werden, so kann dies nur dadurch erreicht werden, daß die eine Trommel gegenüber der anderen verstellt wird. Die hierbei im Schachttiefsten sich bildende Gegenseilschlaufe müßte also verkürzt werden. Dies läßt aber der vorhandene Schachteinbau meistens nicht ohne weiteres zu. Soll ein Fördern aus einer anderen Sohle möglich gemacht werden, so kann dies entweder dadurch geschehen, daß nur mit einem Korb gefördert wird oder aber, daß die Förderseile nicht unmittelbar über dem Korb enden, sondern, sofern zwei Wagen nebeneinander auf der Schale stehen, durch den Korb hindurchgeführt und ein entsprechendes Stück unterhalb des Bodens vermittels eines Seilschurzes mit Zwischenschaltung einer Seilfederbüchse mit dem Unterseil verbunden werden. Die Befestigung der Körbe am Förderseil geschieht dann durch sogenannte Seilklemmen. Bei einer erforderlichen Verkürzung oder Verlängerung des Förderweges wird diese Seilklemme des einen an der Hängebank aufsitzenden Förderkorbes gelöst, so daß beim Verstellen des anderen Korbes zur gewünschten Sohle das Oberseil durch die Seilklemme des festgestellten Korbes hindurchlaufen kann. Nach erfolgtem Verstellen des Korbes durch die Maschine wird der obere Förderkorb wieder durch die Seilklemme mit dem Oberseil fest verbunden.

Eine solche Seilklemme der Deutschen Maschinenfabrik (Demag) in Duisburg zeigt Abb. 54. Wird der Förderkorb mittels

Ketten in die Löcher l, l eingehängt, dann bewirkt das Korbgewicht durch Vermittlung der Hebel b_1, b_2 eine Anpressung der Klemmbacken a_1, a_2 an das Förderseil, sobald die in dem Keilgehäuse d gelagerten Drehpunkte c_1, c_2 der Hebel den nötigen Widerstand für diese Kraftwirkung bieten. Zu dem Keilgehäuse d passen die Klemmbacken a_1, a_2 als Keile. Damit die Hebeldrehpunkte c_1, c_2 feststehen und die Hebel b_1, b_2 das Anpressen übernehmen können, wird zunächst durch Einschlagen der Keile a_1, a_2 in das Gehäuse d die erforderliche Anpressung und Reibung erzeugt.

Eine andere Art der Möglichkeit des Förderns aus verschiedenen Sohlen unter Anwendung zylindrischer Trommelmaschinen mit Gegen-

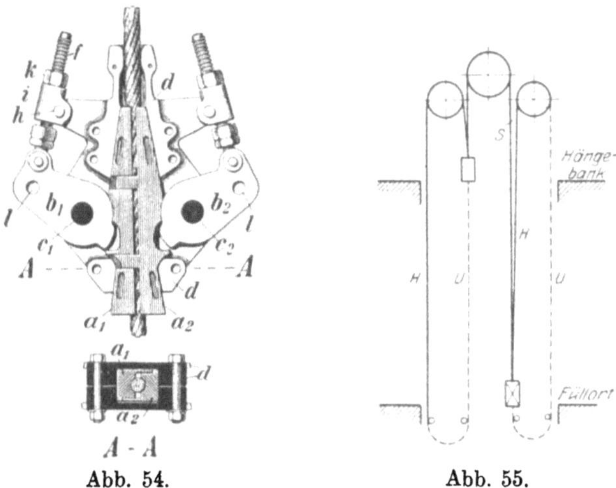

Abb. 54.   Abb. 55.

seil hat Meller[1]) vorgeschlagen. An Stelle des üblichen, beide Förderkorbböden verbindenden Gegenseiles ordnet er zwei Unterseile U und zwei über besondere Scheiben laufende Hilfsseile H nach Abb. 55 an. Wird hierbei $U = \dfrac{S + H}{2}$ gewählt, so läßt sich auch bei dieser Ausführung ein vollkommener Seilausgleich erzielen. Der Vorzug dieser Vorrichtung liegt einmal in der Möglichkeit des Förderns aus verschiedenen Sohlen, dann aber auch darin, daß die beiden Förderkorbböden nicht durch ein gemeinsames Gegenseil miteinander in Verbindung stehen und somit die hierin liegenden Gefahren ausgeschaltet sind. Im besonderen hört bei plötzlichem Feststellen eines Förderkorbes, wie es beispielsweise beim vorzeitigen Eingreifen der Fangvorrichtung eintreten kann, die Bewegung des angeschlossenen Gegen- und Hilfsseiles automatisch auf, so daß der Korb und das Förderseil geschützt werden. Als Nachteile sind anzuführen die große Inanspruch-

---

[1]) **Meller**: „Eine besondere Anordnung des Unterseiles bei der Schachtförderung", Glückauf Nr. 47 S. 837. 1912.

nahme des Schachtquerschnittes, die Vermehrung der zu bewegenden Massen durch die größere Anzahl der Seilscheiben und Seile sowie die Notwendigkeit einer genügend hohen Verlagerung der Hilfsscheiben, damit die Förderkörbe beim Übertreiben nicht gegen diese stoßen. Immerhin ist der Vorschlag Mellers sehr beachtenswert.

b) Baustoff und Ausführung des Unterseiles.

Von einem guten Unterseil wird verlangt, daß es einmal die erforderliche Tragfähigkeit besitzen, dann aber auch eine genügend große Biegsamkeit und Verdrehungsfähigkeit aufweisen soll.

Während man in früheren Zeiten Aloeseile anordnete — man findet diese zuweilen auch heute noch bei kleineren Schachttiefen —, später aber aus Eisendrähten hergestellte Seile nahm, benutzt man heute fast ausschließlich Stahldrahtseile und zwar Flachseile aus gutem Tiegelgußstahldraht. Die Tragfähigkeit der Unterseile muß jedoch unter der des betreffenden Förderseiles liegen und beträgt etwa im Mittel 120—130 kg/qmm. Rundseile als Unterseile haben vor allem den Nachteil des Dralls, der besonders im Schachtiefsten, also da, wo die Belastung am kleinsten ist, schädliche Wirkungen auslöst. Diese bestehen in einem unruhigen Arbeiten, weiterhin auch in einem Schlagen des Seiles gegen die Schachtwände. Auch kann ein Umschlagen der Seilschlinge zu einer Schlaufe eintreten. Diese Seilschleifen sind häufig die Ursache von Seilknickungen und Brüchen. Besonders schädlich sind für ein Rundseil auch die starken Biegungsbeanspruchungen an der Seilschlinge. Sie beeinflussen die Sicherheit gegen Bruch sehr ungünstig und damit auch die Lebensdauer in hohem Maße. Aus diesem Grunde empfiehlt es sich nicht, alte, abgelegte Förderseile als Gegenseile zu verwenden. Wenn sie auch den bei einem Unterseil auftretenden Zugbeanspruchungen gewachsen sind, durch die häufigen starken Biegungen an der Seilschlinge nach einem Durchmesser, der gleich dem Abstand der beiden Förderkorbmitten ist, werden sie in kuzer Zeit spröde und büßen daher sehr stark an Sicherheit gegen Bruch ein.

Am besten geeignet als Unterseile sind möglichst dünne und breite Flachseile bis zu einer Breite von etwa 160 mm und einer Seildicke bis zu 22 höchstens 30 mm. Grundsätzlich ist aber daran festzuhalten, daß je kleiner die Entfernung der Förderkorbmitten voneinander ist, um so dünner das Seil sein muß. Besonderes Augenmerk ist auch auf eine gute Beschaffenheit der vorspringenden Nählitzen der Bandseile zu legen, weil durch das mitunter unvermeidliche Zusammenschlagen der beiden Seillängen und das Anschlagen an den Schachtausbau diese in Mitleidenschaft gezogen werden. Es empfiehlt sich deshalb, möglichst doppelt genähte Seile zu verwenden und gegebenenfalls das Seil von Zeit zu Zeit neu einzunähen.

Um bei schweren Gegenseilen und einer geringen Entfernung der Korbmitten voneinander die Biegungsbeanspruchung an der Seilschlinge zu vermindern, schlägt Oberbergrat Kaltheuner vor, an Stelle des einen Unterseiles a zwei nach Abb. 56 gekreuzt angeordnete Seile $a_1 b_2$ und $a_2 b_1$ anzuwenden. Diese Zerlegung des Unterseiles in zwei Einzelseile hat nicht nur den Vorteil der dünneren Seile, sondern auch den des nicht unerheblich größeren Schlingendurchmessers. Allerdings sind es immer zwei Unterseile.

Anstelle des Gegenseiles kann bei kleineren Schachttiefen übrigens auch eine Kette verwendet werden. Diese Unterkette wird dann entweder ähnlich dem Unterseil an den Böden der Förderkörbe angeschlagen und hängt bis zum Schachttiefsten durch, oder aber es wird an jedem Korbboden eine besondere Kette von der Länge des Förderweges angeordnet, wobei der Kettentrum des aufwärtsfahrenden Korbes gehoben wird und so das Ausgleichsgewicht für das Förderseil bildet, während die andere Unterkette beim

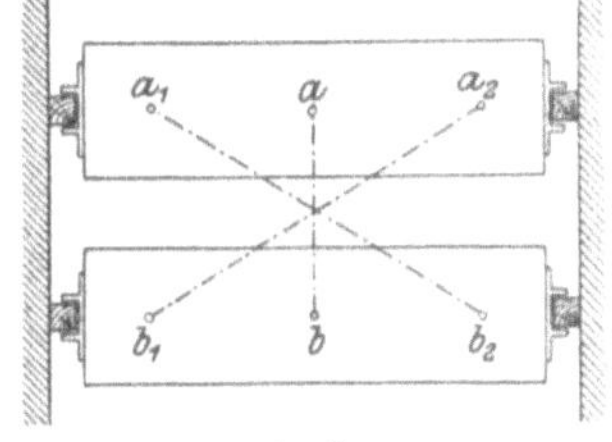

Abb. 56.

Abwärtsfördern sich im Schachtsumpf allmählich niederlegt und daher keinerlei Wirkung auf die Maschine ausübt. Diese Art der Unterkettenanordnung gestattet in leichter Weise ein Umstecken der Trommeln bei einer Förderung aus verschiedenen Sohlen.

Der Seilgewichtsausgleich durch Unterketten war besonders in England um die Mitte des vorigen Jahrhunderts verbreitet.

c) Einband des Unterseiles.

Der Einband des Gegenseiles unter dem Förderkorb muß nicht nur genügend wiederstandsfähig sein, er soll auch den natürlichen seitlichen Bewegungen des Unterseiles bzw. dem vorhandenen Drall nachgeben können und die Förderstöße nicht ruckweise, sondern möglichst allmählich auf das Unterseil übertragen.

Die eigentliche Befestigung des Seiles geschieht im allgemeinen mittels einer oberhalb mit Gelenken versehener Seilkausche von nicht zu kleinem Durchmesser (Abb. 57)[1], oder auch durch eine sogenannte Seilbüchse. Bei der Kausche wird das Seil um eine herzförmig gebogene Stahlblechrille gelegt und durch Schellen miteinander verbunden,

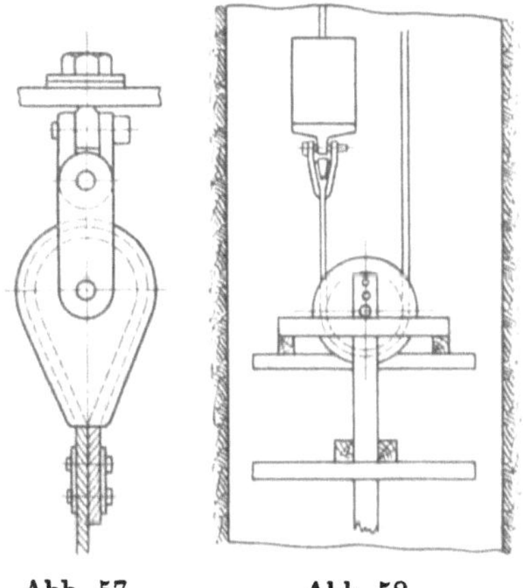

Abb. 57.   Abb. 58.

<hr>

[1] Abb. aus Spackeler: „Wirkung und Ausführung der Unterseile". Wilhelm Ernst & Sohn, 1918.

während bei der Seilbüchse das am Ende aufgespleißte Seil hineingesteckt und der verbleibende Hohlraum mit Hartblei ausgegossen wird. Die erste Art ist die üblichere. Bei den Seilbüchsen ist zur Einschränkung des für den Befestigungsteil schädlichen Seilschlagens eine gute Führung des Seiles erforderlich. Abb. 58[1]) stellt eine solche Ausführungsart mit einer Seilführung durch eine belastete Scheibe dar.

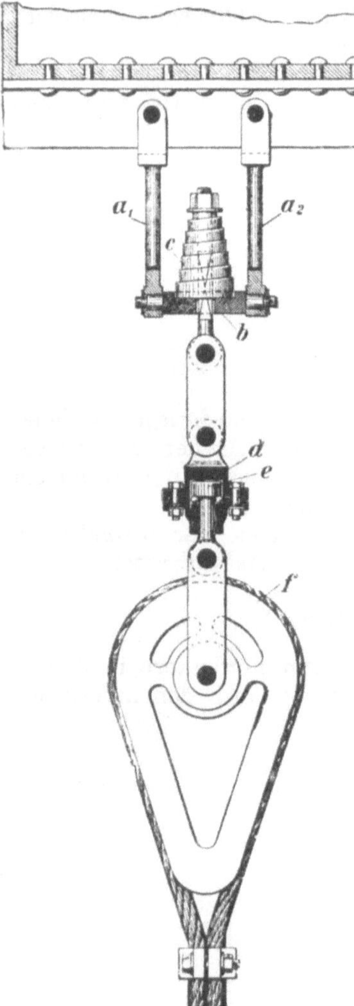

Abb. 59.

Zwischen dem eigentlichen Seileinband und dem Korbboden werden zur Milderung starker Stoßbeanspruchungen meist noch Spiral- oder Flachfedern oder auch Gummiringe eingeschaltet. Dadurch wird dem Unterseil eine federnde Aufhängung gegeben. Abb. 59 zeigt den vollständigen Einbau eines Rundseiles. Die Seilkausche ist hier unter Zwischenschaltung einer drehbaren Kugellagerung und einer Spiralfeder durch Laschen am Korbboden befestigt.

Soll der Korb durch das Gewicht des Gegenseiles nach Möglichkeit nicht belastet werden, so kann, falls das Förderseil oder auch eine Verbindungsstange durch den Förderkorb hindurchgeführt werden darf, wie es bei nebeneinanderstehenden Wagen angängig ist, das Unterseil mittels einer Seilklemme unmittelbar an das Oberseil befestigt werden. Ebenso kann aber auch ein besonderes Umführungsgestänge vom Oberseil zum Unterseil angeordnet werden. Die Deutsche Maschinenfabrik (Demag) in Duisburg baut ein Umführungsgestänge, das nicht nur unabhängig vom Förderkorbe ist, sondern gegen diesen auch eine gewisse Beweglichkeit besitzt. Hierbei er-

---

[1]) Abb. aus Spackeler: „Wirkung und Ausführung der Unterseile". Wilhelm Ernst & Sohn, 1918.

hält das Unterseil eine besondere elastisch bremsend wirkende Fangvorrichtung, die erst nach Eingreifen der Korbfangvorrichtung in Tätigkeit tritt und Stöße vom Förderkorb fernhalten soll (vgl. Band IV dieser Sammlung „Die Schachtförderung", Abschnitt Fangvorrichtungen).

d) Die Führung des Unterseiles im Schachttiefsten.

Zur Schonung des Unterseiles sowie des Schachtausbaues ist es erforderlich, der in verschiedenen Richtungen schwingenden Seilschlinge im Schachttiefsten eine gewisse Führung zu geben, zumal dadurch auch die gefährlichen Seilschleifenbildungen vermieden werden können.

In einzelnen Fällen geschah dies durch den Einbau einer in lotrechten Schlitzen geführten belasteten Leitscheibe (Abb. 58). Diese schweren Scheiben, welche die Totlast nicht unerheblich vermehren, sind jedoch wenig empfehlenswert. Nicht nur, daß bei ihnen die stete Gefahr des Herausspringens des Seiles aus der Scheibenrille besteht, es stellen sich auch infolge des festliegenden Durchmessers der Leitscheibe im Unterseil, in dessen Seilschlinge nicht unerhebliche Zentrifugalkräfte auftreten, sehr ungünstige Biegungsbeanspruchungen ein, die einen starken Verschleiß des Seiles zur Folge haben. Zweckmäßiger ist es, dem Unterseil durch eingebaute heraushebbare Leitbalken eine Führung zu geben, dergestalt, daß der äußere Abstand der Führungsbalken etwas kleiner ist als der innere Durchmesser der Seilschlinge bei höchster Fördergeschwindigkeit, damit ein Gleiten des Seiles an den Balken nur zu Beginn und am Ende des Förderns auftritt. Von besonderer Wichtigkeit für ein ruhiges und betriebssicheres Arbeiten des Unterseiles ist auch das Vorhandensein eines genügend tiefen Schachtsumpfes. Vor allem muß stets darauf geachtet werden, daß das Unterseil mit seiner Seilschlinge nicht in das Wasser eintaucht.

e) Nachteile des Unterseiles.

Neben dem bereits oben angeführten Nachteil, daß es bei einem Seilgewichtsausgleich durch Unterseil nicht ohne weiteres möglich ist, von verschiedenen Sohlenhöhen zu fördern, kommt noch der Übelstand der nicht unerheblichen Vermehrung der Totlast durch das Gegenseil hinzu. Nicht nur, daß das Gewicht des Unterseiles eine Vergrößerung der an der Beschleunigung teilnehmenden Massen zur Folge hat, es müssen auch die das Gegenseil tragenden Korbböden sowie die Maschine und die Seilscheiben und ferner auch sämtliche tragenden Bauteile verstärkt werden. Abgesehen von den höheren Anlagekosten bedingt die Vergrößerung der zu bewegenden Massen eine nicht unwesentliche Vermehrung der aufzuwendenden Beschleunigungsarbeit. Weiterhin ist zu berücksichtigen, daß neben der Welle des Seilträgers auch das durch das Gewicht des Unterseiles noch beanspruchte Zwischengeschirr des Förderseiles stärker belastet wird, und daß auch die Fangvorrichtung bei Bruch des niedergehenden Seiles außer der um das Gegenseil vermehrten Last die größeren Massenwirkungen der Gewichte aufzunehmen hat. Bei größeren Fördergeschwindigkeiten, namentlich aber bei einem unregelmäßigen Gange der Maschine macht sich ein starkes Schwanken des Unterseiles in mitunter recht störender Weise bemerkbar. Dies kann zur Beschädigung des Schachtausbaues und der schwer zu überwachenden Seile selbst führen. Jener Übelstand ließ früher die Anwendung des Unterseiles nur für mittlere und geringere Schachttiefen rätlich erscheinen, doch wird es heutzutage ohne Bedenken auch für Schachttiefen bis zu 1000 m und mehr angewendet, weil es das einfachste und für Treibscheiben das einzigste Mittel zum vollkommenen Ausgleich des Förderseilgewichtes ist. Eine Verjüngung des Förderseiles ist bei Anwendung des Unterseiles wegen der an allen Querschnitten stets gleichen Beanspruchung nicht angängig.

Eine besondere Betriebseigentümlichkeit des Gegenseiles liegt bei einem plötzlichen, etwa durch das Eingreifen eines Sicherheitsapparates hervorgerufenen Einfallen einer starken Bremse vor, indem der aufwärtsgehende Förderkorb gegen das verlangsamte Seil aufsteigend, Hängeseil bilden kann. Nach Stillstand und Umkehr des Korbes fällt er dann mit seinem Gewicht und den des Gegenseiles in das Förderseil hinein, wodurch ein Bruch des Seiles herbeigeführt werden kann. Es ist deshalb bei Anlagen mit Unterseil eine plötzliche Bremswirkung stets zu vermeiden, was durch Bremsen mit regelbarer Wirkung erreicht werden kann.

f) Besonderes Ausgleichsseil nach Lindenberg und Meinicke.

Sowohl Lindenberg (Dortmund) als auch Meinicke (Clausthal) schlugen etwa im Jahre 1884 unabhängig voneinander die Anordnung eines besonderen, mit den Förderkörben nicht unmittelbar in Verbindung stehenden Ausgleichseiles vor, um den Nachteil der stärkeren Belastung des Förderseiles und des Korbes sowie der für die Fangvorrichtung in Frage kommenden großen Gewichts- und Massenwirkung durch das gewöhnliche Gegenseil zu vermeiden.

Abb. 60 zeigt die schematische Darstellung dieser Ausgleichsart.

Die Welle des Seilträgers trägt außer den beiden zylindrischen Trommeln T_1 und T_2 noch eine dritte Trommel T_a, mit der ein unterschlägiges Zugseil Z_1 und ein oberschlägiges Z_2 verbunden sind. Diese Zugseile werden über besondere Seilscheiben in den Schacht hinabgeleitet und tragen hier an ihren Enden a_1 bzw. a_2 das eigentliche Ausgleichsseil a, während das unterschlägige Förderseil s_1 und das oberschlägige s_2 über die Seilscheiben hinweg zu dem oberen Förderkorb F_1 bzw. dem unteren F_2 geführt sind. Da die Zugseile nur die Ausgleichsseile zu tragen haben, können sie verhältnismäßig

sehr dünn sein. Zur Erzielung eines vollkommenen Seilgewichtsausgleiches muß das Gewicht des Ausgleichsseiles a von der Länge
des Förderweges ebenso groß sein wie das gemeinsame Gewicht eines
Förderseiles und eines Zugseiles
von gleicher Länge. Wird bei einer
Förderung beispielsweise der Korb
F_2 gehoben, dann geht auch der
Punkt a_2 gleichartig nach oben,
während der Korb F_1 und Punkt a_1
gleichzeitig nach abwärts laufen.

Diese Ausgleichsart gestattet
mithin eine völlige Ausgleichung
des Förderseilgewichtes für jeden
Korbstand und unabhängig von
der Nutzlast. Außerdem läßt sie,
falls die Ausgleichstrommel T_a auf
der Welle versteckbar angeordnet
ist, eine Förderung von verschiedenen Sohlenhöhen zu. Diesen Vorteilen und den der geringeren Belastung des Oberseiles und der
Förderkörbe, sowie der für die
Fangvorrichtung in Betracht kommenden kleineren Gewichts- und
Massenwirkung stehen die Nachteile der Vergrößerung der Anlage
durch die Zugseile, Seilscheiben,
Ausgleichstrommel und den be-

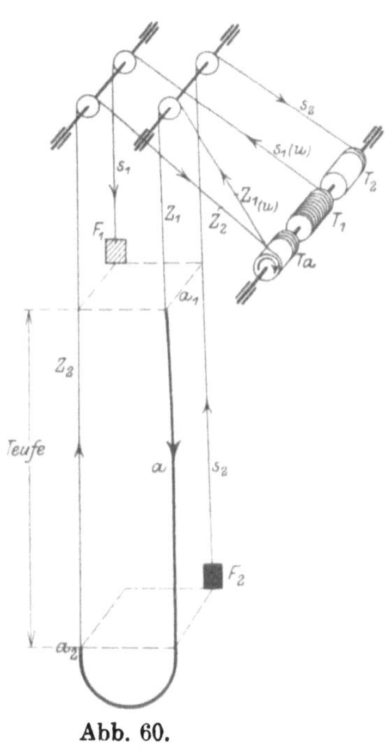

Abb. 60.

sonderen Gerüstbau gegenüber. Die Anlage ist hierbei wenig über-
sichtlich und der Betrieb umständlich. Außerdem ist eine gute
Führung des Unterseiles erforderlich, wenn das schädliche Schlagen
des Seiles nicht stärker sein soll, als es beim gewöhnlichen Unterseil der Fall ist.

Die mit einer solchen Ausgleichsart versehenen Anlagen in
Westfalen haben sich seinerzeit wenig bewährt und sind deshalb
durch eine andere Seilgewichtsausgleichung ersetzt worden.

4. Seilgewichtsausgleich mittels Bobinen.

a) Allgemeines.

Bobinen sind Trommeln für Flachseile. Sie bestehen aus
einem etwa der Breite des Flachseiles entsprechenden schmalen Kern
mit anschließenden Armkränzen, zwischen denen sich die einzelnen
Seilwindungen übereinander aufwickeln (Abb. 61). Beim aufwärtsgehenden Seil nimmt der Aufwicklungsdurchmesser allmählich zu,
während das Seil des niedergehenden Förderkorbes von einem immer

kleiner werdenden Durchmesser abläuft (Abb. 62). Je kleiner also das Gewicht des aufgehenden, frei hängenden Seiltrums wird, um so größer wird der zugehörige Hebelarm des Seilträgers, bei zunehmen-

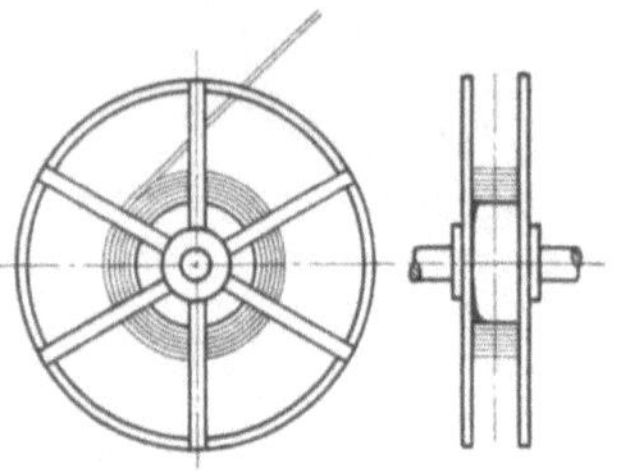

Abb. 61.

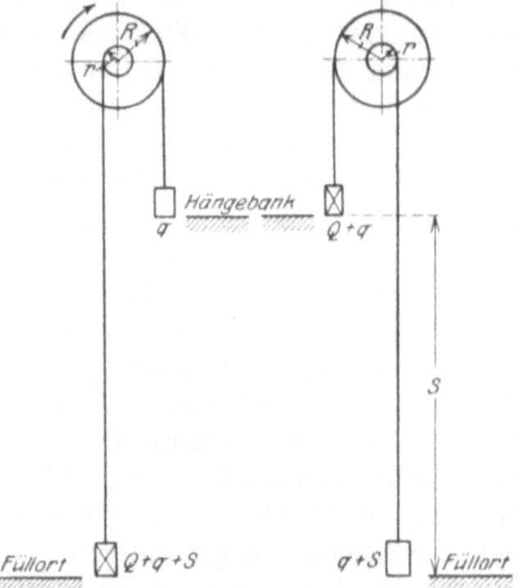

Abb. 62.

dem Gewichte des abwärtsgehenden Seiltrums verkleinert sich dagegen der Hebelarm. Das resultierende Moment bleibt nahezu unveränderlich. Soll ein vollständiger Seilausgleich erzielt werden, dann muß das statische Moment zu Anfang der Förderung gleich sein dem am Ende des Zuges wirkenden.

Es bezeichne:

Q die Nutzlast in kg,

q das Gewicht eines Förderkorbes einschließlich der leeren Wagen bzw. eines Förderkübels in kg,

S das Gewicht des Flachseiles in kg von der Länge des Förderweges,

T der größte Förderweg vom Füllort zur Hängebank in m,

R der größte Halbmesser der Bobine in m,

r der kleinste Bobinenhalbmesser in m,

d die Dicke des Flachseiles in m,

z die Zahl der zu einem vollständigen Treiben erforderlichen Umdrehungen.

Das statische Moment zu Anfang des Zuges ergibt sich dann nach Abb. 62, wenn die Momente im rechtsdrehenden Sinne als positiv bezeichnet werden, zu

$$M_a = (Q + q + S) \cdot r - q \cdot R$$

und am Ende des Zuges:

$$M_e = (Q + q) R - (q + S) r.$$

Da nun $M_a = M_e$ sein soll, so ist

$$(Q + q + S) \cdot r - q \cdot R = (Q + q) \cdot R - (q + S) \cdot r$$
$$r \cdot (Q + 2q + 2S) = R \cdot (Q + 2q).$$

Das Verhältnis der Durchmesser ergibt sich demnach zu:

$$\frac{R}{r} = \frac{Q + 2q + 2S}{Q + 2q} = 1 + \frac{2S}{Q + 2q},$$

oder wenn $1 + \dfrac{2S}{Q + 2q} = i$ gesetzt wird:

$$\frac{R}{r} = i$$

$$R = i \cdot r.$$

Da aber die Ansichtsringfläche des aufgewickelten Flachseiles (Abb. 61) ebenso groß ist wie die schmale rechteckige Fläche des auf T m abgewickelten Flachseiles von der Dicke d, d. h.:

$$R^2 \cdot \pi - r^2 \pi = T \cdot d,$$

so läßt sich r nach Einsetzen des obigen Wertes für R hieraus bestimmen.

$$i^2 \cdot r^2 \cdot \pi - r^2 \cdot \pi = T \cdot d$$

$$r^2 \cdot \pi \cdot (i^2 - 1) = T \cdot d$$

und demnach

$$r = \sqrt{\frac{T \cdot d}{\pi (i^2 - 1)}}.$$

Wird für $i = 1 + \dfrac{2S}{Q + 2q}$ eingesetzt, dann ist:

$$r = \sqrt{\frac{T \cdot d}{\pi \left[\left(1 + \dfrac{2S}{Q + 2q}\right)^2 - 1\right]}}.$$

Ist aus dieser Beziehung der Wert für r kleiner, als es mit Rücksicht auf die Haltbarkeit des Flachseiles erwünscht ist — $2r \geqq 50d$ —, so muß man r größer wählen und R aus der Beziehung: $R^2 \cdot \pi - r^2 \cdot \pi = T \cdot d$ errechnen. Dieser Fall kommt weniger bei Hanfseilen als vor allem bei den weniger biegsamen Drahtflachseilen vor. Der größere Anfangshalbmesser hat dann zur Folge, daß die Seilgewichtsausgleichung keine vollständige mehr ist, wie das im allgemeinen bei Schachttiefen von etwa 400 m ab vorliegt: Bei $T > 500$ wird die Ausgleichung bereits eine sehr unvollkommene. Dieser Übelstand kann durch Anwendung von verjüngten Flachseilen zum Teil ausgeglichen werden.

Sind R und r der Bobine bekannt, dann läßt sich die Anzahl der zu einem vollständigen Treiben erforderlichen Umdrehungen z ermitteln aus:

$$R = r + z \cdot d$$

$$z = \frac{R - r}{d}.$$

Beispiele.

1. **Beispiel.** Bobine mit vollständigem Seilgewichtsausgleich bei Verwendung von Aloeflachseil:

$$Q = 1000 \text{ kg},$$
$$q = 1500 \text{ kg},$$
$$d = 0{,}033 \text{ m},$$
$$T = 400 \text{ m},$$
$$S = 2400 \text{ kg}.$$

Es ist zunächst:

$$i = 1 + \frac{2\,S}{Q + 2\,q} = 1 + \frac{4800}{1000 + 3000} = 1 + 1{,}2 = 2{,}2\,.$$

Der Halbmesser r ergibt sich zu:

$$r = \sqrt{\frac{T \cdot d}{\pi\,(i^2 - 1)}} = \sqrt{\frac{400 \cdot 0{,}033}{\pi\,(2{,}2^2 - 1)}} = 1{,}06 \text{ m}.$$

R wird dann:

$$R = r \cdot i = 1{,}06 \cdot 2{,}2 = 2{,}33 \text{ m}.$$

Das statische Moment zu Anfang des Zuges ist unter Vernachlässigung der Reibung:

$$M_a = (Q + q + S) \cdot r - q \cdot R = (1000 + 1500 + 2400) \cdot 1{,}06 - 1500 \cdot 2{,}33,$$
$$M_a = 1699 \text{ mkg}.$$

Am Ende des Zuges ist das Moment:

$$M_e = (Q + q) \cdot R - (q + S) \cdot r = (1000 + 1500) \cdot 2{,}33 - (1500 + 2400) \cdot 1{,}06.$$
$$M_e = 1691 \text{ mkg}.$$

Die Anzahl der zu einem vollständigen Treiben erforderlichen Umdrehungen z ergibt sich zu:

$$z = \frac{R - r}{d} = \frac{2{,}33 - 1{,}06}{0{,}033} = 38{,}5.$$

Eine Nachprüfung von $r = 1{,}08$ m mit Rücksicht auf die Haltbarkeit des Flachseiles ergibt:

$$2\,r \geqq 50 \cdot d,$$
$$2 \cdot 1{,}06 \geqq 50 \cdot 0{,}033,$$
$$2{,}12 \geqq 1{,}65\,.$$

Es kann also bei einem Aloeflachseil von $d = 0{,}033$ m Dicke $r = 1{,}06$ m ausgeführt werden.

2. **Beispiel.** Eine Bobine mit unvollständigem Seilgewichtsausgleich bei Flachseil aus Hanf.

Nutzlast $Q = 2500 \text{ kg},$
Totlast $q = 3500 \text{ kg},$
Gewicht des Seiles von der Länge des größten Förderweges
    $S = 7200 \text{ kg},$

Förderweg $T = 800$ m,
Seildicke d gewählt zu 0,035 m.
Halbmesser r gewählt zu 1,5 m.

Wegen des unvollkommenen Seilgewichtsausgleichs ist zunächst unter Zugrundelegung des gewählten Halbmessers r, des Förderweges T und der Seildicke d der Halbmesser R aus der Beziehung auf S. 69 zu bestimmen:

$$(R^2 - r^2) \cdot \pi = T \cdot d,$$

$$R = \sqrt{\frac{T \cdot d}{\pi} + r^2},$$

$$R = \sqrt{\frac{800 \cdot 0,035}{3,14} + 1,5^2} = 3,33 \text{ m}.$$

Das statische Moment zu Beginn des Treibens ergibt sich unter Vernachlässigung der Reibung zu:

$$M_a = (Q + q + S)\, r - q \cdot R = (2500 + 3500 + 7200) \cdot 1,5 = 3500 \cdot 3,33$$
$$= 8145 \text{ mkg}.$$

Am Ende des Zuges ist das statische Moment:

$$M_e = (Q + q)\, R - (q + S)\, r = (2500 + 3500) \cdot 3,33 - (3500 + 7200) \cdot 1,5$$
$$= 3930 \text{ mkg}.$$

Es verhalten sich also $\dfrac{M_a}{M_e} \sim \dfrac{2}{1}$.

3. Beispiel. Eine Bobine mit unvollständiger Seilgewichtsausgleichung bei Draht-Flachseil.

$$Q = 2000 \text{ kg},$$
$$q = 3000 \text{ kg},$$
$$S = 5580 \text{ kg},$$
$$T = 900 \text{ m},$$
$$d = 0,017 \text{ m},$$
$$r \text{ gewählt zu } 1,4 \text{ m}.$$

Der Halbmesser R ergibt sich aus

$$R = \sqrt{\frac{T \cdot d}{\pi} + r^2} = \sqrt{\frac{900 \cdot 0,017}{3,14} + 1,4^2} = 2,61 \text{ m}.$$

Es wird dann unter Vernachlässigung der Reibung:

$$M_a = (Q + q + S) \cdot r - q \cdot R = (2000 + 3000 + 5580) \cdot 1,4 - 3000 \cdot 2,61$$
$$= 6982 \text{ mkg und}$$
$$M_e = (Q + q)\, R - (q + S)\, r = (2000 + 3000) \cdot 2,61 - (3000 + 5580) \cdot 1,4$$
$$= 1038 \text{ kgm}.$$

Das Verhältnis $M_a : M_e$ ist also 7 : 1, d. h. sehr unvollkommen. Ein negatives Moment tritt jedoch noch nicht auf.

Wird die Reibung überschlägig mit 25 v. H. des mittleren Momentes $\dfrac{6982 + 1038}{2} = 4011$ mkg, also mit $0,25 \cdot 4011 \sim 1000$ mkg angenommen, so wird unter Berücksichtigung der Reibung:

$$M_a = 6982 + 1000 = 7982 \text{ mkg},$$
$$M_e = 1038 + 1000 = 2038 \text{ mkg}.$$

Das Verhältnis $M_a : M_e$ ist dann $4:1$, d. h. der Seilgewichtsausgleich wird wesentlich günstiger.

Die Anzahl der zu einem vollständigen Zuge erforderlichen Umdrehungen z ergibt sich zu:

$$z = \frac{R - r}{d} = \frac{2{,}61 - 1{,}4}{0{,}017} = 71{,}2.$$

b) Zeichnerische Darstellung der veränderlichen Größe bei Bobinen.

Die bei einem Treiben sich ändernden Hebelarme der Seilträger sind der Umdrehungszahl proportional. Ist in der Anfangsstellung R der große Halbmesser, an dem die kleine Last q angreift, und r der Halbmesser der großen Last $(Q + q + S)$ (Abb. 62), so ist, wie wir gesehen haben, das Drehmoment zu Beginn des Zuges:

$$M_a = (Q + q + R)\, r - q \cdot R.$$

Am Ende der Fahrt (Abb. 62) ist dieser Ausdruck übergegangen in:

$$M_e = (Q + q)\, R - (q + S)\, r$$

Der kleine Halbmesser des aufwärtsgehenden Förderkorbes wächst also mit kleiner werdendem Seilgewicht S auf R an, während der Halbmesser R des niedergehenden Korbes dem größer werdenden Seilgewicht S entsprechend allmählich auf r abnimmt.

Bei $\dfrac{T}{2}$, dem halben Förderweg, also bei der halben gesamten Umdrehungszahl z, haben beide Halbmesser gleiche Größe.

Diese Veränderlichkeit der Verhältnisse des Bobinenbetriebes bei einem Treiben läßt sich in einfacher Weise zeichnerisch sehr anschaulich darstellen.

Wird nach einem beliebig gewählten Maßstabe die Umdrehungszahl $z = AB$ während eines Zuges auf einer Wagerechten und die sich verändernden Halbmesser R_a und r_a bzw. R_n und r_n des auf- und des abwärtsgehenden Förderkorbes auf den dazugehörigen Senkrechten aufgetragen und zwar für den aufwärtsgehenden Korb oberhalb und für den niedergehenden Korb unterhalb der Wagerechten $A—B$, dann ergibt sich das in Abb. 63 dargestellte Bild. Im Anfangspunkt A ist $A—1 = r_a$ und $A—2 = R_n$.

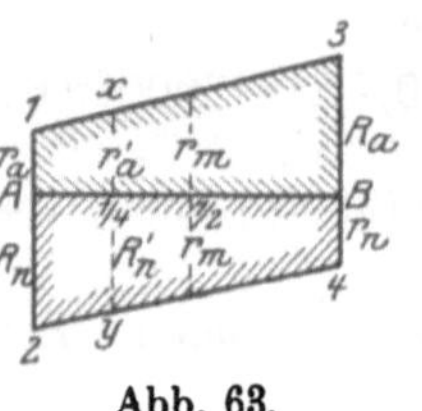

Abb. 63.

Der Halbmesser r_a nimmt bei jeder Umdrehung um die Größe der Seildicke zu, wächst also beispielsweise nach dem vierten Teil der Gesamtdrehzahl z auf $\dfrac{z}{4} d$ an: $r_a{}' = r_a + \dfrac{z}{4} d$.

In gleicher Weise vermindert sich der Halbmesser R_n auf $R_n' = R_n - \dfrac{z}{4}d$. Bei $\dfrac{z}{2}$ werden die beiden Halbmesser gleich groß: $R_n' = r_a' = r_m$. Im Endpunkte B entspricht $B - 3$ dem großen Halbmesser R_a und $B - 4$ dem kleinen Halbmesser r_n. Die Zunahme von r_a auf R_a sowie die Abnahme von R_n auf r_n verlaufen also geradlinig.

Mit Hilfe des Schaubildes lassen sich die zu den beliebigen Drehzahlen z gehörigen, gleichmäßig sich ändernden Halbmesser der Seilträger ablesen und, da die jeweiligen Halbmesser den entsprechenden Seillängen proportional sind, auch die betreffenden Seilgewichte S.

In den durch die Wagerechte $A - B = z$, die beiden Senkrechten r und R und die Verbindungslinien $1-3$ bzw. $2-4$ gebildeten Trapezen ergibt sich r_m zu $\dfrac{R + r}{2}$, so daß der gesamte Förderweg T gleich wird dem Umfang $2\pi \cdot r_m$ multipliziert mit der Drehzahl z

$$T = 2 \cdot \pi \cdot r_m \cdot z$$

oder

$$T = 2 \cdot \pi \frac{R + r}{2} \cdot z.$$

Unter der Annahme eines geeigneten Maßstabes kann also der Förderweg T durch die Fläche des Trapezes $A, 1, 3, B$ bzw. $A, 2, 4, B$ dargestellt werden. Diese Betrachtung gilt auch für jeden Teil der Windungszahl, so daß beispielsweise bei $\frac{1}{4}z$ die Fläche $A, 1, x, \frac{1}{4}$ den entsprechenden Förderweg bzw. die aufgewickelte Seillänge des aufwärtsgehenden Förderkorbes bedeutet. Der andere Teil $\frac{1}{4}, x, 3, B$ der

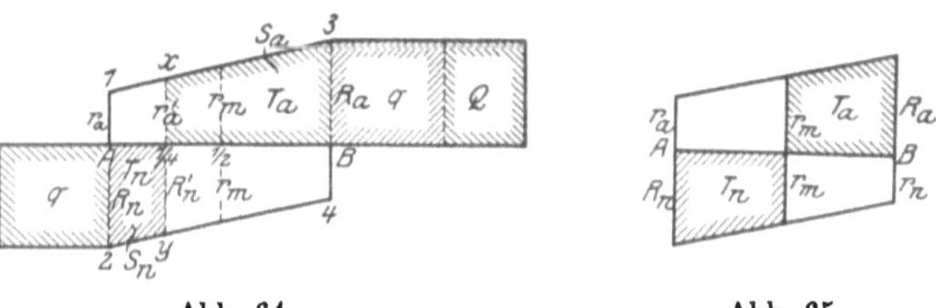

Abb. 64.   Abb. 65.

gesamten Trapezfläche $A, 1, 3, B$ gibt dann den gesamten Förderweg minus der aufgewickelten Seillänge, d. h. des noch frei herunterhängenden Förderseils T_a und damit das wirksame Seilgewicht an (Abb. 64). Beim abwärtsgehenden Förderkorb stellt die Fläche $\frac{1}{4}, y, 2, A$ die Abwicklung des niedergehenden Seiles T_n dar, die mit zunehmender Umdrehungszahl größer wird, während die Länge des aufgewickelten Seiles T_a abnimmt. Bei $z = \frac{1}{2}$, also bei $r_m = \dfrac{R + r}{2}$, wird $T_a = T_n$. Die Seillängen und somit auch die Seilgewichte sind gleich, die Förderkörbe begegnen sich im Schacht (Abb. 65).

c) Veränderung des Seilgewichtsausgleichs während eines Zuges.

Die den Seillängen T_a und T_n entsprechenden Seilgewichte S_a und S_n können bei Anwendung eines geeigneten Maßstabes im Schaubild 64 ebenfalls durch die Fläche $\frac{1}{4}, x, 3, B$ bzw. $\frac{1}{4}, y, 2, A$ dargestellt werden, denn die Seillasten S_a und S_n sind den Flächen T_a und T_n proportional. Zu dem Seilgewicht S_a des aufwärtsgehenden Förderkorbes kommt für das wirksame Drehmoment noch die Nutzlast Q und die Totlast q, zu dem Seilgewicht S_n des niedergehenden Korbes dagegen nur die Totlast q hinzu. Werden in einem entsprechenden Maßstabe diese Lasten Q und q neben S_a bzw. q neben S_n nach Abb. 64 als Fläche angesetzt, so kann man in bequemer Weise zu jeder Umdrehungszahl der Bobine die Drehmomente dadurch ermitteln, daß man die Halbmesser $r_a{}'$ bzw. $R_n{}'$ mit den aufgehenden Lasten $S_a + Q + q$ bzw. den niedergehenden Gewichten $S_n + q$ multipliziert.

Die Halbmesser der Bobinen ändern sich proportional den Umdrehungen. Anders dagegen verhalten sich die umgekehrten Änderungen der hängenden Gewichte. Beim aufgehenden Seil bleibt die Abnahme des Gewichtes hinter einer proportionalen zurück, beim niedergehenden Seil eilt die Zunahme des Gewichtes der proportionalen voraus und zwar bis zur Umdrehungszahl $\frac{z}{2}$. Hier tritt eine Umkehrung des Verhältnisses ein. Das zur Hebung der Nutzlast Q an der Bobinenwelle auszuübende Drehmoment nimmt also zunächst zu, erreicht bei $\frac{z}{2}$ wieder seinen Anfangswert, nimmt dann ab und hat bei z Umdrehungen wieder den Anfangswert. Eine vollständige Seilgewichtsausgleichung liegt also für alle Stellungen der Förderkörbe nicht vor.

d) Verwendung verjüngter Flachseile.

Verjüngte Flachseile haben der Verringerung des zu tragenden Eigengewichtes des Seiles entsprechend nach dem Förderkorbe zu abnehmende Querschnitte. Diese Verjüngung der Seile kann entweder durch Verringerung der Seildicke bei gleichbleibender Breite oder durch Abnahme der Breite der Seile bei gleichbleibender Dicke herbeigeführt werden. Bei einem verjüngten Seile mit gleichbleibender Seildicke kann die Ausgleichung nach Abb. 64 beurteilt werden. Der Unterschied zwischen r und R fällt durch die Verminderung des Seilgewichts geringer aus. Da zu Beginn eine stärkere Abnahme des aufgehenden und eine kleinere Zunahme des abwärtsgehenden Seilgewichts auftritt, so wird auch das an der Welle zu leistende Drehmoment gleichmäßiger als bei einem gewöhnlichen Flachseil. Ein Übelstand besteht jedoch darin, daß ein verjüngtes Seil von abnehmender Breite sich nicht genügend gleichmäßig und sicher auf die Bobine aufwickelt. Bei Verwendung eines verjüngten Flachseiles von abnehmender Seildicke wird die Ausgleichung ungünstiger. Das Anwachsen der Halbmesser erfolgt nicht, wie Abb. 64 es zeigt, nach einer ansteigenden Geraden, der Anstieg wird vielmehr mit zunehmender Umdrehung immer flacher, so daß es schwer fällt, den für die Ausgleichung erforderlichen Halbmesser R zu erreichen.

e) Sohlenwechsel bei Bobinen.

Eine regelrechte Förderung von verschiedenen Sohlen ist bei einer doppeltrümigen Bobinenförderung in leichter Weise dadurch zu erreichen, daß die Bobine mit dem aufgewickelten Seil, d. h. mit dem Halbmesser R, abgekuppelt und der unten befindliche Förderkorb der anderen Bobine mit dem Halbmesser r bis zur gewünschten Zwischensohle gefahren wird (Abb. 66). Der kleine Halbmesser r_a wächst demzufolge auf den Wert r_{a_1} an, so daß also $r_{a_1} > r_a$ ist und die Förderung sich nunmehr zwischen den beiden Halbmessern R_a und r_{a_1} bzw. R_n und r_{n_1} abspielt. Um die Verhältnisse bei einem Sohlenwechsel zeichnerisch darzustellen, ist nach Abb. 67 die senkrechte Linie in Z

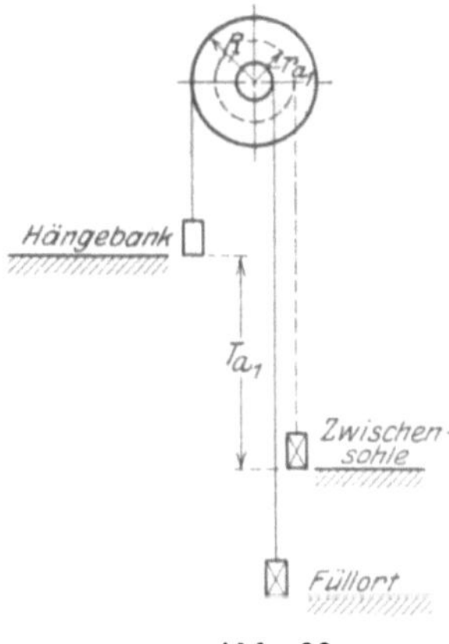

Abb. 66.

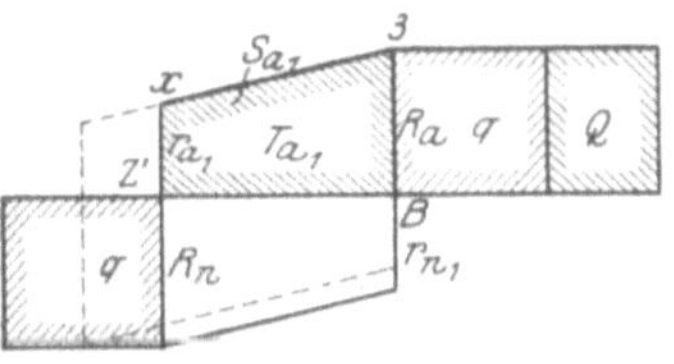

Abb. 67.

so zu errichten, daß die Schachttiefe T_{a_1} von der Hängebank zur Zwischensohle durch die Fläche $x, 3, B, Z'$ bei Anwendung des zugrunde gelegten Maßstabes angegeben wird. Die Strecke r_{a_1} stellt dann den Halbmesser der Bobine für den aufgehenden Förderkorb, R_n den Halbmesser für den abwärtsgehenden Korb zu Beginn des Treibens dar.

Nach Abb. 64 ist das Moment zu Beginn des Treibens für die gleiche Stellung des aufgehenden Förderkorbes:

$$(Q + q + S_a) \cdot r_a' = (q + S_n) \cdot R_n'.$$

Nach Abb. 67 wird dagegen.

$$(Q + q + S_{a_1}) \cdot r_{a_1} = q \cdot R_n.$$

Die Seilgewichtsausgleichung und damit die Unveränderlichkeit des resultierenden Momentes bleibt nur zum Teil bestehen entsprechend der Veränderung des der für eine bestimmte Sohle berechneten Seilgewichtsausgleichung zugrunde gelegten Verhältnisses $\frac{r}{R}$. Es treten größere Unterschiede auf als bei der Förderung aus der unteren Sohle.

f) Bedienung mehrbödiger Förderkörbe.

Bei Bobinen mit mehrbödigen Förderkörben, die am Füllort und an der Hängebank umgesetzt werden müssen, besteht der Übelstand daß der am großen Halbmesser angreifende obere Korb beim Umsetzen einen größeren Weg zurücklegt als der am kleinen Halbmesser hängende untere Förderkorb (Abb. 68), während z. B. bei zylindrischen Trommeln der obere Korb stets um die gleiche Strecke gehoben, wie der untere gesenkt wird. Die Körbe kommen also bei Bobinen nicht gleichzeitig vor ihre Abzugsbühnen, es muß vielmehr ein jeder Korb für sich umgesetzt werden, wodurch ein nicht geringer Zeitverlust und ein größerer Energieaufwand sowie eine Erschwerung des Förderbetriebes entsteht. In Frankreich und Belgien, wo

Abb. 68.

Bobinen eine weite Verbreitung gefunden haben, wird zur Vermeidung des einzelnen Umsetzens der Körbe der zu tief hängende Förderkorb durch ein besonderes, meist hydraulisch betriebenes Hebewerk bis zur Abzugsbühne angehoben. Durch ein solches nachträgliches Anheben des unteren Förderkorbes entstehen jedoch über dem Korb Seilstauchungen, sogenanntes Hängeseil, das im Interesse der Seilsicherheit vermieden werden sollte. Es dürfte sich daher empfehlen, stets soviel Abzugsbühnen anzuordnen, wie Korbböden vorhanden sind, damit ein Umsetzen nicht erforderlich ist und alle Korbböden gleichzeitig bedient werden können.

g) Beurteilung der Bobinenförderung.

Die Seilgewichtsausgleichung durch Bobinen stellt eine einfache Ausgleichart dar. Ein vollständiger Seilausgleich wird jedoch nur bei verhältnismäßig kleinen Förderwegen und kleiner Nutzlast erreicht, d. h. dann, wenn der Wert für den kleinsten Halbmesser r mit Rücksicht auf die Seilbiegung ausgeführt werden kann. Ein besonderer Vorzug der Bobinenförderung sind die geringen Anlagekosten und die verhältnismäßig kleinen Massenwirkungen, sowie das geringe Bestreben der Bandseile zum Drehen und das stets gleichbleibende Auflaufen der Seile in der gleichen Seilträgerebene. Die Drallfreiheit der Flachseile macht die Bobinenförderung besonders zum Abteufbetriebe geeignet, weil hier die festen Spurlatten für die Förderkübel fehlen und die Flachseile trotzdem einen verhältnismäßig ruhigen und nicht drehenden Lauf der Kübel gewährleisten. Außerdem gestatten sie in einfacher Weise ein absatzweises Tiefergehen der Förderung bei mehr oder weniger vollkommener Ausgleichung der Seilgewichte.

Abb. 69.

Abb. 69 zeigt eine Abteufmaschine · der Köln-Ehrenfelder Ma-
schinenbauanstalt G. m. b. H. Nach Beendigung des Abteufens
können die Bobinenmaschinen bei genügend großer Antriebsmaschine
durch Einbau von Treibscheiben leicht in eine endgültige Fördermaschine umgebaut bzw. durch eine solche ersetzt werden. Zuweilen

werden Bobinenmaschinen zusätzlich als Aushilfe bei Treibscheibenmaschinen verwendet.

Ein besonderer Nachteil der Bobinenförderung ist in der Unmöglichkeit einer vollständigen Ausgleichung des Seilgewichtes bei
größerer Schachttiefe und in der ungünstigen Beanspruchung des
Flachseiles während des Betriebes zu erblicken, weil die unteren
Windungen — besonders beim Hanfseil — durch die oberen stark
zusammengedrückt werden. Hierunter leidet nicht nur die Festigkeit des Seiles — die Belastung je Flächeneinheit muß daher schon
von vornherein geringer angenommen werden — und des damit
verbundenen starken Verschleißes des Flachseiles, sondern es ver-
schlechtert sich auch die berechnete Seilgewichtsausgleichung. Da
ferner die Ausgleichung unter Mitwirkung der Nutzlast Q und der
Totlast q geschieht, beeinträchtigen Änderungen dieser Lasten stets
den Seilgewichtsausgleich merklich.

Das Umsetzen des unteren Förderkorbes mehrbödiger Körbe
erschwert den Förderbetrieb erheblich.

5. Ausgleich durch Kegeltrommeln.

a) Allgemeines.

Diese Seiltrommeln haben eine kegelförmige Gestalt (Abb. 70).
Ihr Halbmesser nimmt zur Erzielung einer mehr oder weniger vollständigen Ausgleichung des veränderlichen Seilgewichtes von r auf R

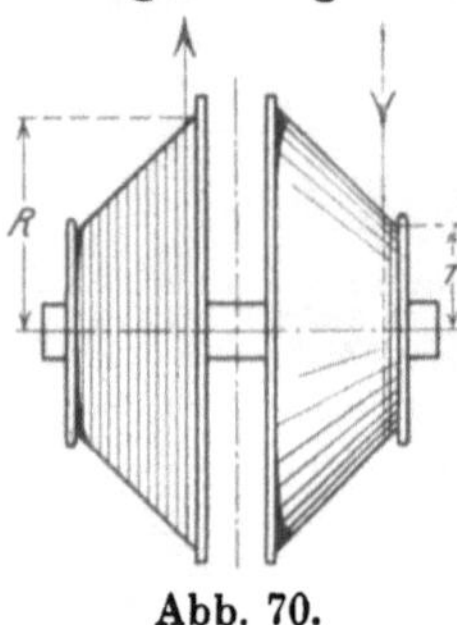

Abb. 70.

zu, d. h. geht das Förderseil mit dem beladenen
Korbe aufwärts, dann vermindert sich durch
das Aufwickeln das wirksame Gewicht des
Seiles und der Aufwicklungshalbmesser wächst
an. Beim niedergehenden leeren Korbe nimmt
das wirksame Seilgewicht zu unter Kleiner-
werden des Trommelhalbmessers. Eine Seilgewichtsausgleichung wird also in ähnlicher
Weise wie bei den Bobinen dadurch erreicht,
daß der Hebelarm (Trommelhalbmesser), an
dem die Last wirkt, entsprechend der Veränderlichkeit des wirksamen Seilgewichtes zu-
oder abnimmt, so daß das resultierende Moment bei richtiger Form
der Kegelfläche nahezu gleich bleibt. Das Anwachsen des Halbmessers ist jedoch hierbei im Gegensatz zu dem bei Bobinen unabhängig von der Seildicke. Geht man wieder von der Bedingung
des gleichen statischen Momentes zu Beginn und Ende einer jeden
Förderung aus, dann gilt wie bei Bobinen

$$\frac{R}{r} = 1 + \frac{2S}{Q + 2q} \quad \text{oder für} \quad 1 + \frac{2S}{Q + 2q} = i$$
$$R = r \cdot i.$$

Hierin darf wieder der kleinste Seillaufdurchmesser der Trommel in Rücksicht auf die Haltbarkeit des Rundseiles einen bestimmten Wert nicht unterschreiten [$2r \geq (80 \div 100) \cdot d \geq (800 \div 1000) \cdot \delta$, wobei d der Durchmesser des Rundseiles, δ die Drahtstärke bedeuten].

Ist $r_m = \dfrac{R+r}{2}$ der mittlere Halbmesser und T der Förderweg, dann ergibt sich die Anzahl der dicht nebeneinanderliegenden Windungen z zu:

$$z = \frac{T}{2 \cdot r_m \cdot \pi}.$$

Der Anstieg des glatten Kegelmantels gegen die Achse darf nicht zu groß gewählt werden, weil sonst infolge des eintretenden Rutschens des Seiles ein ordnungsgemäßes und sicheres Aufwickeln nicht mehr erreicht werden kann. Bei größeren Schachttiefen und größerer Nutzlast wird deshalb der Halbmesser R oft kleiner genommen, man begnügt sich dann mit einem unvollständigen Seilausgleich, oder es wird zur Sicherung eines richtigen Seillaufes der Trommelmantel mit spiralförmigen Führungsrillen versehen. Die Kegeltrommeln mit glattem Mantel werden „konische" (Abb. 70), diejenigen mit schraubenförmigen Rillen „Spiraltrommeln" (Abb. 71) genannt. Bei den in den letzten Jahren besonders in England zur Ausführung gekommenen „konischzylindrischen" Trommeln wird das Förderseil zunächst auf einem konischen und der Rest auf einem zylindrischen Trommelteil aufgewickelt (Abb. 72).

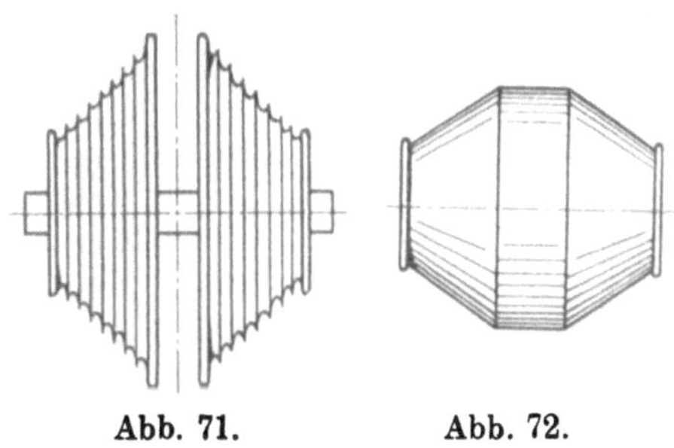

Abb. 71.   Abb. 72.

Ist α der Neigungswinkel des glatten Mantels einer konischen Trommel, d der Seildurchmesser und x die Größe des Ansteigens der Halbmesser nach Abb. 73, dann ist

$$\sin \alpha = \frac{x}{d}.$$

Der Neigungswinkel α soll 25° (im äußersten Falle 30°) nicht überschreiten, so daß x höchstens $0{,}5 \cdot d$ wird.

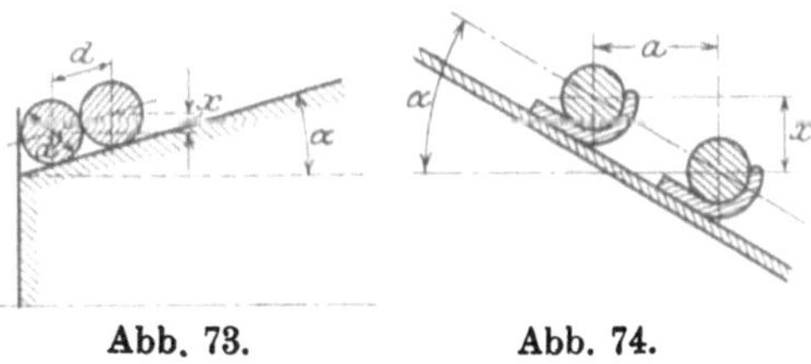

Abb. 73.   Abb. 74.

Die üblichen Ausführungen haben einen Neigungswinkel von 18 23°.

Bei Spiraltrommeln nach Abb. 74 ist, wenn x wieder den Halbmesseranstieg bedeutet:

$$\operatorname{tg} \alpha = \frac{x}{a}.$$

Der horizontale Abstand a der Windungen, der vom kleinsten zum größten Halbmesser hin abnimmt, und ebenso der Winkel α können hierbei in ziemlich weiten Grenzen gewählt werden, doch geht man über

$$\alpha = 43^0$$

im allgemeinen nicht hinaus.

Die Spiraltrommeln werden nur noch vereinzelt ausgeführt, weil sie sehr breit, schwer und teuer werden.

Der Rechnungsvorgang der Kegeltrommeln ist ähnlich dem bei den Bobinen. Sind der Seildurchmesser und der kleinste Halbmesser bestimmt worden, dann ergibt sich der große Halbmesser zu:

$$R = r \cdot i.$$

Der Anstieg x bestimmt sich aus der Bedingung:

$$R^2 \cdot \pi - r^2 \cdot \pi = T \cdot x,$$

oder da $R = i \cdot r$:

$$i^2 \cdot r^2 \cdot \pi - r^2 \cdot \pi = T \cdot x,$$

$$r^2 \cdot \pi \left(i^2 - 1\right) = T \cdot x,$$

also

$$x = \frac{r^2 \cdot \pi \cdot \left(i^2 - 1\right)}{T}.$$

Aus der Gleichung $\sin \alpha = \dfrac{x}{d}$ ist dann α zu ermitteln und zu ent-

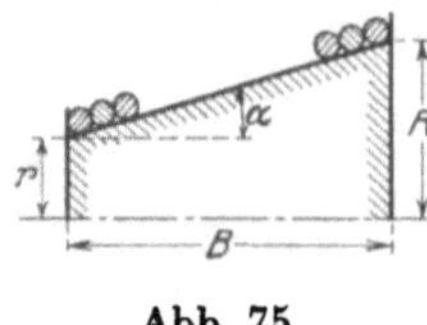

Abb. 75.

scheiden, ob konische Trommeln oder Spiraltrommeln gewählt werden müssen. Ist eine Spiraltrommel erforderlich, so ist durch geeignete Wahl von α und dem Abstand a der Anstieg x zu verwirklichen.

Die Trommelbreite B ergibt sich nach Abb. 75 sowohl für konische wie für Spiraltrommeln zu:

$$B = \frac{(R - r)}{\operatorname{tg} \alpha}.$$

b) Beispiele.

Beispiel 1.

$$\text{Nutzlast} \qquad Q = 3000 \text{ kg,}$$
$$\text{Totlast} \qquad q = 2000 \text{ kg,}$$
$$\text{Förderweg} \quad T = 800 \text{ m,}$$
$$\text{Seilgewicht} \; S = 4400 \text{ kg,}$$
$$\text{Gewählt} \qquad r = 2{,}5 \text{ m.}$$

Dann ist:

$$i = \frac{R}{r} = 1 + \frac{2S}{Q + 2q} = 1 + \frac{2 \cdot 4400}{3000 + 2 \cdot 2000} = 2{,}26,$$

$$R = i \cdot r = 2{,}26 \cdot 2{,}5 = 5{,}65 \text{ m.}$$

Die statischen Momente zu Beginn und am Ende des Zuges sind:

$$M_a = (Q + q + S) \cdot r - q \cdot R = 12\,200 \text{ mkg},$$
$$M_e = (Q + q) \cdot R - (q + S) \cdot r = 12\,250 \text{ mkg}$$

und bei Begegnung der beiden Körbe:

$$M_m = Q \cdot \frac{R + r}{2} = 3000 \cdot 4{,}079 = 12\,225 \text{ mkg}.$$

Falls R nicht, wie errechnet, zu 5,65 m, sondern nur zu rund 5,0 m angenommen wird, dann ist der Seilgewichtsausgleich ein unvollständiger. Es werden:

$$M_a = 13\,500 \text{ mkg},$$
$$M_e = 9\,000 \text{ mkg},$$

und bei Begegnung der Körbe:

$$M_m = Q \cdot \frac{R + r}{2} = 3000 \cdot \frac{2{,}5 + 5}{2} = 11\,250 \text{ mkg}.$$

Beispiel 2. Nutzlast $Q = 2280$ kg, Förderkorbgewicht $= 3500$ kg, Gewicht der leeren Förderwagen $= 1040$ kg, demnach $q = 3500 + 1040 = 4540$ kg, Gewicht des verjüngten Seiles mit einem größten Durchmesser von 58 mm: $S = 5560$ kg, Förderweg $T = 1000$ m.

Gewählt $r = 2{,}75$ m.

Es ist:

$$i = 1 + \frac{2S}{Q + 2q} = 1 + \frac{2 \cdot 5560}{2280 + 2 \cdot 4540} = 1 + 0{,}979 \sim 1{,}98,$$
$$R = i \cdot r = 1{,}98 \cdot 2{,}75 = 5{,}445 \text{ m}.$$

Gewählt $R = 5{,}4$ m:

$$M_a = (2280 + 4540 + 5560) \cdot 2{,}75 - 4540 \cdot 5{,}4 \sim 9530 \text{ mkg},$$
$$M_e = (2280 + 4540) \cdot 5{,}4 - (4540 + 5560) \cdot 2{,}75 \sim 9050 \text{ mkg}.$$

Bei Begegnung der Körbe:

$$M_m = 2280 \cdot \frac{R + r}{2} = 2280 \cdot 4{,}075 \sim 9380 \text{ mkg}.$$

Sowohl beim aufwärtsgehenden wie beim niedergehenden Korbe wirkt die Reibung, die überschlägig zu 4 v. H. der wirkenden Gewichte angenommen wird, entgegen. Werden die entsprechenden Reibungsmomente mit M_a' und M_e' bezeichnet, so ist:

$$M_a' = (12\,380 \cdot 2{,}75 + 4540 \cdot 5{,}4) \cdot 0{,}04 \sim 2350 \text{ mkg},$$
$$M_e' = (6820 \cdot 5{,}4 + 10\,100 \cdot 2{,}75) \cdot 0{,}04 \sim 2600 \text{ mkg}.$$

Die von der Antriebsmaschine zu bewältigenden Drehmomente mit Berücksichtigung des Einflusses der Reibung zu Beginn und am Ende eines Zuges ergeben sich demnach zu:

$$M_a + M_a' = 9530 + 2350 = 11\,880 \text{ mkg},$$
$$M_e + M_e' = 9050 + 2600 = 11\,650 \text{ mkg}.$$

Um M'_m zu bestimmen, ist zunächst die Berechnung der Seilgewichte $S_a = S_n$ erforderlich. Nach Abb. 65 ist $T_a = T_n$:

$$T_a = T_n = \left(\frac{r+R}{2}\right)\pi \cdot 2 \cdot \frac{z}{2}.$$

Die Windungszahl z ergibt sich aus:

$$T = \frac{R+r}{2} \cdot 2 \cdot \pi \cdot z,$$

$$2 \cdot \pi \cdot z = \frac{T}{\dfrac{R+r}{2}} = \frac{T}{r_m} = \frac{1000}{4{,}075} = 245{,}4,$$

$$z = \frac{245{,}4}{2 \cdot \pi} = 39{,}2.$$

Der Förderweg T_a wird dann:

$$T_a = \left(\frac{r_m + R}{2}\right) \cdot 2\pi \cdot \frac{z}{2} = \frac{4{,}075 + 5{,}4}{2} \cdot \frac{245{,}4}{2} = 580 \text{ m}.$$

Das entsprechende Seilgewicht S_a beträgt 2900 kg. Daher wird:

$$M'_m = (Q + 2q + 2S_a) \cdot r_m \cdot 0{,}04,$$
$$M'_m = (2280 + 2 \cdot 4540 + 2 \cdot 2900) \cdot 4{,}075 \cdot 0{,}04 \sim 2797 \text{ mkg}.$$

Sonach ergibt sich:

$$M_m + M'_m = 9380 + 2797 = 12177 \text{ mkg}.$$

Die Ausgleichung des Seilgewichtes ist demnach eine gute.

    Beispiel 3. Für das Beispiel 2 sollen zur Prüfung der Vollständigkeit des Seilgewichtsausgleiches die Drehmomente für $\frac{1}{4}z$ und $\frac{3}{4}z$ Umdrehungen berechnet werden. Nach Abb. 64 sind, wenn $r = 2{,}75$ m und $R = 5{,}4$ m ist, für $\frac{1}{4}z$ die Halbmesser:

$$r'_a = r_a + \frac{R_a - r_a}{4} = 2{,}75 + \frac{5{,}4 - 2{,}75}{4} = 2{,}75 + 0{,}6625 = 3{,}4125 \text{ m},$$

$$R'_n = R_n - \frac{R_n - r_n}{4} = 5{,}4 - \frac{5{,}4 - 2{,}75}{4} = 4{,}7375 \text{ m}.$$

T_a ergibt sich aus:

$$T_a = \frac{r'_a + R_a}{2} \cdot 2 \cdot \pi \cdot \frac{3}{4} z.$$

Nach Beispiel 2 ist $2 \cdot \pi \cdot z = 245{,}4$, demnach:

$$T_a = \frac{3{,}4125 + 5{,}4}{2} \cdot 245{,}4 \cdot \frac{3}{4} = 811{,}5 \text{ m} \sim 812 \text{ m}$$

und

$$T_n = \frac{R_n + r_n}{2} \, 2 \cdot \pi \cdot \frac{1}{4} z = \frac{5{,}4 + 4{,}7375}{2} \cdot 245{,}4 \cdot \frac{1}{4} = 311 \text{ m}.$$

Die entsprechenden Gewichte des verjüngten Förderseiles sind:
$$S_a = 4190 \text{ kg} \quad \text{und} \quad S_n = 1460 \text{ kg}.$$

Die Momente ergeben sich dann zu:
$$(Q + q + S_a) \cdot r_a' - (q + S_n) R_n' = (2280 + 4540 + 4190) \cdot 3{,}4125$$
$$= (4540 + 1460) \cdot 4{,}7375 = 9146 \text{ mkg}.$$

Für $\frac{3}{4} z$ Umdrehungen werden die entsprechenden Größen:
$$r_a'' = r_a + \tfrac{3}{4}(R_a - r_a) = 2{,}75 + \tfrac{3}{4}(5{,}4 - 2{,}75) = 4{,}7375 \text{ m},$$
$$R_n'' = R_n - \tfrac{3}{4}(R_n - r_n) = 5{,}4 - \tfrac{3}{4}(5{,}4 - 2{,}75) = 3{,}4125 \text{ m}.$$

Für T_a, T_n, S_a und S_n ergeben sich dann folgende Werte:
$$T_a = 311 \text{ m}, \qquad S_a = 1460 \text{ kg},$$
$$T_n = 812 \text{ m}, \qquad S_n = 4190 \text{ kg}.$$

Die Momente bestimmen sich demnach zu:
$$(Q + q + S_a) \, r_a'' - (q + S_n) \cdot R_n'' = (2280 + 4540 + 1460) \cdot 4{,}7375$$
$$- (4540 + 4190) \cdot 3{,}4125 = 9435 \text{ mkg}.$$

Unter Vernachlässigung der Reibung ergeben sich daher die Momente in den verschiedenen Abschnitten zu:
$$M_a = 9530 \text{ mkg},$$
$$M_{\frac{z}{4}} = 9146 \text{ mkg},$$
$$M_{\frac{z}{2}} = 9380 \text{ mkg},$$
$$M_{\frac{3}{4}z} = 9435 \text{ mkg},$$
$$M_e = 9050 \text{ mkg}.$$

Die Ausgleichung des Seilgewichtes ist also eine praktisch vollkommene. Dies ist auf die Verjüngung des Seilquerschnittes zurückzuführen.

c) Beurteilung der Kegeltrommelförderung.

Ein vollständiger Seilgewichtsausgleich liegt bei konischen Trommeln nur bei kleinen und mittleren Schachttiefen sowie bei geringeren Lasten vor. Bei größeren Förderwegen und Lasten fallen die Abmessungen des Seiles und damit die Halbmesser r und R sehr groß aus, und der Neigungswinkel α nimmt einen für ein sicheres Auflaufen des Seiles zu großen Wert an, weshalb man sich vielfach mit einem nur teilweisen Ausgleich begnügt. Neuerdings verwendet man (namentlich in England) bei größeren Schachttiefen zur Vermeidung eines für einen vollkommenen Seilgewichtsausgleich erforderlichen zu großen Trommelhalbmessers sogenannte konisch-zylindrische Trommeln statt der rein konischen an, bei denen der Rest des aufwärtsgehenden Förderseiles auf einem zylindrischen Trommelteil aufgewickelt wird (Abb. 72).

Spiraltrommeln lassen einen größeren Neigungswinkel α zu als konische Trommeln und ermöglichen dadurch auch bei größeren Förderwegen einen vollkommenen Seilgewichtsausgleich. Sie gestatten im besonderen die Anwendung verjüngter Seile, wodurch die Seilgewichtsausgleichung erleichtert und verbessert wird. Ein Nachteil ist in ihrer sehr breiten Bauart, sowie in den unvermeidlich großen Durchmessern und Schwungmassen zu erblicken. Zur Verringerung der Beanspruchung der Trommelwellen durch den schrägen Seilzug von der Trommel nach der Seilscheibe, d. h. zur Erhaltung von kürzeren und schwächeren Wellen, werden die Trommeln häufig auf zwei getrennte, parallele Wellen gesetzt, die dann durch Zahnradgetriebe oder durch Triebstangen miteinander in Verbindung stehen (Abb. 11 und 12). Spiraltrommeln sind wegen des Einbaues der Seilrillen sehr teuer und machen zudem die Maschine schwerfällig und schlecht steuerbar. Auch besteht bei ihnen die Gefahr, daß durch Abspringen des Seiles leicht Seilbrüche eintreten können. Sie werden nur noch vereinzelt ausgeführt.

Wie bei den Bobinen geschieht auch bei den Kegeltrommeln die Ausgleichung unter Mitwirkung der Nutzlast Q und der Totlast q. Eine Veränderung dieser Lasten stört den Seilgewichtsausgleich merklich. Eine regelrechte Förderung von verschiedenen Sohlen ist in derselben Weise wie bei Bobinen unter Verschlechterung des Seilausgleiches möglich. Desgleichen ist das Umsetzen mehrbödiger Förderkörbe entsprechend den verschiedenen großen Halbmessern für jeden Korb getrennt vorzunehmen, weshalb zweckmäßig für jeden Korbboden eine besondere Abzugsbühne vorhanden sein soll.

6. Sonderformen von Ausgleichsarten.

a) Auf besonderer Bahn geführtes Ausgleichsgewicht.

Bergrat Schitko, Schemnitz, hat um das Jahr 1843 eine bis dahin unbekannte Art des Seilgewichtsausgleiches geschaffen. Er ging von dem Gedanken aus, das Seilübergewicht durch ein an der Seilträgerwelle angreifendes und auf einer gekrümmten Bahn geführtes Gegengewicht auszugleichen. Eine solche nach Abb. 76 ausgeführte Anlage war auch auf dem Amalienschacht in Schemnitz in Betrieb, sie ist jedoch später wegen zu großer Massenwirkungen und zu hohen Unterhaltungskosten wieder umgebaut worden. Nach Berichten aus dem Jahre 1874 sollen auch mehrere derartige Seilgewichtsausgleichungen in England verwendet worden sein.

Die Wirkungsweise dieser Ausgleichsart ersieht man aus der Abb. 76. Auf der Welle der Fördertrommel sitzt eine kleinere Kettentrommel t, deren unterschlägiges Kettentrum K über die Rolle 1 hinweg nach dem Gegengewicht Q geführt ist. Das Gegengewicht Q gleitet auf einer besonders gestalteten Bahn 1, 3, 2 derart, daß es infolge seiner wechselnden, auf die Ausgleichung einwirkenden Komponenten eine völlige Ausgleichung des wechselnden Seilübergewichtes erzielt. In der in Abb. 76 beispielsweise gezeichneten Korbstellung wird das rechtshängende Seilübergewicht des Korbes F_2 ausgeglichen.

Bewegt sich nun der rechte Korb weiter aufwärts, so wird das Seilübergewicht kleiner und das an sich gleichbleibende Ausgleichsgewicht kommt auf den weniger geneigten Teil der gekrümmten Bahn, bis es die Endstellung 2 auf der wagerechten Ebene erreicht hat und dadurch keinen Einfluß mehr ausübt. In dieser Stellung des Gewichtes begegnen sich die beiden Förderkörbe im Schacht, so daß also ein Seilübergewicht nicht vorliegt. Die Zugkette ist hierbei so bemessen, daß sie in der Endstellung 2 des Gegengewichtes sich vollständig von der Kettentrommel t abgewickelt hat und bei einer weitergehenden Drehung sich wiederum als oberschlägige Kette K_1 aufwindet. Das jetzt wieder anzuhebende Gewicht Q

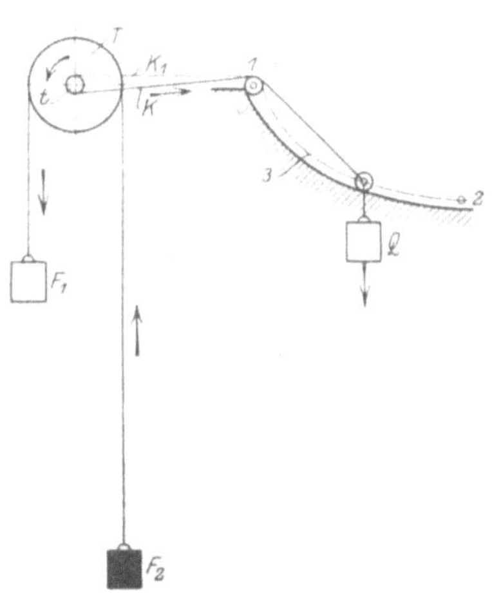

Abb. 76.

gleicht dann das anwachsende linkshängende Seilübergewicht aus.

Auf diese Weise kann eine völlige Ausgleichung des Seilübergewichtes über den ganzen Förderweg erreicht werden. Um eine nicht zu lange oder zu hohe gekrümmte Bahn für das Gegengewicht zu erhalten, muß der Durchmesser der Kettentrommel möglichst klein gewählt werden, was durch ein im Verhältnis der Halbmesser der Förder- und Kettentrommel vergrößertes Ausgleichsgewicht Q wettgemacht wird. Die damit verbundenen großen Massenwirkungen sowie die hohen Unterhaltungskosten dieser und ähnlicher Ausgleichsarten sind jedoch ein großer Nachteil jener Anlagen.

Eine genaue Berechnung der erforderlichen Bahnkrümmung sowie eine bauliche Abänderung der Gewichtsführung sind in der Zeitschrift für das gesamte Berg-, Hütten- und Salinenwesen in Preußen 1860, S. 6—70, angegeben.

b) Gegengewichte an einer besonderen Bobinenscheibe.

Auf der Welle der Trommelmaschine in Abb. 77 ist eine Bobinenscheibe b befestigt, deren Bandseil s mit einer in einem besonderen kleinen Schacht laufenden schweren Kette K verbunden ist. Bei Beginn des Förderzuges hängt die Gegenkette, wie in Abb. 77 gezeichnet, frei in dem Nebenschacht. Mit zunehmendem Treiben wird das Bandseil s von der Bobinenscheibe abgewickelt und die Kette

legt sich nach und nach auf den Boden des Schachtes. Das frei
hängende, wirksame Kettengewicht und ihr Hebelarm an der Bobine
wird mithin so lange verringert, bis nach der halben Umdrehungszahl der Trommel, also bei der Begegnung der Förderkörbe im
Schachte, das Bandseil s völlig abgewickelt ist und die ganze Kette
auf dem Boden liegt. Beim Weiterfördern wickelt sich das bisher
oberschlägige Bandseil s als unterschlägiges Seil wieder auf, wobei
die Kette allmählich wieder
angehoben wird. Ein be-
sonderer Nachteil dieser
Ausgleichsart besteht aber
darin, daß die Kette zur
Vermeidung eines zu tiefen
Nebenschachtes sehr schwer
ausfällt, eine Verschlingung
der Kettenglieder und deren
plötzliche Wiederlösung
wirkt daher sehr störend.
Hinzu kommt, daß die
Veränderlichkeit des wirksamen Kettengewichtes und
ihres Hebelarmes die Aus-
gleichung wenig übersicht-
lich gestaltet, und daß beim

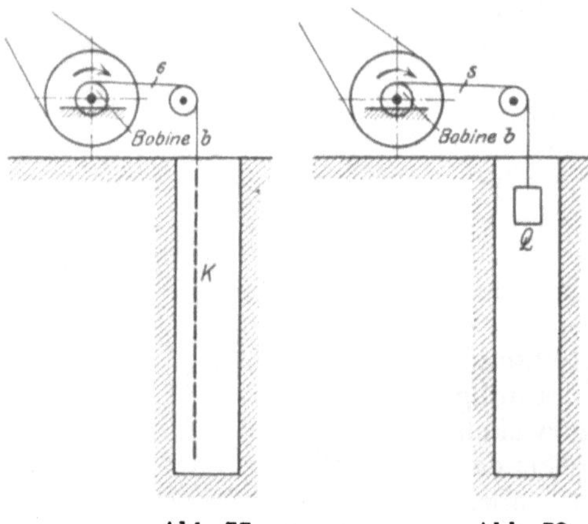

Abb. 77.Abb. 78.

Wechsel des oberschlägigen Bandseiles in ein unterschlägiges das
Kettengewicht plötzlich von einem treibenden zu einem hemmenden
wird, was eine Unstetigkeit der Ausgleichung hervorruft.

Eine ähnliche Ausgleichsart zeigt Abb. 78, jedoch mit dem Unter-
schiede, daß die Kette durch ein Gegengewicht Q ersetzt ist, wo-
durch die Veränderlichkeit der Bobinenhalbmesser wirksam wird.
Aber auch hier liegt — und zwar in einem erhöhten Maße — der
Nachteil einer Unstetigkeit der Ausgleichung in der Mitte des
Zuges vor.

Beide Ausgleichsarten, die etwa aus dem Jahre 1863 stammen,
haben darum keine nennenswerte Ausbreitung gefunden.

c) Gegengewicht an einer doppelseitigen Spiraltrommel.

Auf dem Schachte Camphausen in Saarbrücken kam im Jahre
1878 eine in Abb. 79 schematisch dargestellte Ausgleichsart zur Ausführung, die von dem damaligen Maschinenmeister Gerhard angegeben war.

Neben der zylindrischen Trommel C sitzt außerhalb der Lager
eine doppelseitige Spiraltrommel S, die das mit der losen Rolle l und
dem daran befestigten schweren Gegengewicht Q verbundene Seil $s — s_1$
trägt. Geht nun das Förderseiltrum S_a mit dem beladenen Korb
aufwärts, dann wickelt sich das Ausgleichsseil s_1 beginnend am kleinen

Halbmesser der Spiraltrommel auf, das Seil s am größeren Halbmesser beginnend ab. Das Gewicht Q sinkt hierbei zunächst und wirkt dem Übergewicht des Seiltrums S_a entgegen. Bei der Begegnung der beiden Förderkörbe, d. h. nach der halben Anzahl der Umdrehungen, sind die beiden Halbmesser der Spiraltrommel für die Ausgleichsseile s und s_1 gleich groß geworden, und das Gegengewicht Q hat dann seine tiefste Lage erreicht. Die Einwirkungen des Gegengewichtes Q auf die Spiraltrommel heben sich auf, da ja jeder Ausgleichsseiltrum mit der gleichbleibenden Spannung $\frac{1}{2}Q$ am gleichen Halbmesser der Spiraltrommel angreift; desgleichen auch die Gewichte der beiden Förderseiltrums auf die zylindrische Trommel. Bei der weiteren Förderung greift dann das Ausgleichsseil s_1 an dem anwachsenden, s dagegen an dem kleiner werdenden Halbmesser der Spiraltrommel an. Das Gewicht Q wird wieder angehoben und gleicht dadurch die Einwirkung des Seilübergewichtes am abwärtsgehenden För-

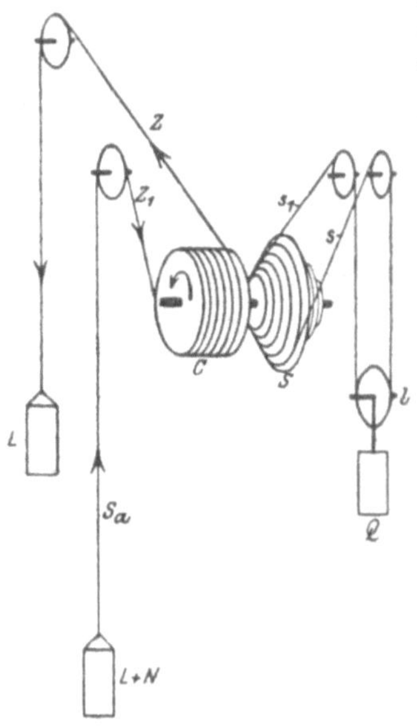

Abb. 79.

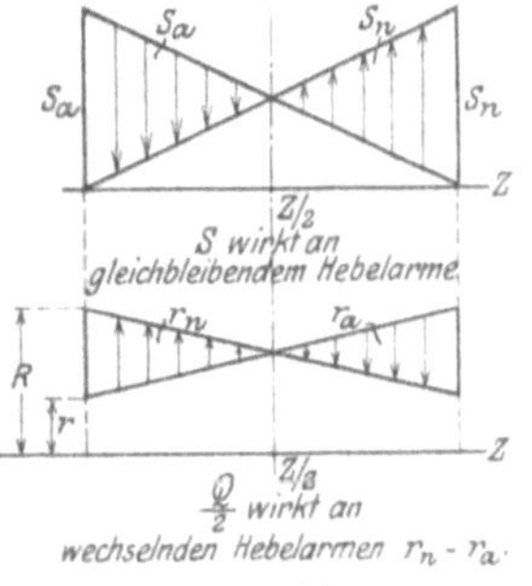

Abb. 80.

derkorb aus. Der Einfluß der Nutzlast und der Totlast ändert sich hierbei nicht, da diese Lasten stets am gleichbleibenden Hebelarm, dem Halbmesser der zylindrischen Trommel, wirken. Sie brauchen daher bei der Ausgleichung nicht berücksichtigt zu werden. Das wachsende Übergewicht des im Schacht auf- und abgehenden Förderseiles wird also durch die wechselnden Hebelarme der beiden Ausgleichstrums s und s_1 mit ihren gleichbleibenden Spannungen $=\frac{1}{2}Q$ ausgeglichen. In der oberen zeichnerischen Darstellung der Abb. 80 sind die mit den Umdrehzahlen z proportionalen Änderungen der Seillängen S_a und S_n und damit die Seilgewichte nach derselben Seite hinaufgetragen, so daß ihr auszugleichender Unterschied $S_a - S_n$ als Senkrechte zwischen den beiden schrägen Geraden nach Größe und Richtung sich ergibt. Dieses veränderliche Seilgewicht wirkt immer an dem gleichen Hebelarm, dem Halbmesser der zylindrischen

Trommel. Aus der unteren zeichnerischen Darstellung der Abb. 80 ist
die Veränderlichkeit der Halbmesser der Spiraltrommel zu ersehen.
Da an ihnen stets gleich große, aber entgegengesetzte Kräfte angreifen,
so ist ihre Wirkung durch den Unterschied $r_a - r_n$ gegeben. Die Halbmesser des auf- und des abwärtsgehenden Ausgleichseiles sind daher
nach derselben Seite abgetragen, so daß die Unterschiede $r_a - r_n$ durch
die Senkrechten zwischen den schrägen Geraden nach Richtung und
Größe dargestellt werden. Durch die völlige Gleichartigkeit dieser
Veränderlichkeiten an beiden Trommeln läßt sich für jede Stellung
der Förderkörbe ein vollkommener Seilgewichtsausgleich erzielen. Der
Einfluß der wechselnden Gewichte beider Ausgleichseiltrums ist hierbei nicht berücksichtigt.

Zur Vermeidung eines großen Weges muß das Ausgleichsgewicht
Q verhältnismäßig schwer gemacht werden. So betrug beispielsweise
dieses Gewicht in der oben angeführten Anlage bei einer Nutzlast
von 3000 kg, einer Schachttiefe von 700 m, einem Seilgewicht
von 7000 kg und einer Hubhöhe des Ausgleichsgewichtes Q von
72,2 m $\sim$ 16 000 kg. Der Halbmesser der zylindrischen Trommel war
4 m, der kleinste und der größte Halbmesser der Spiraltrommel
1,5 bzw. 5 m. Ein Nachteil dieser Ausgleichsart ist die große Massenwirkung. Des weiteren wird diese Vorrichtung durch die doppelseitige
Spiraltrommel, das Ausgleichsseil, die Seilscheiben und Gerüste sowie
den besonderen Schacht sehr teuer und schwerfällig. Immerhin ist
einem Bericht aus dem Jahre 1899 (Zeitschrift für Berg-, Hütten-
und Salinenwesen im preußischen Staate 1899, S. 68) zu entnehmen,
daß sich die Anlage auf dem Schacht Camphausen noch nach einer
20jährigen Betriebsdauer bewährt hat. Eine weitere Anwendung
jener Ausgleichsart ist nicht bekannt.

d) Dynamische Ausgleichung.

Alle bisher besprochenen Vorrichtungen bezwecken einen Ausgleich der reinen Gewichtswirkungen. Bei einem vollständigen Seilgewichtsausgleich, etwa durch ein Unterseil, ist aber zu berücksichtigen,
daß das von der Antriebsmaschine zu leistende
Drehmoment infolge der Massenwirkungen zu Anfang des Förderzuges wesentlich größer ist, am
Ende dagegen gleich Null oder auch negativ
wird. Um nun unter Berücksichtigung der Massenwirkungen das Drehmoment möglichst gleichmäßig
zu gestalten, wird nach dem D. R. P. 211 522 folgende in Abb. 81 schematisch dargestellte Anordnung in Vorschlag gebracht. Das Unterseil f
übernimmt zunächst einen Teil des Ausgleiches.
Die Förderseile selbst wirken auf besonders ge-
staltete kegelförmige Trommeln, die aus zwei
zylindrischen Teilen b und a sowie aus den da-
zwischen geschalteten kegelförmigen Teilen be-

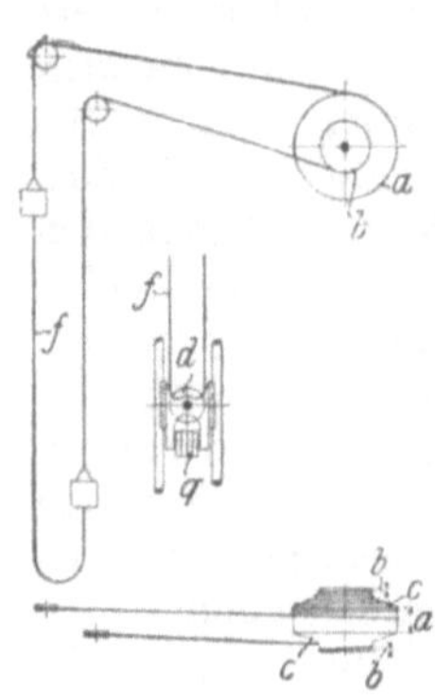

Abb. 81.

stehen. Beim Anfahren wirken nun die mit dem oberen Korb verbundenen Gewichte auf den größeren Halbmesser, die Gewichte des zu hebenden beladenen unteren Korbes auf den kleineren Halbmesser der Trommel. Diese Halbmesser sind aber so gewählt, daß die Gewichte des abwärtsgehenden Förderkorbes eine treibende Kraft auf die des aufwärtsgehenden Korbes ausüben, etwa im Betrage der erforderlichen Beschleunigungskräfte. Gegen Ende des Förderzuges dagegen ist die Wirkung eine entgegengesetzte. Die Gewichte des aufwärtsgehenden Korbes wirken jetzt auf die großen Halbmesser und erstreben dadurch eine Hemmung der Bewegung, wodurch die Betriebssicherheit erhöht wird. Da das Anfangsmoment auf diese Weise verringert wird, so können die erforderlichen Abmessungen des Antriebsmotors unter Umständen verkleinert werden.

Ähnliche Wirkungen können übrigens auch durch Spiraltrommeln, deren großer Halbmesser über den für den vollständigen Seilgewichtsausgleich erforderlichen hinaus vergrößert ist und ebenso auch durch Unterseile, deren Gewicht je Längeneinheit größer ist als das des Oberseiles, erreicht werden. Im besonderen bewähren sich schwerere Unterseile bei Treibscheibenmaschinen sehr gut, weil bei ihnen neben der eintretenden Verringerung des Anfahrmomentes auch die daraus entspringende Sicherheit gegen Seilgleiten erhöht wird.

Wesentlich günstig wirkt ferner ein schwereres Unterseil beim Einfahren der Mannschaften, wo nur der abwärtsgehende Korb belastet ist. Hier bildet es ein Gegengewicht gegen die einfahrende Mannschaft. Dadurch wird beispielsweise beim Dampfmaschinenbetrieb das unwirtschaftliche Gegendampfgeben stark eingeschränkt.

7. Vergleich zwischen den Ausgleichsarten durch Unterseil, Bobine und Kegeltrommel.

Die größte Bedeutung von diesen drei Ausgleichsarten kommt derjenigen mit Unterseil zu. Darum findet dieses bei den zylindrischen Trommeln, vor allem aber bei den Treibscheibenanlagen namentlich in Deutschland eine ausgiebige Verwendung. Bei großen Schachttiefen, bei denen der heutigen Technik entsprechend die Treibscheibenmaschine die zweckmäßigste Fördereinrichtung darstellt, ist das Unterseil geradezu unentbehrlich. Völlig unabhängig von der Größe der Nutz- und Totlast kann mit diesem ein vollständiger Seilgewichtsausgleich für jede Stellung der Körbe oder Kübel im Schacht — auch bei einer Förderung aus höheren Sohlen — erzielt werden, was für die Belastung der Fördermaschine von wesentlichem Einfluß ist. Bei einem Übergewicht des Unterseiles über das des Oberseils unterstützt es sogar die Fördermaschine im Beschleunigungsabschnitt, während es gegen Ende des Zuges bremsend wirkt und damit die Verzögerung vergrößert, so daß eine Verkürzung der Förderzeit erreicht wird. Gegenüber der Ausgleichsart durch Bobine und Kegeltrommel ist der Ausgleich durch ein Gegenseil ein einfaches Mittel, das auch hinsichtlich des Umsetzens mehrbödiger Körbe am Füllort jenem überlegen ist, weil es ein gleichzeitiges Abziehen der Wagen an der Hängebank und am Füllort ermöglicht und dadurch den Förderbetrieb nicht unnötigerweise erschwert, wie es bei einem nacheinander vorzunehmenden Umsetzen der Fall ist. In der Möglichkeit der Umlegung der Förderung auf höhere Sohlen steht dagegen diese Ausgleichsart den beiden anderen nach, desgleichen auch hinsichtlich der Gefahr des Schlagens und Verschlingens der Gegenseile im Schachte sowie der Mehrbelastung des Oberseiles, des Korbes und der Fangvorrichtung (Massenvermehrung).

Die Ausgleichsart mittels Bobinen hat den besonderen Nachteil der unvollständigen Seilgewichtsausgleichung bei größeren Schachttiefen und Nutzlasten sowie des starken Verschleißes der Flachseile. Wie bei den Kegeltrommeln wird auch hier der Ausgleich durch eine Veränderung der Lasten merklich beeinflußt. Bei den Spiraltrommeln für größere Teufen kommt zu dem unvollständigen Seilgewichtsausgleich auch noch der Übelstand der unvermeidlich großen Abmessungen und der großen Schwungmassen dieser Trommeln hinzu, wodurch die Maschine schwerfällig und schwer steuerbar wird.

Eine wesentliche Frage bei einer jeden Ausgleichsart ist die der Betriebssicherheit. In dieser Beziehung steht aber der Ausgleich durch ein Unterseil dem der Bobine und der Kegeltrommel, insbesondere dem der Spiraltrommel, nach. Nicht nur, daß bei einem Bruch des Unterseiles die Ausgleichung völlig aufgehoben wird, es können durch das fallende Unterseil und vor allem durch die jetzt nicht mehr beherrschbare Maschine schwere Unfälle hervorgerufen werden. Besonders verhängnisvoll ist auch ein Unterseilbruch bei der Treibscheibenförderung. Denn hier besteht die Gefahr, daß dann beide Förderkörbe in die Tiefe stürzen. Auch das plötzliche Einwerfen einer starken Bremse kann bei einer Anlage mit Unterseil sehr schädlich wirken, weil hier durch den aufwärtsgehenden Korb eine Hängeseilbildung entsteht. Die Unfallsgefahr ist bei Bobinen- und Kegeltrommelanlagen im allgemeinen weniger groß, doch haben sie andere Störungsmöglichkeiten, beispielsweise unrichtige Seilaufwickelung. Immerhin kann diesen bei den Spiraltrommeln durch eine zweckmäßige Anordnung der Rillen vorgebeugt werden.

Hinsichtlich der Frage der Wirtschaftlichkeit einer Ausgleichsart sind einmal die Anlagekosten, dann aber auch die Betriebskosten zu unterscheiden. Bei einem Ausgleich durch ein Unterseil sind die Anlagekosten verhältnismäßig gering. Dagegen können die laufenden Betriebskosten durch die ständig erforderliche Erneuerung der Unterseile und die Beschädigung des Schachtausbaues beim Schlagen des Unterseiles sehr groß werden. Ein heftiges Seilschlagen tritt nicht etwa immer bei zu großen Längen und Geschwindigkeiten des Seiles ein, als vielmehr bei einer plötzlichen Veränderung seiner Gleichgewichtslage, in die es bei der Höchstgeschwindigkeit während eines jeden Förderzuges aus seiner Ruhelage kommt. Hauptsächlich ruft aber ein unregelmäßiger Gang der Förderkörbe bzw. Förderkübel am Anfang und Ende der Fahrt ein Seilschlagen hervor. Darum muß stets die bei der Höchstgeschwindigkeit sich einstellende Gleichgewichtslage und die günstigste Entfernung des Unterseiles vom Schachtausbau von vornherein genau festgelegt werden.

Bei den Bobinen wiederum sind die Betriebsunkosten, hervorgerufen durch den starken Verschleiß der teueren flachen Förderseile, verhältnismäßig groß. Spiraltrommelanlagen, namentlich aber bei der Anwendung verjüngter Seile, ergeben dagegen geringere Förderseilkosten. Gegenüber der Ausgleichsart durch ein Unterseil tritt bei den Bobinen und Kegeltrommeln noch eine Vermehrung der Ausgaben durch die Bedienung des unteren Korbes hinzu.

Die nicht unerhebliche Massenvermehrung bei der Unterseilausgleichung bedingt einen großen Kraftverbrauch der Antriebsmaschine. Desgleichen ergibt sich auch bei den Kegeltrommeln ein im Verhältnis zur Förderleistung hoher Energieverbrauch, der bedingt wird durch die nicht in allen Stellungen der Förderkörbe vorliegende vollkommene Seilgewichtsausgleichung und die größere Massenwirkung.

Alle eben aufgezählten Nachteile der verschiedenen Ausgleichsarten nehmen mit wachsendem Förderweg zu, weshalb man sich in diesen Fällen dann mit einem teilweisen Ausgleich begnügt. Man erreicht dies durch verschiedene Mittel, beispielsweise durch schwächere und daher biegsamere und haltbarere Unterseile — zweckmäßig sind Flachseile —, bei den Bobinen ebenfalls durch schwächere und biegsamere Flachseile, während man bei den Spiraltrommeln kleinere Endhalbmesser und damit kleinere Abmessungen und Massen der Trommelanlage wählt.

VI. Treibscheibenförderung.

1. Allgemeines.

Bei der mehr und mehr zur Verwendung kommenden Treibscheibenförderung mittels der von dem Bergwerksdirektor Koepe angegebenen und nach ihm benannten Koepescheibe wird das überwiegend als Rundseil ausgebildete Förderseil in der Nut einer einrilligen Seilscheibe geführt und von dieser durch die entstehende Reibung mitgenommen. Weil nun die Reibungsziffer zwischen Holz und Eisen oder Leder und Eisen im Verhältnis zu andern Baustoffen eine hohe ist, so wird die Nut der Seilscheibe mittels Holz (Eiche, Weiß- oder Rotbuche, Pappel, Ulme) oder Leder und Holz ausgefüttert. Als Übertragungsmittel der erzeugten Kräfte dient also lediglich die Reibung zwischen dem Förderseil und der Rillenwandung der Treibscheibe. Es ist demnach die Größe der Kraftübertragung durch die Größe dieser Reibung bedingt.

Wie wir auf Seite 6 gesehen hatten, kann die Fördermaschine neben dem Schacht in Flurhöhe oder über dem Schacht in dem oberen Teil des Gerüstes eingebaut werden, und man hat daher bei Treibscheiben zu unterscheiden:

a) **Flurkoepemaschinen** (Abb. 82),

b) **Turmkoepemaschinen** (Abb. 83).

Während bei der gebräuchlicheren Form der **Flurkoepemaschinen** das Förderseil nach Abb. 82 von der Treibscheibe T über zwei im Schachtgerüst, im allgemeinen in derselben Ebene liegenden Seilscheiben zu den beiden Förderkörben geführt wird, läuft bei den **Turmkoepemaschinen** nach Abb. 83 das eine Förder-

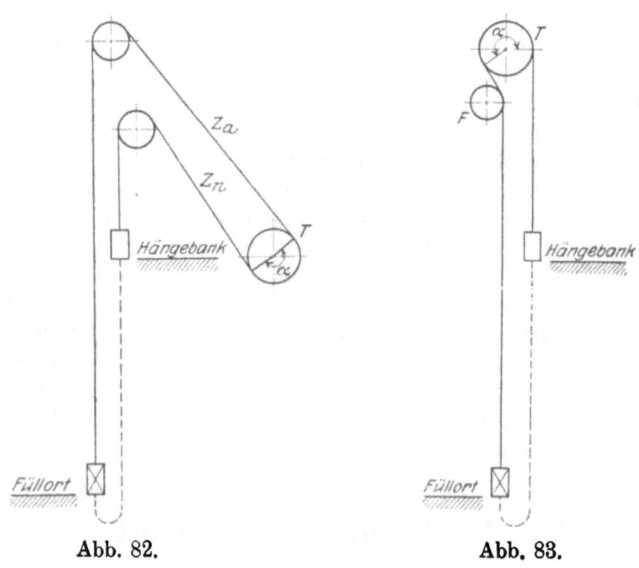

Abb. 82.   Abb. 83.

seilende über die Mitte des einen Förderkorbes unmittelbar von der Treibscheibe T ab, während das andere Seilende mittels einer Führungsscheibe F über die Mitte des anderen Korbes geleitet wird. Die beiden Ausführungsarten der Treibscheibe ergeben sonach einen Unterschied in der Größe des **Umschlingungswinkels** zwischen Treibscheibe und Seil. Während er bei der Flurköpemaschine etwa gleich π oder höchstens $1,1 \cdot \pi$ ist, kann er bei Turmkoepemaschinen bis zu $1,3 \cdot \pi$ angenommen werden. Als Seilgewichtsausgleich kommt ausschließlich das Unterseil in Frage. Es ist sogar, wie später gezeigt werden wird, zur Erzielung einer genügend großen Sicherheit gegen ein Gleiten des Förderseiles in der Rille der Treibscheibe unbedingt erforderlich. Außerdem trägt es wesentllch zur Verbesserung der Maschinenbelastung bei.

2. Reibungsverhältnisse.

Die der resultierenden Zugkraft der beiden Seilenden, das ist der Unterschied der Spannungen in den beiden Seiltrums gemessen an den Ablaufstellen der Seilscheibe, das Gleichgewicht haltende Reibung R zwischen Treibscheibe und Förderseil ist abhängig:

1. von der Größe des vom Seil auf die Scheibe ausgeübten **Druckes**, mithin von der Summe der an dem Seil hängenden Gewichte. Aus Gründen der Seilschonung soll dieser Druck den Wert von 8 kg/qcm möglichst nicht überschreiten;

2. von der Größe des **Umschlingungswinkels** α zwischen Seil und Scheibe;

3. von der Größe der **Reibungszahl** μ zwischen dem Förderseil und der Seilrillenfütterung an der Koepescheibe.

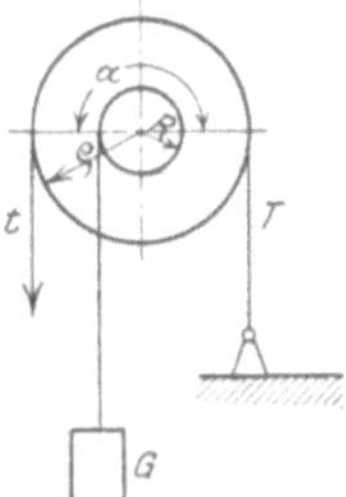

Um ein klares Bild von den Kraft- und Gleichgewichtsverhältnissen bei der Treibscheibe zu erhalten, sei zunächst angenommen, daß mittels der Bremsvorrichtung nach Abb. 84 das Gewicht G durch eine Zugkraft t im Gleichgewicht gehalten werden soll. Es sei:

Abb. 84.

der Halbmesser der Trommel: $R = 1$ m,

der Halbmesser der Bremsscheibe: $\varrho = 2$ m,

das Gewicht $G = 100$ kg,

die Grundzahl der natürlichen Logarithmen $e = 2{,}7183$,

der Umschlingungswinkel $\alpha = \pi$,

die Reibungszahl zwischen Scheibe und Bremsband $= 0{,}18$, so daß der Ausdruck $e^{\mu\alpha} = 1{,}76$ wird.

Die Gleichgewichtsbedingung lautet dann:

$$t \cdot \varrho + G \cdot R = T \cdot \varrho$$

und

$$T - t = G \cdot \frac{R}{\varrho}.$$

Da bei einer Bandbremse im Gleichgewichtszustand nach **Eytelwein**:

$$T = t \cdot e^{\mu\alpha}$$

sein muß, so ergibt sich:

$$t \cdot e^{\mu\alpha} - t = G \cdot \frac{R}{\varrho}$$

$$t \, (e^{\mu\alpha} - 1) = G \cdot \frac{R}{\varrho}$$

$$t = G \cdot \frac{R}{\varrho} \cdot \frac{1}{e^{\mu\alpha} - 1} = 100 \cdot \frac{1}{2} \cdot \frac{1}{1{,}76 - 1} \sim \underline{66 \text{ kg}}$$

und

$$T = t \cdot e^{\mu\alpha} = 66 \cdot 1{,}76 \sim \underline{116 \text{ kg}}.$$

Gemäß Abb. 85 wird nun die Scheibe als feststehend angenommen. Die beiden frei herunterhängenden Seilenden tragen $Z_n = 66$ kg bzw. $Z_a = 116$ kg. Bei dieser Belastung herrscht Gleichgewicht. Wächst nun Z_n bei dem Zustande $Z_a = 116$ kg an, so wird ein Gleiten des Bandes so lange nicht eintreten, bis Z_n den Wert 204 kg erreicht hat, denn im Gleichgewichtszustand ist:

$$\frac{Z_n}{Z_a} = \frac{Z_a}{66}$$

$$\frac{Z_n}{116} = \frac{116}{66} = 1{,}76 = e^{\mu a}$$

$$Z_n = 116 \cdot 1{,}76 = 204.$$

Damit bei $Z_a = 116$ kg kein Gleiten eintritt, muß also $Z_n > 66$ und < 204 sein. Der Unterschied von 66 und 204 ist verhältnismäßig sehr groß, so daß, um ein Rutschen

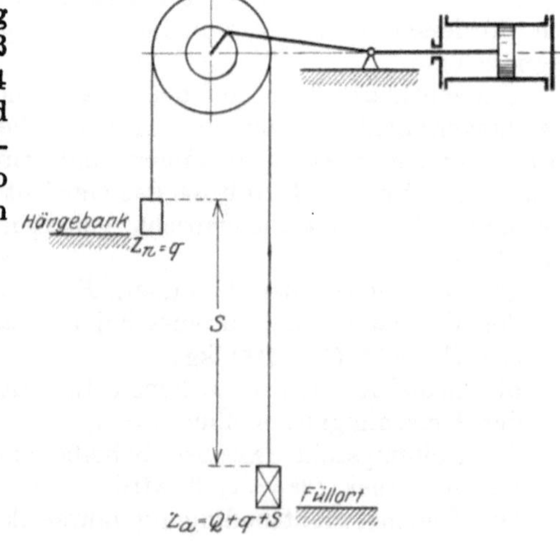

Abb. 85.   Abb. 86.

zu verhindern, allgemein gelten kann:

$$Z_n > \frac{Z_a}{e^{\mu a}},$$

d. h. es muß die kleine Last etwas größer sein als die Hälfte der größeren Last. Weiterhin ergibt sich, daß mit zunehmendem Winkel α Z_n kleiner gewählt werden kann.

Die gleichen Verhältnisse der Gleichgewichtsbedingung haben wir bei einer Treibscheibenförderung (Abb. 86).

Ist Q die Nutzlast,
     q die Totlast,
     S das Seilgewicht,
dann ist

$$Z_n = q$$
$$Z_a = Q + q + S.$$

Damit kein Seilrutsch eintritt, muß also sein:

$$Z_n > \frac{Z_a}{e^{\mu a}}$$

$$q > \frac{Q+q+S}{e^{\mu a}}.$$

In Wirklichkeit wird aber in den meisten Fällen $Z_n < \dfrac{Z_a}{e^{\mu a}}$ sein, so daß Z_n vergrößert werden muß. Am einfachsten wird dies durch die Anordnung eines genügend schweren Unterseiles nach Abb. 82 und 83 erreicht. Z_n wird dadurch um S vergrößert, ohne daß Z_a sich ändert. Es ist dann:

$$Z_a = Q + q + S$$
$$Z_n = q + S$$

und

$$\frac{Z_a}{Z_n} = \frac{Q+q+S}{q+S} = 1 + \frac{Q}{q+S} \quad \text{bzw.} \quad Z_n = \frac{Z_a}{1 + \dfrac{Q}{q+S}}.$$

Wird S sehr klein, ein Fall, der bei kleineren Schachttiefen eintritt, dann wird der Nenner $1 + \dfrac{Q}{q+S}$ zu groß und der ganze Bruchwert $\dfrac{Z_a}{1 + \dfrac{Q}{q+S}}$ zu klein, so daß nunmehr die Gefahr des Seilrutsches vorliegt. Daraus folgt, daß eine Treibscheibenförderung mit Vorteil nur für tiefere Schächte anwendbar ist und zwar stets mit einem Unterseil, dessen Gewicht meist gleich oder auch zur Verringerung des Anfahrmomentes und Erhöhung des Sicherheitsgrades etwas größer als das des Oberseiles ist. Eine Treibscheibenförderung ohne Unterseil kommt nur bei großen Totlasten in Frage, wo der Unterschied der Seilspannungen verhältnismäßig klein ist. Dies ist nur bei kleineren Schachttiefen und geringeren Beschleunigungen durchführbar.

Wie wir bereits oben gesehen haben, muß zur Verhinderung eines Seilrutsches die Bedingung erfüllt werden:

$$Z_n > \frac{Z_a}{e^{\mu a}}$$

oder

$$Z_a < Z_n \cdot e^{\mu a}.$$

Da nunmehr

$$Z_a = Q + q + S$$

ist und

$$Z_n = q + S,$$

so ist:

$$Q + q + S < (q + S) \cdot e^{\mu \alpha}.$$

Daraus folgt:

$$Q < (q + S) \cdot (e^{\mu \alpha} - 1).$$

Hierin bedeutet $(q + S) \cdot (e^{\mu \alpha} - 1)$ der Reibungswiderstand am Umfange der Treibscheibe, und hiervon hängt die Nutzlast Q ab.

3. Sicherheitsgrad gegen Seilrutsch.

Der Reibungswiderstand wird nun aber bei gleichbleibendem q und S von der Veränderlichkeit des Umschlingungswinkels α (Schlagen des Seiles) und der Reibungszahl μ (Einfluß der Seilschmierung, Sorgfalt der Seilrillenausfütterung) beeinflußt. Unter Einführung eines Sicherheitswertes m gegen das Gleiten ergibt sich, daß Q gleich $\dfrac{1}{m}$ des Wertes $(q + S)(e^{\mu \alpha} - 1)$ sein muß:

$$Q = \frac{1}{m} \cdot (q + S) \cdot (e^{\mu \alpha} - 1).$$

Demnach:

$$m = \frac{(q + S)(e^{\mu \alpha} - 1)}{Q},$$

wobei $m \geq 1$ ist.

Hierin ist die Nutzlast gleich dem Unterschied der Seilspannung s_1 am Nutzlasttrum und s_2 am Totlasttrum, gemessen an den Ablaufstellen der Treibscheibe, mithin:

$$Q = s_1 - s_2$$

und $(q + S) = s_2$, der Spannung im niedergehenden Trum, so daß die Gleichung auch lauten kann:

$$m = \frac{s_2 \left(e^{\mu \alpha} - 1 \right)}{s_1 - s_2} \geq 1.$$

Wird in dieser Gleichung der Zähler gleich dem Nenner, so tritt ein Gleiten des Seiles ein. Der Sicherheitsgrad m wird in diesem Zustand $= 1$.

Ist beispielsweise die Nutzlast einer Förderanlage $Q = 2200$ kg, die Totlast $q = 4240$ kg, das Seilgewicht $S = 1920$ kg, die Reibungszahl $\mu = 0,158$ und der Umschlingungswinkel $\alpha = 0,61 \cdot 2 \cdot \pi = 3,83$, also $e^{\mu \alpha} - 1 = 0,845$, so ist:

$$s_2 (e^{\mu \alpha} - 1) = (q + S) \cdot (e^{\mu \alpha} - 1) = 6160 \cdot 0,845 = 5200 \text{ kg}.$$

Da $Q = 2200$ kg ist, so ergibt sich eine Sicherheit gegen das Gleiten zu:

$$m = \frac{s_2 (e^{\mu \alpha} - 1)}{s_1 - s_2} = \frac{(q + S) \cdot (e^{\mu \alpha} - 1)}{Q} = \frac{5200}{2200} = 2,35.$$

Diese Sicherheit bezieht sich jedoch nur auf die rein statischen Verhältnisse, d. h. während der Ruhe oder bei gleichförmiger Geschwindigkeit. Nach den Angaben in der „Hütte", 22. Auflage, kann bei $\mu = 0{,}2$ der statische Sicherheitsgrad angenommen werden zu:

$$m = 2{,}8 \text{ bis } 3{,}8.$$

Unter Berücksichtigung der Beschleunigungs- und Verzögerungsvorgänge, wobei zwischen dem Förderseil und der Treibscheibe größere Kräfte zu übertragen sind (die Beschleunigung vergrößert die Spannung im aufwärtsgehenden Trum und vermindert sie im abwärtsgehenden, während die Verzögerung umgekehrt wirkt), wird der dynamische Sicherheitsgrad wesentlich kleiner. Er kann bei den üblichen Beschleunigungen angenommen werden zu:

$$m = 1{,}1 \text{ bis } 1{,}6$$

und entspricht sonach kaum dem halben Wert des statischen Sicherheitsgrades.

Für die Spannungen s_1 und s_2 sind also die drei folgenden Betriebsverhältnisse zu unterscheiden:

1. während der Ruhe oder bei gleichförmiger Geschwindigkeit,
2. während des Beschleunigungsabschnittes,
3. während des Verzögerungsabschnittes.

Es bedeute:

Q das Gewicht der Nutzlast in kg,

q das Gewicht der Totlast in kg,

S das wirksame Seilgewicht für eine Länge gleich dem Förderweg (von der Hängebank bis zum Füllort),

S' das Gewicht der Seillänge zwischen der Treibscheibe und je einer Seilscheibe,

G_u das quadratisch auf den Seilumfang bezogene Gewicht einer Seilscheibe (bei Flurkoepemaschinen),

G_u' das quadratisch auf den Umfang bezogene Führungsscheibengewicht (bei Turmkoepemaschinen),

R_1 den Schachtwiderstand am zu hebenden,

R_2 den Schachtwiderstand am abwärtsgehenden Förderseilende; hierin sind eingeschlossen: die Luft- und die Führungsreibung des Korbes, die Luft- und Lagerreibung der Seilscheibe, sowie der Seilwiderstand hervorgerufen durch die Steifigkeit[1]

$$R = R_1 + R_2,$$

g die Erdbeschleunigung ($= 9{,}81$ m/sek^2),

p_b die Anfahrbeschleunigung,

p_{b_h} die höchstmögliche Anfahrbeschleunigung,

p_{b_z} die zulässige Anfahrbeschleunigung,

p_z die Verzögerung.

---

[1] Über die Größe von R siehe S. 43:
$$R = R_1 + R_2 = 0{,}12\,Q, \qquad R_1 = R_2 = 0{,}06\,Q.$$

I. Fall: Während der Ruhe oder bei gleichförmiger Geschwindigkeit.

Für die Nutzlastseite ist unter Berücksichtigung des Schachtwiderstandes:

$$s_1 = Q + q + S + R_1.$$

Für die Totlastseite:

$$s_2 = q + S - R_2.$$

Hierbei ist angenommen, daß die Seillängen von der Treibscheibe bis zu den Seilscheiben und von der Seilscheibe bis zur Hängebank einander das Gleichgewicht halten.

II. Fall: Während des Beschleunigungsabschnittes.

Da nun während des Beschleunigungsabschnittes die Spannungen s_1 und s_2 von der Größe der Beschleunigung abhängen, so ändern sich diese um einen Betrag, der dem zu überwindenden Widerstand der zu beschleunigenden Massen gleichkommt, und zwar vergrößert die Beschleunigung bei aufwärtsgehenden Massen die Seilspannung, während sie im abwärtsgehenden Trum die Spannung vermindert. Als zu beschleunigende Massen kommen neben der Nutz- und Totlast auch die auf den Umfang bezogenen Massen der Seilscheiben sowie die Masse der Seillängen zwischen der Treibscheibe und je einer Seilscheibe in Betracht. Diese Gewichte — annähernd ausgeglichen — beeinflussen bei einer gleichförmigen Bewegung die Seilspannung wenig. Es ist daher:

$$s_1 = Q + q + S + \frac{Q + q + S}{g} \cdot p_b + \frac{G_u + S'}{g} p_b + R_1,$$

$$s_1 = \frac{Q + q + S}{g} \cdot (g + p_b) + \frac{G_u + S'}{g} \cdot p_b + R_1,$$

$$s_2 = q + S - \frac{q + S}{g} \cdot p_b - \frac{G_u + S'}{g} \cdot p_b - R_2,$$

$$s_2 = \frac{q + S}{g}(g - p_b) - \frac{G_u + S'}{g} \cdot p_b - R_2.$$

III. Fall: Während des Verzögerungsabschnittes.
(Freier Auslauf oder Bremsen.)

Die Verzögerung wirkt umgekehrt wie die Beschleunigung, sie vermindert also die Spannung im aufwärtsgehenden und vergrößert sie im niedergehenden Seiltrum. Hier wird:

$$s_1 = Q + q + S - \frac{Q + q + S}{g} \cdot p_z - \frac{G_u + S'}{g} p_z + R_1$$

oder

$$s_1 = \frac{Q + q + S}{g}(g - p_z) - \frac{G_u + S'}{g}\,p_z + R_1$$

und

$$s_2 = q + S + \frac{q + S}{g} \cdot p_b + \frac{G_u + S'}{g}\,p_z - R_2,$$

$$s_2 = \frac{q + S}{g}(g + p_b) + \frac{G_u + S'}{g} \cdot p_z - R_2.$$

Die Beziehungen für s_1 und s_2 des II. (Beschleunigung) und III. (Verzögerung) Falles haben nur für die **Flurkoepemaschinen** Gültigkeit. Bei den in neuerer Zeit häufiger zur Anwendung kommenden **Turmkoepemaschinen** ist an Stelle der beiden Seilscheiben nur eine Führungsscheibe im oberen Teile des Schachtgerüstes angeordnet, so daß, wenn G_u' das quadratisch auf den Umfang bezogene Führungsscheibengewicht bedeutet, s_1 und s_2 eine entsprechende Änderung erfahren. Hierbei ist jedoch zu berücksichtigen, daß die Führungsscheibe nur an dem einen Förderseilende wirkt, und daß dieses abwechselnd zum Totlast- und Nutzlastende wird. Es ergeben sich demnach für s_1 und s_2 zwei Möglichkeiten. Befindet sich nun die Führungsscheibe auf der Nutzlastseite, so ist für den Fall II (Beschleunigung):

$$s_1' = Q + q + S + \frac{Q + q + S}{g} \cdot p_b + \frac{G_u'}{g}\,p_b + R_1$$

und

$$s_2' = q + S - \frac{q + S}{g} \cdot p_b - R_2.$$

Für den Fall III (Verzögerung) aber wird:

$$s_1' = Q + q + S - \frac{Q + q + S}{g} \cdot p_b - \frac{G_u'}{g}\,p_b + R_1$$

und

$$s_2' = q + S + \frac{q + S}{g} \cdot p_b - R_2.$$

Ist jedoch die Führungsscheibe auf der Totlastseite, so wird für den Fall II:

$$s_1' = Q + q + S + \frac{Q + q + S}{g}\,p_b + R_1,$$

$$s_2' = q + S - \frac{q + S}{g} \cdot p_b - \frac{G_u'}{g} \cdot p_b - R_2.$$

Für den Fall III:

$$s_1' = Q + q + S - \frac{Q + q + S}{g}\,p_b - \frac{G_u'}{g} \cdot p_b + R_1,$$

$$s_2' = q + S + \frac{q + S}{g}\,p_b - R_2.$$

Der größte Unterschied der Seilspannungen $s_1 - s_2$ herrscht sonach stets im Beschleunigungsabschnitt. Unter der Voraussetzung gleichförmiger Beschleunigung wirkt dieser bei vollständigem Seilgewichtsausgleich während der ganzen Anfahrzeit gleichmäßig, bei unvollkommenem Seilausgleich dagegen nur am Anfang und bei einem Übergewicht des Unterseiles über das Oberseil (schwereres Unterseil) am Ende des Beschleunigungsabschnittes.

4. Höchstmögliche und zulässige Anfahrbeschleunigung.

Neben der Zunahme des Spannungsunterschiedes $s_1 - s_2$ wachsen auch die aufzuwendenden Förderkräfte bei größer werdender Beschleunigung an, weil zu den für das Heben der unausgeglichenen Gewichte erforderlichen Kräfte noch die von der Größe der Beschleunigung abhängigen Beschleunigungskräfte treten. Die Beschleunigung darf darum nur soweit vergrößert werden, als der gesamte Kraftaufwand die Größe der Reibung nicht übersteigt. Diejenige Beschleunigung nun, bei der die zur Förderung erforderlichen Kräfte gerade an der Grenze der Reibungsübertragung angelangt sind, ist die „höchstmögliche Anfahrbeschleunigung" p_{bh}. Sie wird, wie wir gesehen haben, erreicht, wenn die Werte der Seilspannungen s_1 und s_2 der Eytelweinschen Beziehung des Gleichgewichtszustandes

$$s_1 = s_2 \cdot e^{u \cdot a}$$

nicht mehr genügen.

Werden die unter Fall II ermittelten Werte für die Seilspannungen eingesetzt, so ergibt sich der Grenzwert der Anfahrbeschleunigung p_{bh} bei den Flurkoepemaschinen zu:

$$Q + q + S + \frac{Q + q + S}{g} \cdot p_b + \frac{G_u + S'}{g} \cdot p_b + R_1$$

$$= \left(q + S - \frac{q + S}{g} \cdot p_b - \frac{G_u + S'}{g} \cdot p_b - R_2 \right) \cdot e^{u a},$$

$$\frac{p_b}{g} \cdot [(Q + q + S + G_u + S') + e^{u a}(q + S + G_u + S')]$$

$$= e^{u a} \cdot (q + S - R_2) - Q - q - S - R_1,$$

demnach:

$$p_{bh} = \frac{e^{u a} \cdot (q + S - R_2) - (Q + q + S + R_1)}{e^{u a} \cdot (q + S + G_u + S') + Q + q + S + G_u + S'} \cdot g \ \text{m/sek}^2$$

und unter Berücksichtigung des Sicherheitsgrades zu:

$$m = \frac{\text{höchstmögliche Anfahrbeschleunigung}}{\text{zulässige Anfahrbeschleunigung}} = \frac{p_{bh}}{p_{bz}} > 1 \, ; \, [1]$$

---

[1] Philippi gibt in seinem Buch „Elektrische Fördermaschinen" (Leipzig: S. Hirzel 1921) für die elektrischen Koepeanlagen $p_{bz} \sim 0{,}7$ bis $0{,}9 \ p_{bh}$ an, so daß $m = 1{,}4$ bis $1{,}1$ wird.

wird dann die „zulässige Anfahrbeschleunigung" bei den Flur-koepemaschinen:

$$p_{b_z} = \frac{e^{u\,a}(q + S - R_2) - (Q + q + S + R_1)}{e^{u\,a}(q + S + G_u + S') + Q + q + S + G_u + S'} \cdot \frac{g}{m} \ \text{m/sek}^2.$$

Bei den Turmkoepemaschinen wird für den Fall, daß sich die Führungsscheibe auf der Nutzlastseite befindet,

$$p_{b_z}' = \frac{e^{u\,a}(q + S - R_2) - (Q + q + S + R_1)}{e^{u\,a}(q + S) + (Q + q + S + G_u)} \cdot \frac{g}{m} \ \text{m/sek}^2.$$

Ist die Führungsscheibe auf der Totlastseite, so wird:

$$p_{b_z}'' = \frac{e^{u\,a}\cdot(q + S - R_2) - (Q + q + S + R_1)}{e^{u\,a}\cdot(q + S + G_u) + Q + q + S} \cdot \frac{g}{m} \ \text{m/sek}^2.$$

Da $e^{u\cdot a}$ stets > 1 ist, so ergibt sich, daß der Nenner in p_{b_z}'' größer ist, als derjenige der Gleichung für p_{b_z}'. Daraus folgt:

$$p_{b_z}'' < p_{b_z}'.$$

Dieser kleinere Wert p_{b_z}'', der also die ungünstigsten Förderverhältnisse berücksichtigt, ist daher stets in Anrechnung zu setzen, so daß bei Turmkoepemaschinen als „zulässige Anfahrbeschleunigung" gilt:

$$p_{b_z} = \frac{e^{u\,a}(q + S - R_2) - (Q + q + S + R_1)}{e^{u\,a}(q + S + G_u) + Q + q + S} \cdot \frac{g}{m} \ \text{m/sek}^2.$$

5. Seilreibungszahl μ.

Die Reibungsverhältnisse zwischen dem Förderseil und der Treibscheibe sind ungeachtet ihrer großen Bedeutung für die Koepe-anlagen noch wenig geklärt. Es hat auch die tatsächliche Größe der von verschiedenen Umständen abhängigen Seilreibungszahl bisher nicht genau bestimmt werden können.

Die die Reibungsverhältnisse mehr oder weniger beeinflussenden Umstände sind einmal die Art des Baustoffes und die Ausführung des Förderseiles (Flechtart, Seilart — Bandseil oder Rundseil —, Seildicke), dann aber auch der Baustoff und die Ausführungsart der Seilrillenausfütterung sowie der Zustand des Förderseiles und der Ausfütterung. Bezüglich der Seilrillenfütterung kommt es, wie bereits weiter oben dargelegt, sowohl auf den Baustoff selbst, wie auch auf die Art des Einbaues an. Als Baustoff wird sowohl Leder wie Holz und zwar Rotbuche, Weißbuche, Eiche, Pappel und neuerdings ins-besondere Ulme, sowie auch Holz mit Leder verwendet. Desgleichen hat sich auch Papierbelag als Seilrillenfütterung bewährt (Conrad-schacht-Ludwigsglück in Oberschlesien).

Der Zustand des Förderseiles und der Ausfütterung wird in erster Linie von den Feuchtigkeitsverhältnissen (Wasserverhältnisse im Schacht, Witterungsverhältnisse — Rauhreif und Schnee — ins-besondere bei den Flurförderanlagen) beeinflußt. Hinzu kommt dann noch der Einfluß der Schmierung oder Verzinkung des Seiles zum Schutz gegen die gefährliche Rostbildung sowie die verschiedenen Arten der Seilschmiere.

Versuche über die Verhältnisse der Seilreibung bei Treibscheiben sind sowohl von F. Baumann wie auch von Koettgen angestellt worden. Wenn sie auch kein einwandfreies Bild von den tatsächlichen Verhältnissen ergeben, so zeigen sie doch immerhin die wesentliche Bedeutung derartiger Versuche zur genauen Erforschung der den Grundzug der Treibscheibenförderung bildenden Größe der Reibungszahl.

Baumann hat eine Reihe von Reibungsversuchen[1]) mit Förderseilen (Rundseilen) von 16—32 mm Durchmesser auf Eichenholz-, Leder- und Gußeisen-Unterlagen unternommen, wobei sowohl das Seil wie die Rille der Treibscheibe mit sogenannter Seilschmiere bzw. bei der Lederausfütterung mit Fett gründlich eingefettet wurden. Von 292 Versuchen hat er bei der Eichenholzfütterung eine durchschnittliche Reibungsahl $\mu = 0{,}158$ ermittelt, während 296 Versuche mittels einer Ausfütterung von teils flach eingelegtem, teils hochkantig gestelltem Leder eine mittlere Reibungszahl $\mu = 0{,}163$ ergaben. Für Gußeisen wurde eine Reibungszahl $\mu = 0{,}129$ gefunden. Hiernach ist die Reibung der Seile auf Gußeisenunterlagen am geringsten, größer auf Holz und noch günstiger auf Leder. Weiterhin wurde festgestellt, daß die Reibungszahl μ mit zunehmendem Durchmesser des Förderseiles und mit zunehmender Belastung vermindert wird. Im ersteren Falle ergaben dünnere Förderseile tiefere Eindrücke in der Unterlage, im letzteren kommt bei geringerer Belastung der Einfluß der Seilsteifigkeit mehr zur Geltung. Baumann war bei seinen Versuchen bestrebt, die Werte für μ bei möglichst ungünstigen Verhältnissen — sehr starker Schmierung — zu ermitteln, so daß sie als besonders niedrig angesehen werden müssen.

Koettgen hat die Reibungsverhältnisse von Flachseilen bei Koepescheiben in den Werkstätten von Siemens & Halske, Charlottenburg, untersucht[2]) und zwar bei einer Rillenausfütterung mittels Pappelholz, Eichen- und Weißbuchenholz, sowie mittels Lederausfütterung. Seine Versuche erstreckten sich einmal auf vollständig trockene, weiterhin auch auf mehr oder weniger stark eingefettete Seile und schließlich auf Seile, die außerdem noch angefeuchtet waren. Die dabei ermittelten Werte für μ schwanken demgemäß in recht weiten Grenzen — von 0,1—1,0 — je nach den Verhältnissen, unter denen die Reibung vor sich ging. Als Mittelwert für nicht übermäßig eingefettete Seile wurde $\mu = 0{,}15$ ermittelt, eine Zahl, die mit den Ergebnissen der Versuche von Baumann nahezu übereinstimmt. Während aber Baumann dem Leder mit einer Reibungs-

---

[1]) Baumann: „Untersuchungen über die Förderung mit Treibscheibe". Z. Berg, Hütten-, Sal.-Wes. S. 173, 1888.
[2]) Koettgen, „Elektrisch betriebene Hauptschachtfördermaschinen". Z. V. d. I. 1902.

ziffer $\mu = 0,163$ gegenüber dem Eichenholze ($\mu = 0,158$) den Vorzug gibt, räumt **Koettgen** umgekehrt dem Eichenholz die erste Stelle ein. Hierbei ist jedoch zu beachten, daß das Leder nur flach aufgelegt war und nicht wie bei den **Baumann**schen Versuchen aus hochkant gestellten Scheiben bestand. **Koettgens** Untersuchungen geben in der Reihenfolge der nachfolgend aufgeführten Baustoffe gleichzeitig die Abnahme der Reibungszahl an: Pappel, Eiche, Leder, Weißbuche. Für trockenes Förderseil kann nach **Koettgen** bei Eiche- und Pappelausfütterung genommen werden: $\mu = 0,2$, bei Weißbuchenholz: $\mu = 0,15$.

Nach der **Hütte**[1]) wird für die in der Technik gebräuchlichen Werte die Reibungszahl angegeben zu:

$$\mu = 0,16 \text{ bis } 0,25.$$

Diese Grenzen werden jedoch nach beiden Seiten hin überschritten. So gibt beispielsweise **Kaufhold**[2]) als praktischen Höchstwert für $\mu = 0,3$ an.

Bei einigermaßen günstigen Verhältnissen zwischen der Treibscheibe und dem Förderseil kann bei dem neuerdings wohl am meisten verwendeten Ulmenholz $\mu \sim 0,2$ gewählt werden, desgleichen auch bei einer Ausfütterung bestehend aus wechselseitig eingelegten Lederscheiben und Holzklötzen, so daß dann für die Flurkoepemaschinen mit $\alpha = \pi$ der Ausdruck $e^{u\alpha}$ den Wert von 1,87 annimmt, für die Turmkoepemaschinen mit $\alpha = 1,25 \cdot \pi$ wird dagegen $e^{u\alpha} = 2,19$.

6. Seilrutsch im Betriebe.

Die Erfahrung lehrt uns, daß unbeschadet der Wahl eines genügend großen Sicherheitsgrades während der Förderung in regelmäßiger Folge ein ganz geringes Gleiten des Seiles gegen die Treibscheibe eintritt. Die Größe dieser Seilgleitung können wir an der Verschiebung des am Förderseil angebrachten Zeichens gegen die feststehende Marke an der Bremsvorrichtung ermitteln. Wird beispielsweise der dem Maschinenführer die jeweilige Stellung der Förderkörbe angebende Teufenzeiger von der Welle der Treibscheibe unmittelbar angetrieben, so läßt sich feststellen, daß der Korbstand mit dem Teufenzeiger nicht immer übereinstimmt. Die Kenntnis des genauen Korbstandes ist aber für die sichere Führung der Maschine ein unbedingtes Erfordernis. Um nun das richtige Wiedereinstellen des Korbstandes mit dem Teufenzeiger zu erreichen, wird bei einer Überschreitung der Verschiebung von $^1/_2 - 1$ m der eine Korb verhältnismäßig scharf aufgesetzt. In dem gleichen Augenblick wird auch der Antriebsmaschine eine geringere Kraftzufuhr gegeben. Dadurch wird die Treibscheibe zum Weiterdrehen gezwungen, bis das Förderseil wieder mit dem Teufenzeiger übereinstimmt. Dieses

---

[1]) Hütte, 22. Aufl., Band II, S. 436.
[2]) Dinglers polytechnisches Journal 1907, S. 754.

täglich zu wiederholende Verfahren ist für den geübten Maschinenführer weder schwierig noch für den Förderbetrieb sehr störend[1]). Um aber zu verhindern, daß durch den unvermeidlichen Seilrutsch das Arbeiten des Teufenzeigers ungünstig beeinflußt wird, ist es ratsam, den Antrieb nicht von der Treibscheibe erfolgen zu lassen, sondern vom Förderseil aus (s. S. 170).

Zur Erhöhung der Sicherheit gegen jegliches Gleiten des Seiles macht Herkenrath-Duisburg den Vorschlag (D. R. P. 143 359)[2]), Elektromagnete in der Nähe des Umfanges der Treibscheibe anzuordnen, die das Förderseil gegen die Scheibe ziehen, wobei eine besondere Steuerung nur den im Gebiete des Umschlingungswinkels befindlichen Magnetspulen Strom zuführen läßt.

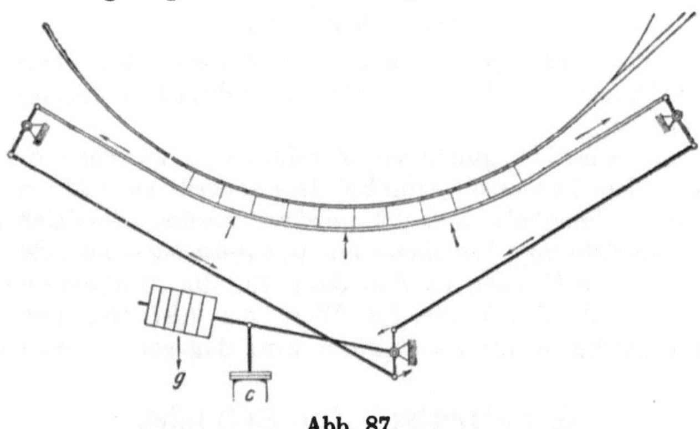

Abb. 87.

Die Firma Thyssen & Co. in Mülheim (Ruhr) baut zur Verhinderung des Seilgleitens während des Bremsens eine besondere Seilrutschbremse gemäß Abb. 87, die das Förderseil gegen die Rille der Treibscheibe drückt. Bei gelöster Bremse wird das Gewicht g durch den Kolben des Bremszylinders c in der Schwebe gehalten. Wird der Kolben entlastet, so tritt das Gewicht in Wirksamkeit und zieht das Bremsband an. Diese Seilbremse kann für sich allein oder in Gemeinschaft mit der Hauptbremse betätigt werden.

7. Sonderformen von Treibscheibenmaschinen zur Vergrößerung des Umschlingungsbogens.

Der Reibungswiderstand am Umfang einer Treibscheibe und damit auch die Größe der Nutzlast sowie die Werte für die zulässige Beschleunigung und Verzögerung sind, wie wir gesehen haben, einmal von der Bauart und dem Zustand der Seilrillenausfütterung, dann aber auch von der Größe des Umschlingungswinkels des Seiles ab-

[1]) Ehrlich: Z. V. d. I. 1900, S. 180.
[2]) Z. V. d. I. 1903, S. 1436.

hängig. Namentlich für Anlagen mit kleineren Schachttiefen wie auch für Anlagen ohne Unterseil ist die Größe des Umschlingungswinkels wegen der erhöhten Seilrutschgefahr von wesentlicher Bedeutung. Um daher diesen Umschlingungswinkel, der bei Flurkoepemaschinen zu $1{,}1 \cdot \pi$, bei Turmkoepemaschinen bis zu etwa $1{,}3 \cdot \pi$ angenommen werden kann, möglichst groß zu gestalten, sind Treibscheibenmaschinen mit besonderer Seilführung entstanden. Wenn sie auch keine nennenswerte Bedeutung erlangt haben und auch nur gelegentlich ausgeführt werden, so mögen doch einige erwähnt werden, weil sie die technische Geistesrichtung wiedergeben.

Bei der ersten im Jahre 1878 von Koepe gewählten Treibscheibenanordnung mit einer im oberen Teil des Schachtgerüstes eingebauten Fördermaschine ist ein größerer umspannter Bogen durch zwei symmetrisch liegende Führungsscheiben F_1 und F_2 erzielt worden (Abb. 88). Der Umschlingungswinkel α erreicht hier den Wert von $\sim 270^0$.

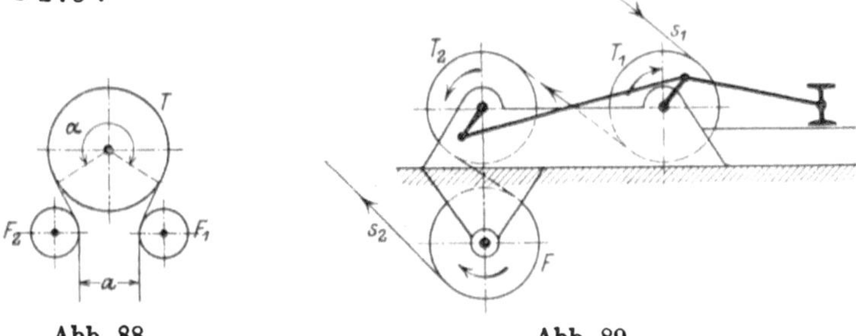

Abb. 88.

Abb. 89.

Eine andere Ausführung zur Vergrößerung des vom Seil umspannten Bogens zeigt Abb. 89. Hier werden zwei in gleicher Ebene liegende und durch ein Kupplungsgestänge verbundene Treibscheiben T_1 und T_2 zu einer Doppeltreibscheibenmaschine hintereinandergeschaltet. Das Seil läuft vom Schachte kommend auf die Treibscheibe T_1 auf, wird mit gleicher Spannung, mit der es T_1 verläßt, auf die zweite Treibscheibe T_2 geleitet und geht von hier über eine Führungsscheibe F zum Schacht zurück, so daß ein Umschlingungsbogen von $2 \times \frac{1}{2} = 1$ oder ein Umschlingungswinkel $\alpha = 2 \cdot \pi$ entsteht. Eine derartige kurze Umführung des Förderseiles nach der entgegengesetzten Richtung ist jedoch wenig günstig und muß zu einem starken Verschleiß des Förderseiles führen.

Bei der Ausführung gemäß Abb. 90 sitzen die beiden gemeinsam angetriebenen Treibscheiben auf der gleichen Welle in parallelen Ebenen. Diese beiden Treibscheiben können auch zu einer Scheibe mit zwei dicht nebeneinander liegenden Seilrillen vereinigt werden, je nachdem, ob das

Abb. 90.

Förderseil zu zwei nebeneinander sitzenden Schacht-Führungsscheiben nach Abb. 18 S. 16 oder zu zwei in einer Ebene übereinander eingebauten Führungsscheiben nach Abb. 17 S. 16 geleitet wird. Durch diese zweckentsprechende Anordnung wird ein schädlicher schräger Seilzug vermieden.

In beiden Fällen wird das vom Schacht kommende Förderseil zunächst auf die Treibscheibe T_1 bzw. auf eine Rille der Doppelrillenscheibe geführt, geht von hier aus über eine mit entsprechender Neigung aufgestellte vorgelagerte Umführungsscheibe F hinweg zur Treibscheibe T_2 bzw. zur zweiten Rille der Doppelrillenscheibe, von wo es wiederum zum Schacht zurückläuft. Das Förderseil erfährt mithin auch bei dieser Anordnung eine zweimalige Umführung über die Treibscheibe, so daß sich ebenfalls ein Umschlingungsbogen von $2 \times \frac{1}{2} = 1$ bzw. ein Umschlingungswinkel $\alpha = 2 \cdot \pi$ ergibt. Für die Haltbarkeit des Förderseiles — namentlich bei größeren Kraftübertragungen — ist aber auch die hier stattfindende zweimalige Seilumführung wenig günstig.

Diese seit 1882 als Cravenssche Bauart bekannte Ausführung der Doppeltreibscheibe mit vorgelagerter Umführungsscheibe hat die Firma Ernst Heckel, G. m. b. H., St. Johann a. Saar, dahin erweitert (D. R. P. 153944), daß sie die geneigt sitzende Umführungsscheibe wagerecht verschiebbar anordnet. Dadurch wird der Vorteil erreicht, daß einmal ein Längen des Förderseiles durch einfaches Zurückschieben der Umführungsscheibe ausgeglichen werden kann, dann aber auch das zur Seilprüfung erforderliche Seilabhauen bei einer Treibscheibenanlage ermöglicht wird, indem ein Ausgleich durch ein Näherschieben der Umführungsscheibe an die Treibscheibe herbeigeführt wird. Das Förderseil kann also (wie bei den Trommelmaschinen) so lange aufliegen, als es die durch die Seiluntersuchung nachgewiesene genügend große Festigkeit zuläßt. Abb. 91 zeigt eine solche Treibscheibenvorrichtung mit der Ausgleichvorrichtung nach Heckel.

Eine interessante Anwendung der zweirilligen Treibscheibe mit vorgelagerter Umführungsscheibe weist die Fördermaschine eines Blindschachtes von 150 m Tiefe der Gewerkschaft Burbach in Beendorf auf. Infolge des großen Umschlingungsbogens konnte hier das für den Seilgewichtsausgleich und für die Erzeugung eines genügend großen Spannungsunterschiedes in den beiden Seiltrums sonst erforderliche Unterseil ohne Bedenken fortgelassen werden.

Bei der in Amerika zur Anwendung gekommenen Bauart Whiting[1] gemäß Abb. 92 finden wir ebenfalls zwei auf derselben Welle sitzende Treibscheiben T mit je einer Umführungsscheibe F und einer gemeinsamen, wagerecht verschiebbaren Umkehrscheibe U sowie mehreren erforderlichen Führungsscheiben f. Damit wird die gleiche Wirkung erreicht wie bei dem Heckelschen Patent. Der vom Förderseil umspannte Bogen wird gleichfalls zu $\alpha = 2 \cdot \pi$. Die Ausführung ist aber

---

[1] Glückauf S. 337, 1908.

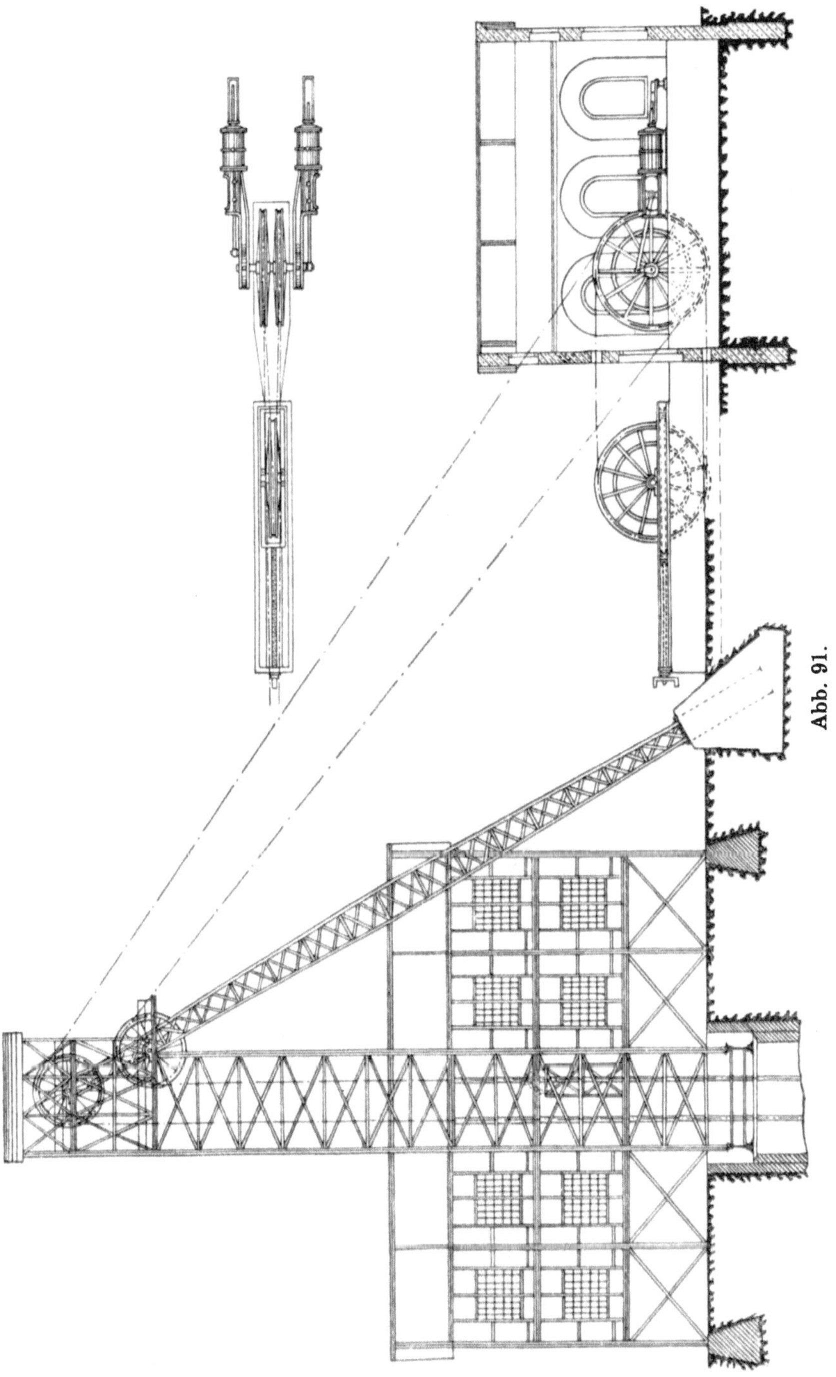

Abb. 91.

wegen der häufigen Seilbiegungen und dem dadurch bedingten starken
Verschleiß des Seiles wenig vorbildlich.

Bei den starr miteinander verbundenen beiden Treibscheiben der
Doppeltreibscheibenmaschinen treten innerhalb der Maschine ungünstige
Streckungen und Zerrungen des Förderseiles auf, die schon durch
geringe Unterschiede der Rillendurchmesser hervorgerufen werden und
eine erhebliche Beanspruchung und damit einen starken Verschleiß
des Seiles zur Folge haben. Um nun diese ungünstigen Streckungen
nach Möglichkeit zu vermeiden, empfiehlt es sich, die
beiden Scheiben getrennt anzutreiben. Man erreicht

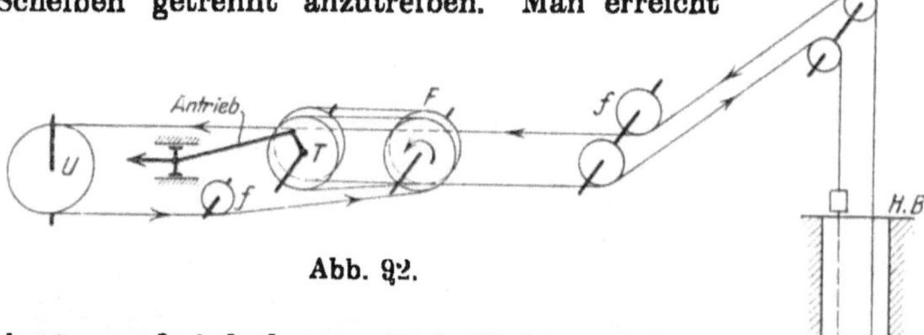

Abb. 92.

dies am besten und einfachsten mittels Elektromotoren-
antrieb. Der Dampfmaschinenantrieb würde hier eine
sehr verwickelte und teuere Anordnung ergeben. Eine
derartige Anlage mit getrennt angetriebenen Treibscheiben zeigt Abb. 93. Die Treibscheiben T_1 und T_2
drehen sich in entgegengesetzter Richtung, so daß die
beiden Seiltrums als oberschlägige Seile auf- bzw. ablaufen. Die
gemeinsame Umführungsscheibe F bewegt sich hierbei in der wage-
rechtenEbene. Bei genügend großer Entfernung der Umführungsscheibe von den Treibscheiben ge-
stattet diese Anordnung auch die
Anwendung von Flachseilen.

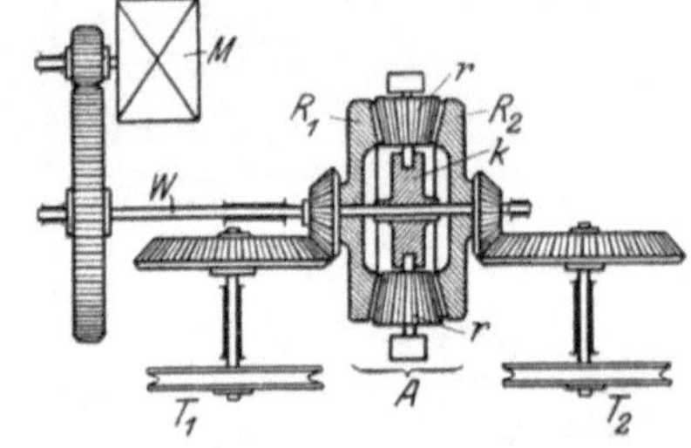

Abb. 93.   Abb. 94.

Der Spannungsausgleicher von Ohnesorge in Bochum
(Maschinenfabrik C. H. Hasenclever Söhne A.-G. in Düsseldorf)
bezweckt ebenfalls die Vermeidung schädlicher Spannungssteigerungen
im Seil bei eingetretener Rillenabnützung einer der beiden Treibscheiben. Abb. 94[1]) zeigt in einer schematischen Darstellung den

---

[1]) Abbildung 94 aus Band VI dieser Sammlung über „Streckenförderung"
von H. Bansen.

Antriebsmotor M, die beiden hintereinanderlaufenden Treibscheiben T_1 und T_2 sowie den dazwischengeschalteten Spannungsausgleicher A. Auf der vom Motor M durch ein Stirnräderpaar angetriebenen Welle W sitzt fest aufgekeilt der Radkörper k mit zwei gleich großen Planetenrädern r von gleichem Achsenabstande. Diese Planetenräder r sind auf ihren Wellen lose drehbar und greifen in die auf der Welle W lose aufsitzenden Zahnräder R_1 und R_2 ein. Mit den Zahnrädern R_1 und R_2 stehen nun kleine Kegelräder in fester Verbindung, so daß auch diese sich auf der Welle W mit den Rädern R_1 und R_2 lose bewegen. Setzt nun der Motor M die Welle W in Bewegung, dann wird diese durch den Radkörper k, die Planetenräder r und die Kegelräder R_1 und R_2 auf die Antriebsräder der Treibscheiben T_1 und T_2 übertragen. Die Winkelgeschwindigkeit der Treibscheiben, der Kegelräder R_1 und R_2 sowie des Radkörpers k stimmen bei einem ordnungsgemäßen Betrieb hierbei überein. Hat sich dagegen die eine Treibscheibe etwas stärker abgenutzt als die andere, so tritt in dem Teil des zwischen den beiden Treibscheiben gelegenen Seiles eine größere Zugspannung und damit eine Zerrung ein. Die Folge hiervon ist eine entsprechende Bewegung der Planetenräder r um ihre Achse und damit eine gegenseitige Drehung von R_1 und R_2, wodurch ein Voreilen des einen Zahnrades R und der betreffenden Treibscheibe T sowie ein Nacheilen des andern Zahnrades R und der dazugehörigen Treibscheibe herbeigeführt wird. Schädliche Streckungen des Seiles werden dadurch vermieden.

Eine Vergrößerung des Umschlingungsbogens durch eine besondere Führung des Förderseiles liegt auch bei der Anordnung nach Abb. 95 (D. R. P. 197042) vor. Hier werden die beiden Treibscheiben T_1 und T_2 miteinander gekuppelt. Das Förderseil umschlingt dabei je $^3/_4$ des Treibscheibenumfanges. Um ein Berühren der Seile an den beiden Kreuzpunkten zu vermeiden, liegen die Scheiben nicht in einer Ebene, sondern sind gegeneinander etwas verschoben. Dadurch wird jedoch ein schräger Seilzug herbeigeführt. Die Scheiben müssen daher in der Richtung des Seillaufes entsprechend weit auseinander gerückt werden, um diesen schrägen Seilzug

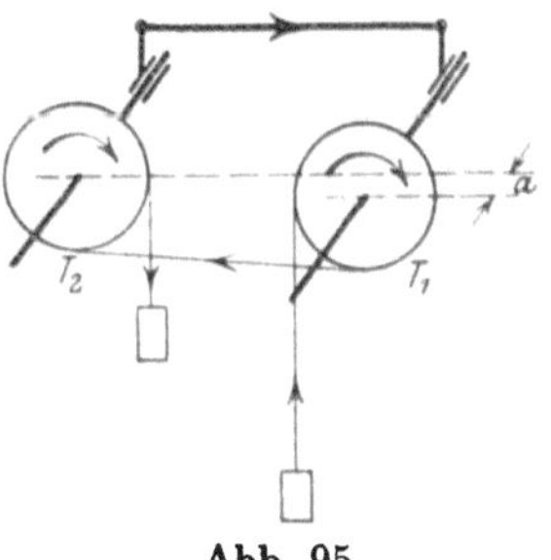
Abb. 95.

in erträglichen Grenzen zu halten. In diesem Falle wird aber wieder die Kupplung des Antriebes erschwert.

Im Anschluß an die Betrachtungen über die Vergrößerung des Umschlingungswinkels zur Erhöhung der Reibungswiderstände am Umfang der Treibscheibe sei noch eine Sonderausführung einer Treibscheibenanlage der Königs- und Laurahütte D. R. P. 195008 erwähnt, bei der die Erhöhung der Reibung nicht durch eine Vergrößerung des Umschlingungswinkels, sondern durch die Anordnung mehrrilliger Treibscheiben und Führungsscheiben und die Verwendung

eines dünneren, mehrfach langen Förderseiles erstrebt wird (Abb. 96).
Das in parallelen Windungen geführte Förderseil geht vom Be-
festigungspunkt 1 des Korbes K_1 aus zunächst über die Führungsscheibe F_1 hinweg zu der Treibscheibe T_1, passiert dann die Führungs-

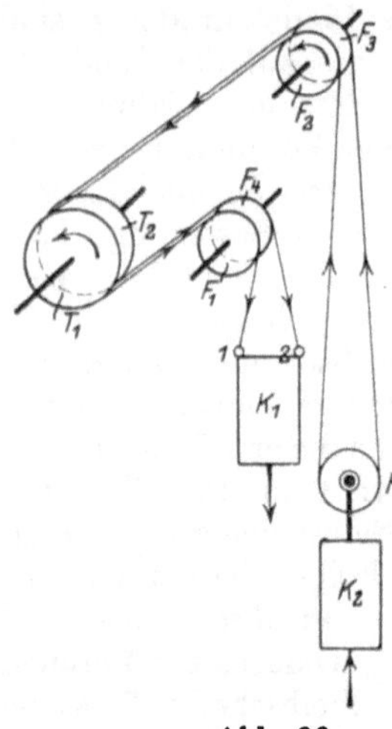

Abb. 96.

scheibe F_2, geht nunmehr zu der losen
Rolle F_l des Korbes K_2 und wird von
hier aus über die Führungsscheibe F_3, die
Treibscheibe T_2 und die Führungsscheibe
F_4 zu dem festen Endpunkt 2 am Korbe
K_1 geleitet. An Stelle der beiden Fest-
punkte 1 und 2 am Korbe K_1 kann auch
eine lose Rolle wie am Korbe K_2 eingeschaltet werden. Der besondere Vorteil
dieser Seilführung besteht in der Anwendung dünner Seile, die kleinere Treib-
scheibendurchmesser und somit größere
Drehzahlen der Triebwellen gestatten. Da
die Seilführungen parallel geschaltet sind,
so verteilen sich die Beanspruchungen
gleichmäßig über die einzelnen Stränge.
Die lose Rolle F_l am Korb K_2, die freilich eine wenig günstige Beigabe dieser
Anordnung ist, dient zur Herbeiführung
eines Ausgleiches der nie völlig gleichen Bewegungen der einzelnen
Seilstränge und damit erreichten Vermeidung unnötiger Streckungen
des Förderseiles.

Die Vorteile eines dünneren Förderseiles — kleinerer Seilträgerdurchmesser und damit Vergrößerung der Drehzahl der Triebwelle —
lassen sich im übrigen einfacher durch die Anwendung eines Flachseiles erreichen. Infolge des ungünstigen Verhaltens der Draht-Flach-
seile sind sie aber für derartige Zwecke wenig verwendet worden.
(Die Maschinenbau-A.-G. Union-Essen hat im Jahre 1902 eine Treibscheibenmaschine für Flachseil für die Zeche Crone bei Hörde i. W.
gebaut. Nutzlast = 2400 kg, Schachttiefe = 400 m und Fördergeschwindigkeit = 11 m/sek.)

Alle diese Sonderformen der Treibscheibenmaschinen zur Erzielung
eines größeren Umschlingungswinkels haben wegen der häufigen und
kurzen Umführung des Förderseiles namentlich nach entgegengesetzten
Richtungen sowie infolge der vermehrten Reibung an den Flanschen
der Seilrillen einen stärkeren Verschleiß der Seile zur Folge. Sie
sind daher im allgemeinen nur bei geringer Schachttiefe, wo ein
Gleiten des Seiles zu befürchten ist, oder bei der Unmöglichkeit der
Anordnung eines Unterseiles zu empfehlen.

8. Sohlenwechsel bei Treibscheibenanlagen.

In der Regel kann bei den Treibscheibenmaschinen mit zwei Körben dauernd nur von derselben Sohle gefördert werden,

Soll aber eine Förderung aus einer höheren Sohle stattfinden, so kann dies auf zweifache Art geschehen. Einmal, indem nur mit einem Korbe gefördert wird, zum andern auch dadurch, daß bei einer gewünschten regelrechten Förderung mittels zweier Körbe das Förderseil durch beide Körbe hindurchgeführt wird, wobei also das Ober- und Unterseil ein endloses Seil bilden. Das Hindurchführen des Seiles durch beide Körbe ist jedoch nur möglich, wenn die Wagen auf einer Schale nicht hintereinander, sondern nebeneinander stehen. Die Befestigung der Körbe an dem Seil geschieht ähnlich der bei den zylindrischen Trommelmaschinen mit Unterseil (S. 60) durch sogenannte Seilklemmen. Bei einem Sohlenwechsel wird nun der eine Korb im Schacht festgesetzt und vom Seil gelöst. Die Maschine bringt dann den anderen Korb bis zur gewünschten Zwischensohle, wobei das Förderseil durch die gelösten Seilklemmen des festgestellten Korbes hindurchläuft. Nach erfolgtem Sohlenwechsel wird das Förderseil wieder mit dem festgesetzten Korb verbunden. Ein solcher Sohlenwechsel ist freilich nur möglich, wenn das Seilgewicht gegenüber dem Korbgewicht genügend groß ist, um auch nach dem Festsetzen und Lösen des einen Korbes die zur Hebung der toten Last erforderliche Reibung auf den Umfang der Treibscheibe zu erzeugen.

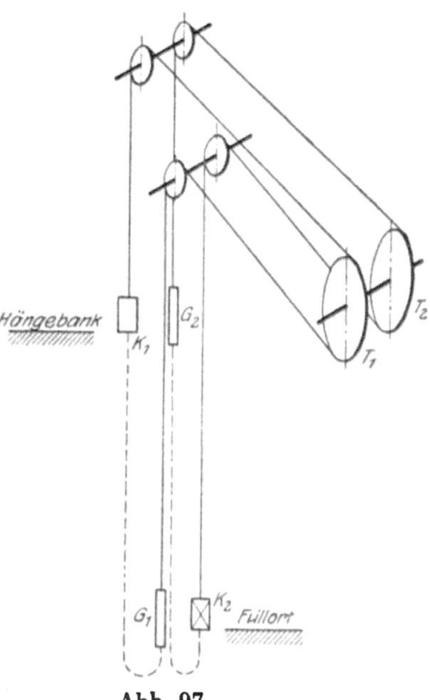

Abb. 97.

Ein anderes Mittel zur Förderung aus verschiedenen Sohlen besteht in der Anwendung einer aus zwei eintrümigen Maschinen zusammengesetzten Doppeltreibscheibenmaschine gemäß Abb. 97. Bei jeder dieser beiden eintrümigen Maschinen, die nebeneinander oder hintereinander angeordnet von einem oder zwei Motoren angetrieben werden können, ist das eine Ende des Förderseiles mit dem Förderkorb K_1 bzw. K_2, das andere dagegen mit einem Gegengewicht G_1 bzw. G_2 verbunden. Die beiden Treibscheiben T_1 und T_2 sind gegeneinander versteckbar, indem die eine Scheibe fest auf der Welle aufgekeilt ist, die andere dagegen lose aufsitzt und mit einer Feststellbremse versehen ist. Nach dem Lösen der Versteckvorrichtung läßt sich mithin eine Umleitung der Förderung auf eine andere Sohle ermöglichen.

Eine Förderung aus einer tieferen als der ursprünglich vorgesehenen Sohle ist jedoch bei keiner Treibscheibenart möglich.

9. Seilauswechseln bei Treibscheiben.

Das Auswechseln und Auflegen des Förderseiles ist bei den Treibscheibenmaschinen wesentlich schwieriger als bei den Trommelmaschinen, bei denen ja das auszuwechselnde Seil nach der Trennung von dem auf der Hängebank festgelegten Förderkorb nur auf die Trommel gezogen zu werden braucht und von dieser nunmehr abgenommen und durch ein neues ersetzt wird. Bei den Treibscheibenmaschinen ist dieses Verfahren nicht möglich. Denn würden die beiden Förderkörbe an ihren Anschlagspunkten (der Hängebank und dem Füllort) festgelegt und vom Seile getrennt, so würde das Seil über die Scheibe hinweggleiten und nach der tieferen Seilseite zu in den Schacht fallen. Bei den Treibscheibenmaschinen sind darum besondere Einrichtungen erforderlich, die das von dem einen Korb befreite Seil erfassen und aufwinden. In ähnlicher Weise erfolgt das Auflegen eines neuen Seiles durch allmähliches Abwickeln von einer Trommelwinde.

Die Benutzung einer einfachen Trommelwinde, bei der das Seil in mehreren Windungen übereinanderliegt, hat jedoch den Nachteil, daß das neue Seil mit seiner großen Spannung im ablaufenden Teil während des Auflegens leicht beschädigt wird, indem die großen, das Seil schädigende Spannungen sich auf die Trommelwinde übertragen.

Bei dem Verfahren der Firma A. Beien, Maschinenfabrik in Herne i. W. (D. R. P. 138271), wird die Trommelwinde durch eine Reibungswinde ersetzt. Diese Reibungsdampfwinde (Abb. 98) hat zwei angetriebene Reibungstrommeln, um die das Förderseil in mehrfachen Windungen gelegt ist und deren Wirkungsweise sich aus der in Abb. 90 dargestellten Anordnung zweier Treibscheiben ergibt. Das von der Treibscheibe T_1, die auf der Welle 1 sitzt, auf die zweite auf der Welle 2 aufgesetzte Treibscheibe T_2 geleitete Förderseil geht wieder zur Welle 1 zurück, umschlingt eine neben T_1 liegende dritte Treibscheibe, wird von hier aus zu einer auf der Welle 2 angeordneten Treibscheibe T_4 geführt u. s. f., so daß sich also eine mehrfache Umschlingung ergibt. Dadurch wird erreicht, daß durch einen kleinen Seilzug s_2 (Abb. 90) mit Hilfe des Antriebes eine sehr große Spannung s_1 im auflaufenden Seile erzeugt werden kann. Eine derartige Reibungsdampfwinde zeigt Abb. 99 mit den durch die Dampfmaschine a angetriebenen Trommeln b_1 und b_2. Von der

Wickeltrommel w_1, auf der das neue Seil lose aufgewickelt angeliefert wird, läuft das freie Seilende in der Richtung der Scheibe über die Trommeln b_1 und b_2 hinweg und verläßt die Winde als

Abb. 98.

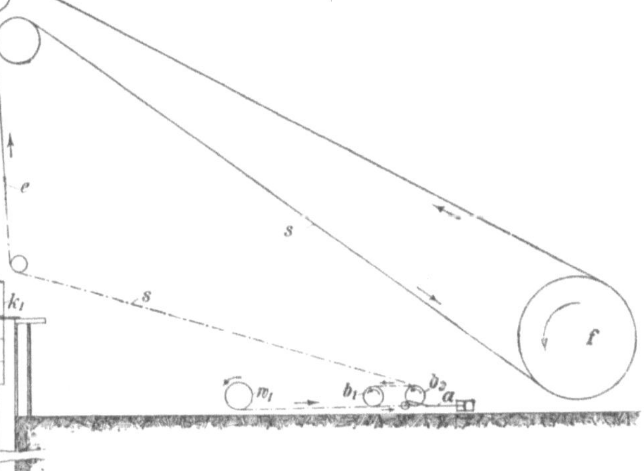

Abb. 99.

Seil s, das dann beim Einlassen in den Schacht eine sehr große Spannung erhält. Diese große Spannung pflanzt sich aber infolge der mehrfachen Umschlingungen nicht bis zur Wickeltrommel w_1

und seinen übereinanderliegenden Seilwindungen fort. Es genügt vielmehr in dem von der Wickeltrommel zur Reibungswinde laufenden Seil eine kleine Anspannung, um mit Hilfe des Antriebes die große Spannung im ablaufenden Seil s zu überwinden. So wird beispielsweise bei etwa sechs Umschlingungen eine Anspannung von 25000 kg in dem Seil s durch eine Spannung von 150 kg im auflaufenden Seil überwunden. Es bleiben mithin die mehrfachen Windungen auf der Wickeltrommel w_1 von den großen für das Seil schädlichen Spannungen frei. Innerhalb der Reibungswinde liegt das Seil nur in einfachen Windungen. Es ist daher eine Beschädigung des Seiles trotz des Anwachsens der Spannungen von 150 auf 25000 kg nicht zu befürchten. Allerdings ist zu beachten, daß das Förderseil innerhalb der Reibungswinde um sehr kleine Trommelumfänge mit großer Spannung gebogen wird, was für das Seil keineweg günstig ist.

Der Vorgang beim Auswechseln des Seiles ist folgender: Es werden zunächst die Förderkörbe an der Hängebank und dem Füllort festgesetzt und nunmehr das obere Seil an einem festen Punkte sorgfältig befestigt, damit es beim Abschlagen nicht über die Scheibe gezogen wird. Nachdem weiterhin das Seil von beiden Körben getrennt worden ist, wird das obere Seilende bei e (Abb. 99) mit dem von der Reibungswinde kommenden neu einzuziehenden Seil s durch eine Spleißung verbunden, während das untere Ende zu einer unter Tage aufgestellten Haupttrommelwinde, die das heruntergelassene alte Seil aufzunehmen hat, geleitet wird. Nach der Lösung des oberen Seilendes aus der vorübergehenden Befestigung beginnt das im Schacht hängende alte Seil zu sinken, das neue Seil nach sich ziehend. Zur Beherrschung dieser Bewegung muß an der Wickeltrommel w_1 das Übergewicht rückwärts gedrückt und mit der Reibungsdampfwinde gehalten werden. Die Treibscheibe f der Maschine läuft hierbei leer mit. Ist so das alte Seil auf der Hand-Trommelwinde aufgewickelt und der Punkt e des neuen Seiles über dem unteren Förderkorb angelangt, so muß das obere Ende des neuen Seiles vor dem Anbinden an dem oberen Korb zunächst wieder mit einem festen Punkt verbunden werden, damit das Seil bei dem Abnehmen von der Reibungswinde nicht über die Seilscheibe in den Schacht gleitet.

In ähnlicher Weise geschieht das erste Auflegen eines Förderseiles, nachdem das Seilende s über die verschiedenen Scheiben geschlungen und bis zur Hängebank geführt ist. Hier wird es nun an dem Förderkorb befestigt und in den Schacht eingelassen.

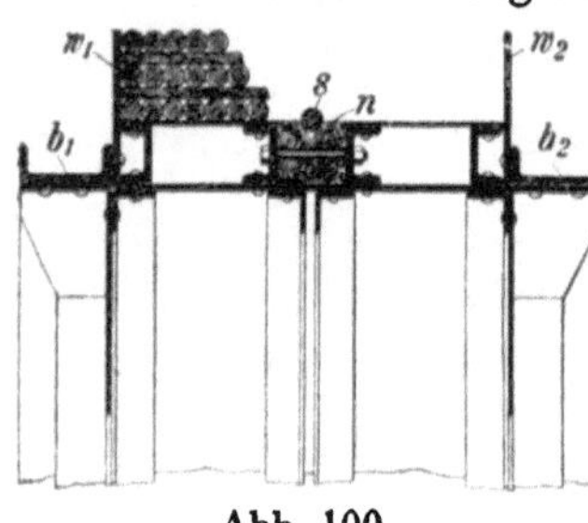

Abb. 100.

Die Maschinenbau-A.-G. Union-Essen benutzt für das Seilauswechseln eine besonders ausgebildete Treibscheibe gemäß Abb. 100, die neben der Seilrille eine trommelartige Erweiterung zur Aufnahme des neuen Förderseiles in mehreren übereinanderlagernden Windungen hat. Damit die Windungen sich gegenseitig nicht beschädigen, sind zwischen je zwei Lagen von Windungen Brettchen eingelegt. Die Anwendung dieser Einrichtung geschieht nach Abb. 101 in der Weise, daß zunächst die beiden Förderkörbe über Tage festgelegt werden. Das freie Ende des auf der Wickeltrommel befindlichen Förderseiles wird über die Seilscheibe R_1 mit Hilfe eines Handkabels gelegt, am Umfange der Treibscheibe T befestigt und durch die Fördermaschine auf den trommelartigen Teil des Seilträgers aufgewickelt. Hierdurch wird das andere Ende des Förderseiles frei, das am Förderkorb K_1 befestigt und mit ihm durch die Fördermaschine in

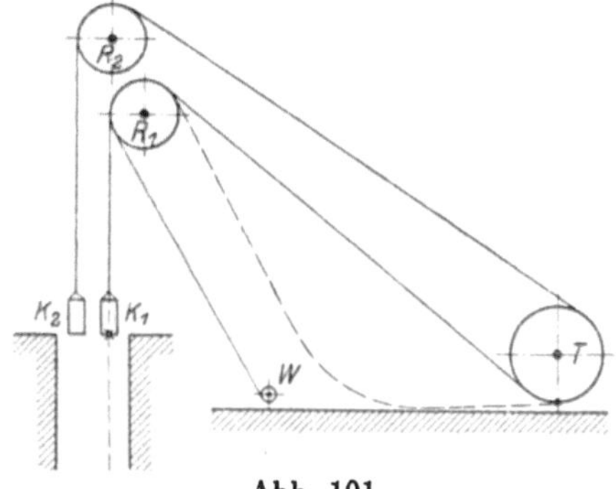

Abb. 101.

den Schacht hinabgelassen wird. Dann wird dieses Seil an der Hängebank festgeklemmt, der Rest des Seiles von dem stillstehenden Seilträger T abgewickelt und durch das Handkabel über die Scheibe R_2 geleitet, um schließlich am Korb K_2 befestigt zu werden. Die Vorteile dieser Einrichtung bestehen in dem Fortfall einer besonderen Reibungswinde, sowie in der größeren Schonung der Seile infolge des größeren Trommeldurchmessers. Der Mehraufwand, hervorgerufen durch die verbreiterte Treibscheibe, erscheint insofern nicht unvorteilhaft, als hierdurch das Gewicht der bei Dampfmaschinen als Schwungrad dienenden Scheibe vergrößert wird.

10. Beurteilung der Förderung mit Treibscheiben.

Gegenüber den Trommelmaschinen haben die Treibscheibenmaschinen den besonderen Vorzug ihrer größeren Einfachheit, der starken Verringerung der Massen und des kleineren Raumbedarfs. Namentlich bei den Anlagen für größere Schachttiefen, bei denen der Durchmesser und die Breite der Trommeln und damit auch die zu beschleunigenden Massen sowie der schräge Seilzug in einem für den gesamten Betrieb sehr ungünstigen Verhältnis anwachsen, kommen die erheblich geringeren Abmessungen der Treibscheibenmaschine voll zur Geltung. Die kleineren Massenwirkungen ergeben nicht nur ein kleineres, aus dem statischen Moment und dem Beschleunigungsmoment sich zusammensetzendes Anfahrmoment, sondern sie haben auch eine Verringerung der Reibungsverluste (kleinere Baubreiten, schwächere Seilträgerwellen) und eine Verkürzung der Zeitdauer der reinen Förderung zur Folge. Denn die geringeren zu bewegenden Massen einer Treibscheibe lassen einmal eine größere Beschleunigung zu, deren Grenzen allerdings durch die Gefahr des Seilrutsches gegeben ist, dann ist aber auch ihr freier Auslauf kürzer, d. h. die Treibscheibenmaschine kommt früher zum Stillstand als die schwerere Trommelmaschine, deren Trommelgewicht noch durch das aufgewickelte Seil vergrößert wird. Das Förderseil läuft bei den Treibscheiben stets in derselben Ebene auf den Seilträger auf, wandert mithin nicht und ruft demzufolge auch keine einseitigen Beanspruchungen der Welle und der Lager hervor. Der Abstand zwischen dem Maschinenhaus und dem Schacht kann darum auch kleiner gewählt werden, wodurch wiederum eine Verringerung des Seilschlagens und eine Ersparnis an Förderseil erreicht wird. Hinzu kommt, daß auch durch den Fortfall des bei den Trommelmaschinen auf dem Seilträger aufgewickelten Seilvorrates bei Treibscheibenanlagen — insbesondere bei Turmmaschinen — eine Verminderung der gesamten Seillänge und damit der Seilkosten vorliegt. Allerdings darf nicht unberücksichtigt bleiben, daß infolge der Unmöglichkeit des Unterbringens eines Seilvorrates auf dem Seilträger und daher des für Seiluntersuchungen erforderlichen Seilabhauens die Aufliegedauer der Förderseile bei den Treibscheibenmaschinen von den meisten Bergbehörden im allgemeinen auf nur zwei Jahre festgesetzt ist, während die Seile der Trommelmaschinen so lange aufliegen dürfen, als ihre vorgeschriebene Festigkeit durch die regelmäßig vorzunehmende Seiluntersuchung nachgewiesen wird Immerhin sind die Seilkosten der Treibscheibenanlage erfahrungsgemäß niedriger als bei den Trommelmaschinen (im ungefähren Verhältnis 8 : 10), weil bei letzteren immer zwei wesentlich längere Seile dem Verschleiß unterworfen sind.

Ebenso liegt auch bei den Treibscheibenanlagen die Möglichkeit des gefährlichen Übertreibens des aufwärtsgehenden Förderkorbes über die Hängebank in viel geringerem Maße vor. Wird beispielsweise am Füllort eine Aufsatzvorrichtung angeordnet, dann wird beim Aufsetzen des unteren Korbes der betreffende Seiltrum entlastet. Diese Spannungsentlastung kann namentlich aber bei wenig tiefen Schächten, wo die durch das Seilgewicht bewirkte Anspannung des Seiles auf dem Umfang der Treibscheibe nicht mehr groß genug ist, eine so starke Verminderung der Reibung zwischen der Treibscheibe und dem Förderseil zur Folge haben, daß das Seil auf dem Umfang der sich bewegenden Scheibe gleitet und den oberen Korb nicht höher zieht. Wegen der verminderten Gefahr des Übertreibens können daher auch die Seilscheiben näher an der Hängebank liegen, doch soll bei den Turmmaschinen der Abstand zwischen der Unterkante Leitscheibe und der Oberkante des Förderkorbes möglichst nicht unter 6,0 m betragen. Allerdings hat aber ein Seilrutschen wieder den Nachteil, daß der obere Korb dann nicht überhoben werden kann, weshalb man daher häufig auf die Aufsatzvorrichtung am Füllort verzichtet und dafür eine Anschlußbühne anordnet (vgl. Band V dieser Sammlung: „Schachtförderung", Abschnitt über Aufsatzvorrichtungen und Förderkorbanschlußbühnen). Größere Hindernisse im Schacht, etwa ein Klemmen des aufwärtsgehenden Korbes oder ein Anstoßen gegen die Seilscheibe, das plötzliche Einfallen starker Bremsen bei voller Fahrt, führen dagegen stets zu einem Gleiten des Seiles auf dem Umfang der Treibscheibe, so daß in solchen Fällen ein Bruch des Förderseiles kaum eintritt. Bei den Trommelmaschinen wird beispielsweise durch ein plötzliches Bremsen gleichzeitig mit der stillgesetzten Trommel auch die abwärtsgehenden Massen augenblicklich aufgehalten, so daß sehr große Zugbeanspruchungen im Förderseil auftreten, die zu einer Beschädigung und zu einem Bruche führen können. Die aufgehenden Massen hingegen können gegen das stillgesetzte Seil aufsteigen, dann zurückfallen und ebenfalls das Seil beschädigen oder zerreißen. Bei den Treibscheibenmaschinen dagegen gleitet das Förderseil in einem solchen Falle so lange, bis die mit ihm verbundenen Massen zum Stillstand kommen.

Ein weiterer Vorzug der Treibscheibenmaschine besteht in der Möglichkeit der Aufstellung der Maschine über dem Schacht, wodurch nicht nur eine Raumersparnis und eine einfache Lösung der Platzfrage, sondern auch eine Verringerung der gesamten Anlagekosten einschließlich der Förderseilkosten erzielt wird. Das Förderseil wird auch gegen die Witterungseinflüsse wesentlich besser geschützt, das schädliche Schlagen des Seiles wird stark verringert.

Als Seilgewichtsausgleich kommt bei den Treibscheibenmaschinen stets das Unterseil in Frage, das im allgemeinen dasselbe Gewicht je laufenden Meter hat, wie das Oberseil. Wird ein gegenüber dem Oberseil schwereres Unterseil gewählt, so kann dadurch eine weitere Verringerung des Anfangsmomentes sowie eine Erhöhung des Sicherheitsgrades gegen Seilgleiten erzielt werden. Ein Umsetzen mehrstöckiger Förderkörbe ist bei den Treibscheibenanlagen nicht erforderlich, es können vielmehr wie bei den Anlagen mit zylindrischen Trommeln die Förderwagen am Füllort und an der Hängebank gleichzeitig abgezogen werden.

Den verschiedenen Vorteilen der Treibscheibenmaschinen stehen aber auch eine Reihe nicht unwesentlicher Nachteile gegenüber. So liegt bei einem Bruch des Förderseiles, der in den meisten Fällen bei dem abwärtsgehenden Seiltrum infolge Hängenbleibens des Korbes im Schacht und des nachträglichen Absturzes dicht über dem Seileinband eintritt, die Gefahr vor, daß stets beide Förderkörbe in die Tiefe stürzen. Sie sind dann den Zufälligkeiten der Fangvorrichtung überlassen, auf welche das an dem Korbboden befestigte Unterseil dann noch sehr schädlich einwirkt. Beim Fallen zieht der am unverletzten Seiltrum sitzende Förderkorb das andere korblose Seiltrum über die Treibscheibe hinweg und erschwert dadurch ebenfalls das Eingreifen der Fangvorrichtung. Bei den Trommelmaschinen dagegen wird der am unverletzten Seiltrum wirkende Korb gehalten und vor dem Absturz bewahrt. Hinzu kommt noch, daß bei den Treibscheibenanlagen schon die Zerstörung eines Seiltrums den ganzen

Förderbetrieb lahm legt, während bei den Trommelmaschinen dann noch mit einem Seiltrum weiter gefördert werden kann, ein Punkt, der namentlich bei Unglücksfällen von großer Bedeutung sein kann. Desgleichen ist auch bei den Trommelmaschinen die Störung durch Seilbruch und das Fangen des Förderkorbes leichter und schneller zu beheben als bei den Treibscheibenmaschinen mit ihrem umständlichen und schwierigen Auflegen des neuen Seiles. Der Gefahr, daß bei den Treibscheibenanlagen durch einen Bruch in dem einen Förderseiltrum auch das andere Trum in Mitleidenschaft gezogen wird, muß daher von vornherein durch die Wahl einer größeren Sicherheit bei der Bestimmung des Seilquerschnittes vorgebeugt werden.

Ein weiterer Übelstand der Treibscheibenmaschinen besteht darin, daß wegen der Unmöglichkeit der Seilkürzungen für die Untersuchung die infolge der vorkommenden Seilstauchungen gefährliche Stelle des Seileinbandes nicht erneuert werden kann, und daß ein Kürzen des Seiles nach Längungen nicht durch den Seilträger wie bei den Trommelmaschinen, sondern am Seile selbst geschehen muß. Ferner ist es auch ein Nachteil, daß eine Förderung aus verschiedenen Sohlen mittels Treibscheibenmaschinen sehr schwierig, aus einer tieferen Sohle überhaupt unmöglich ist. Aus dem letzten Grunde kann eine Treibscheibenförderung auch nicht zum Sümpfen eines ersoffenen Schachtes herangezogen werden, weshalb eine Anzahl von Gruben neben einer Treibscheibenförderung noch eine Trommel- oder Bobinenförderung eingerichtet haben. So sind z. B. auf der Zeche Radbod I und Emscher-Lippe zur Wasserförderung auf der Treibscheibenwelle neben die Treibscheibe noch Bobinen aufgesetzt worden, deren Seile erst dann aufgelegt werden, wenn die Wasserförderung aufgenommen wird. Auch für das Weiterteufen des Schachtes wird im allgemeinen auf den Übelstand, daß eine regelrechte Förderung bei Treibscheiben mit beiden Körben nur aus einer Sohle möglich ist, von vornherein Rücksicht genommen, d. h. die Anlage wird so ausgeführt, daß stets aus einer einzigen Sohle gefördert wird.

Besonders umständlich, schwierig und zeitraubend ist das Auswechseln des Förderseiles bei den Treibscheibenmaschinen, während es bei Trommelmaschinen in einfacherer Weise ohne Zuhilfenahme besonderer Einrichtungen vonstatten geht (s. S. 112).

Ein weiterer Nachteil der Treibscheibenmaschine kann auch der in vielen Fällen sonst günstige Seilrutsch sein, der bei der gewöhnlichen Treibscheibenausführung nicht gänzlich zu vermeiden ist und besonders bei einem feucht gewordenen Seil, wie es vielfach in Salz- und anderen Schächten vorkommt, zu Beginn und zu Ende des Förderzuges auftritt. Dadurch verlieren die Zeichen des meist von der Treibscheibenwelle angetriebenen Teufenzeigers ihren Zusammenhang mit der wirklichen Stellung der Körbe im Schacht, was auch die von dem falschen Stand des Zeigers abhängige Wirkungsweise der Sicherheitsapparate beeinträchtigt. Teufenzeiger sollten deshalb zweckmäßig stets unmittelbar vom Förderseil aus angetrieben werden.

VII. Einzelheiten der Fördermaschinen.

1. Das Förderseil.

a) Allgemeines.

Die ersten Förderseile bestanden aus gewöhnlichem Hanf. Sie kommen heutzutage im Förderbetrieb nicht mehr vor, sondern werden da, wo man Förderseile aus Pflanzenfasern wegen ihrer großen Biegsamkeit und der damit erst ermöglichten kleinen Durchmesserwahl der Seilträger noch anwendet (z. B. bei den Bobinenmaschinen in Belgien) durch solche aus Aloe (Fasern der Agave americana) oder aus Manila-Hanf ersetzt. Sieht man jedoch von diesen Ausnahmefällen ab, so ist festzustellen, daß nunmehr die Förderseile fast ausnahmslos aus Stahl und zwar aus bestem Siemens-Martin-Stahl mit einer Bruchfestigkeit bis zu 220 kg/qmm und darüber hinaus bestehen. Man kann demnach die Förderseile einteilen in

    A. Drahtseile,
    B. Seile aus Pflanzenfasern.

Je nach der Querschnittsform der Seile hat man weiterhin zu unterscheiden:

    a) Rundseile,
    b) Flachseile oder Bandseile.

A. Drahtseile.

a) **Rundseile.** Die Rundseile werden aus mehr oder weniger dünnen, spiralförmig umeinander gewundenen Stahldrähten gebildet. Werden die einzelnen Drähte nur einmal miteinander geflochten, so nennt man das so gebildete Seil ein „Spiralseil" (Abb. 102) im Gegensatz zu den sogenannten „Litzenseilen", die dadurch entstehen, daß zunächst eine entsprechende Anzahl Einzeldrähte mit einem Durchmesser von etwa 1,4—2,8 mm zu einer runden, auch flachen oder dreikantigen „Litze" geflochten und nunmehr erst mehrere solcher kleinen Litzenseile (im allgemeinen 6—8) zu dem eigentlichen Seil schraubenförmig zusammengedreht werden. Je nach

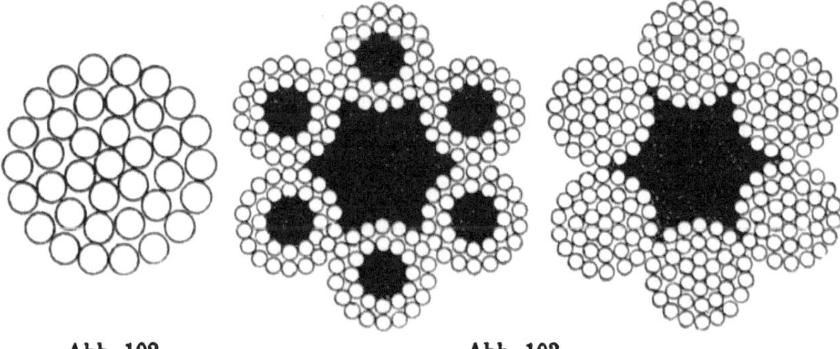

Abb. 102.   Abb. 103.

der Grundrißform der einzelnen Litzen bezeichnet man die Litzenseile
als rundlitzige (Abb. 103) oder flachlitzige Seile (Abb. 104) bzw.
Dreikantlitzenseile (Abb. 105). Schließlich finden wir auch noch

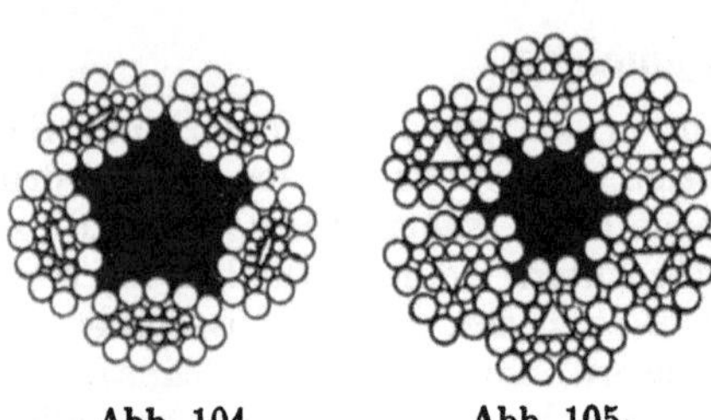

Abb. 104.   Abb. 105.

„Kabelseile" vor, das sind
Drahtseile, bei denen zunächst
die einzelnen Litzen zu „Strängen" geflochten sind und dann
erst aus mehreren Strängen
das Seil gebildet wird. Es sind
mithin drei Hauptarten von
Rundseilen zu unterscheiden:

1. die einmal gefloch-
tenen Seile („Spiralseile")
(Abb. 102),

2. die zweimal geflochtenen Seile („Litzenseile") mit ihren
unterschiedlichen Merkmalen:

α) rundlitzige Seile (Abb. 103),

β) flachlitzige Seile (Abb. 104),

γ) dreikantlitzige Seile (Abb. 105),

3. die dreimal geflochtenen Seile („Kabelseile").

Um ein möglichst biegsames Seil zu erhalten und zur Verminderung
der gegenseitigen Reibung der Drähte wird in die Mitte der Litzen
und ebenso auch des Seiles häufig eine Einlage, die sogenannte Seele,
eingelegt. Diese besteht bei den Litzen entweder aus eingefettetem
Hanf oder aus ausgeglühtem Eisendraht von rundem oder elliptischem
Querschnitt, während in die Mitte des Seiles in der Regel eine Seelenlitze aus geteerter Jute eingebettet wird. Bei den Hanfseelen liegt
aber die Gefahr vor, daß sie im Laufe der Zeit Wasser aufsaugen
und festhalten und so ein inneres Rosten des Seiles verursachen können.
Außerdem sind auch die Seile mit einer Hanfseele gegen Querdruck
empfindlich, nach der Belastung erleiden sie starke Dehnungen, die
bei größeren Schachttiefen in den ersten Tagen nach dem Auflegen
bis zu mehreren Metern betragen kann.

Litzenseile. — Bei den zweimal geflochtenen Seilen, den Litzenseilen, die vornehmlich als Förderseile in Betracht kommen, können
die einzelnen Drähte zur Litze und die Litzen zum Seil in gleichem
Drehsinn (gleichem Drall) oder aber in entgegengesetztem Sinne
schraubenförmig gewunden sein. Im ersten Fall, bei dem also die
Schlagrichtung der Drähte und der Litzen übereinstimmt, spricht man
vom „Gleichschlag" oder „Längsschlag", im anderen Falle, bei
dem die Einzeldrähte beispielsweise wie eine linksgängige Schraube,
die Litzen dagegen wie eine rechtgängige verlaufen, von einem
„Kreuzschlag". Die Gleichschlag-Flechtart ist erstmalig von dem
Oberbergrat Albert im Jahre 1835 angegeben worden und wird daher
auch „Albertgeflecht" oder „Albertschlag" genannt. Abb. 106 zeigt
ein Seil im Gleichschlag, Abb. 107 ein Kreuzschlagseil.

Die Gleichschlagseile haben eine glattere Oberfläche als die Kreuzschlagseile, weil ihre Einzeldrähte auf einer größeren Strecke hin an der Oberfläche bleiben. Sie ergeben eine bessere Berührung mit der Seilscheibenrille und nützen sich daher viel langsamer ab; namentlich ist das bei den flachlitzigen Seilen (Abb. 104) mit ihren größeren Berührungsoberflächen der Fall. Wegen der zur Seilachse schrägen Lage der Drähte — bei den Kreuzschlagseilen laufen die Drähte nahezu parallel zur Mittelachse — gleitet das Gleichschlagseil nicht so leicht in der Scheibenrille. Seine Reibung ist sonach größer; es ist darum für die Treibscheibenförderung besonders gut geeignet.

Abb. 106.   Abb. 107.

Kreuzschlagseile wiederum werden namentlich für die Trommelmaschinen gern verwendet. Da die Einzeldrähte auf einer größeren Strecke an der Oberfläche verlaufen, so sind die Gleichschlagseile der Beobachtung besser zugänglich und ihre schraubenförmigen Windungen ergeben bei Biegungsbeanspruchungen ein günstigeres Verhalten des Seiles als es beim Kreuzschlagseil mit seinem mehr parallelen Verlauf der Drähte zur Mittelachse der Fall ist. Sie sind deshalb besonders da geeignet, wo das Seil starken äußeren Beanspruchungen ausgesetzt ist. Ein nicht unwesentlicher Nachteil der Gleichschlagseile ist jedoch in ihrem starken Drall zu erblicken, d. i. das Bestreben zum Drehen um die Seilachse, ein Vorgang, der namentlich bei Belastungsschwankungen auftritt. Dieser Nachteil fällt aber bei der Verwendung als Förderseil wegen der vorhandenen ständig geführten Last weniger in die Wagschale. Kreuzschlagseile dagegen weisen wegen der entgegengesetzten Zusammendrehung der Einzeldrähte und Litzen ein geringeres Bestreben zum Verdrehen auf.

Bei den dreikantlitzigen Seilen (Abb. 105) bestehen die Litzenseelen nicht aus Hanf, sondern aus entsprechend profilierten unverseilten und daher bei Querschnittsberechnungen nicht zu berücksichtigenden Kerndrähten, die mit den eigentlichen Förderseildrähten zusammen ein Dreieck bilden. Sie ergeben daher eine gedrängte Bauart und kleinere Seildurchmesser sowie eine gute Berührungsoberfläche in der Scheibenrille. Allerdings ist nicht unerwähnt zu lassen, daß derart stark profilierte Drähte durch die Biegungsbeanspruchungen sehr ungünstig beeinflußt werden.

Patentverschlossene Seile. — Eine besondere Art von Förderseilen sind die sogenannten patentverschlossenen Seile (Abb. 108).

Abb. 108.

Sie gehören zu der Gruppe der einmal geflochtenen Seile und bestehen aus besonders geformten Drähten, die um unverseilte, bei der Berechnung der Tragfähigkeit nicht in Betracht kommende Kerndrähte konzentrisch in mehreren, abwechselnd links- und rechtsgängig gewundenen Lagen ohne jede Hanfseele angeordnet werden. Die Form der Einzeldrähte ist hierbei so gestaltet, daß zwischen ihnen keine Zwischenräume verbleiben; ihre äußeren Drähte übergreifen sich gegenseitig, die Außenfläche ist daher glatt und dicht. Da die Hanfseelen und die Zwischenräume fortfallen, sind sie widerstandsfähiger gegen Rost, auch ist ihr Durchmesser bei gleicher Tragfähigkeit wesentlich kleiner als derjenige gewöhnlicher Rundseile; es kann also eine größere Seillänge auf die gleiche Fördertrommel aufgewickelt werden ($\sim$ 40 v. H. mehr). Weiterhin sind sie auch leichter ($\sim$ 13 v. H. der gewöhnlichen Seile). Außerdem ist ihr Lauf in den Seilrillen infolge der glatten Oberfläche ein ruhiger und die Abnutzung der Drähte eine gleichmäßigere und verhältnismäßig langsamere. Sie haben auch den Vorzug, daß sie sich weniger längen und ihr Drallbestreben ausserordentlich gering ist. Dagegen sind die verschlossenen Seile wenig biegsam und sehr empfindlich gegen Stauchungen bei Hängeseil. Sie verlangen eine dauernde sorgfältige Überwachung, da gerissene Drähte infolge der geschlossenen Bauart des Seiles nicht so leicht heraustreten und demnach ein Schadhaftwerden nicht sofort angezeigt wird. Andrerseits bewirkt ein Heraustreten eines Drahtes ein Auflösen des Seiles, da dann die einzelnen Profildrähte sich nicht mehr gegenseitig halten. Patentverschlossene Seile finden namentlich bei der Trommelförderung — wie auch bei Drahtseilbahnen — Verwendung.

b) **Flachseile.** Flachseile werden von mehreren nebeneinanderliegenden kleineren, in der Regel aus 4 Litzen bestehenden Rundseilen aus Stahldraht gebildet, die mit durchgezogenen Stahldrähten oder

Nählitzen untereinander zu einem breiten Seile verbunden sind (Abb. 109). Die einzelnen Litzen sind hierbei abwechselnd links und rechts gewunden, so daß ihr Drehbestreben gegenseitig aufgehoben wird, sie werden dadurch drallfrei. Bei gleicher Tragfähigkeit weisen sie eine geringere Stärke als Rundseile auf, sie sind daher biegsamer und lassen einen geringeren Durchmesser des Seilträgers zu, Vorzüge, die sie für den Bobinenbetrieb geeignet machen. Allerdings ist hierbei ihre Beanspruchung eine sehr ungünstige, da die unteren Windungen durch die oberen stark zusammengedrückt werden. Dadurch werden namentlich die Stellen der Nähdrähte stark in Mitleidenschaft gezogen. Es sind darum häufig Ausbesserungen erforderlich. Ihre Haltbarkeit und demnach ihre Lebensdauer ist also eine wesentlich geringere als diejenige entsprechender Rundseile, gegenüber denen sie auch infolge des Vorhandenseins der Nähdrähte schwerer und teurer ausfallen. Da die Belastung der einzelnen Stränge nicht immer gleichmäßig erfolgt, so sind sie für größere Belastungen wenig geeignet. Für endgültige Bobinenanlagen werden sie selten verwendet, dagegen werden sie für das Abteufen von Schächten wegen ihrer Drallfreiheit gern genommen. Besonders geeignet sind aber die Stahldraht-Flachseile mit einer großen Biegungs- und Verdrehungsfestigkeit (Tragfähigkeit zweckmäßig zwischen 120 und 130 kg/qmm) als Unterseile und zwar in möglichst dünner und breiter Ausführung und doppelten Nähdrähten.

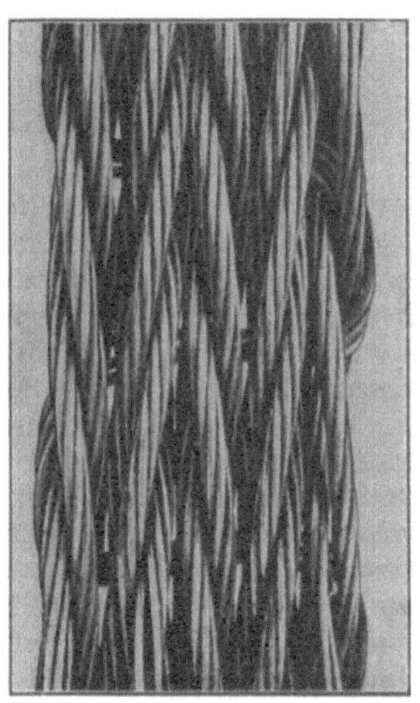

Abb. 109.

B. Seile aus Pflanzenfasern.

Im Bergbau kommen vornehmlich nur noch Aloeflachseile vor, die besonders in Frankreich und Belgien vorwiegend für die Bobinenmaschinen Verwendung finden. Gegenüber den Stahldraht-Flachseilen haben sie den Vorteil der größeren Biegsamkeit, weshalb ihr Seilträgerdurchmesser wesentlich kleiner sein kann, sowie den der längeren Haltbarkeit. Ihre Lebensdauer ist bei flotter Förderung etwa $1\frac{1}{2}$—2 Jahre gegenüber derjenigen der Stahldraht-Flachseile mit $\frac{1}{2}$—1 Jahr. Dagegen ist ihre Tragfähigkeit erheblich geringer und ihr Preis ein bedeutend höherer. Desgleichen ist auch ihr Gewicht wesentlich größer gegenüber dem der Flachseile wie auch dem der Rundseile aus Stahldraht. Aus diesen Erwägungen heraus werden sie daher bei größeren Schachttiefen (von etwa 300 m ab) mit stufenweise abnehmendem Querschnitt als verjüngte Seile verwendet. Die Schachttiefe, bei der ein nicht verjüngtes Flachseil bei 8 facher Sicherheit und einer Zugfestigkeit von 7 kg/qmm gerade noch sein Eigengewicht tragen kann, liegt bei etwa 800 m. Für gleiche Verhältnisse beispielsweise bei einer Nutzlast von 3000 kg, einer Schachttiefe von 1000 m und einer Seilverjüngung in Stufen von 100 m ist es etwa dreimal so schwer und auch so teuer wie ein verjüngtes Stahldrahtrundseil. Für ein nicht verjüngtes Stahlrundseil ist das Gewichtsverhältnis etwa wie 3:2.

Da die Aloeflachseile in nassen Schächten geteert werden, um sie vor Fäulnis zu schützen, so erleidet das Seil noch eine Gewichtsvermehrung von 10—15 v. H.

Als besonderer Vorzug der Aloeseile wird hervorgehoben, daß sie jeden Bruch durch eine vorherige starke Längung des Seiles anzeigen.

b) Beanspruchung der Förderseile.

Das Förderseil wird auf Zug und Biegung sowie zum Teil auch auf Verdrehung beansprucht. Ein Drehbestreben (Verwindungsarbeit) liegt besonders bei den Treibscheibenseilen vor infolge ihres gleichzeitigen Arbeitens an den beiden Seilenden. Zu diesen Beanspruchungen kommen noch wichtige Ermüdungserscheinungen, hervorgerufen durch die Anzahl und die Stärke der Biegungen, sowie der Biegungswechsel namentlich bei dickeren Seilen hinzu.

Die Zugbeanspruchung erfolgt durch die Nutz- und Totlast unter Berücksichtigung des im Vergleich zu anderen Maschinenteilen recht hohen Eigengewichtes des Seiles, der dynamischen Verhältnisse während des Beschleunigungs- und Verzögerungsabschnittes, sowie durch fortgesetzt auftretende Stoßwirkungen. Die Beanspruchung aus der Belastung läßt sich leicht ermitteln, diejenige durch die bei jeder Schachtförderung auftretenden Stöße kann dagegen auch nicht annähernd geschätzt werden. Diese Stoßbeanspruchung tritt hauptsächlich beim Hängeseil auf und zwar dann, wenn beim Hängeseil der Förderkorb durch die Maschine mit einer gewissen Geschwindigkeit angehoben wird und zu stark ins Seil fällt. Sie ist einmal von der Größe der anzuhebenden Massen, des Hängeseiles und der Beschleunigung, dann aber auch von der Gesamtelastizität, d. h. der Nachgiebigkeit und Federkraft des Seiles, abhängig. Diese Elastizität ist sowohl durch die Größe der Zugfestigkeit der Einzeldrähte, mit deren Anwachsen sie zunimmt, wie auch durch die Bauart, vor allem aber durch die Länge des Seiles bedingt. Mit zunehmender Seillänge wächst die Widerstandsfähigkeit und damit die Sicherheit gegen die Stoßwirkungen, so daß also die Stoßbewegungen mit zunehmender Schachttiefe abnehmen. Diese Tatsache läßt übrigens die Annahme berechtigt erscheinen, die Sicherheit für die Seilfahrt mit zunehmendem Förderweg niedriger anzusetzen.

Von wesentlicher Bedeutung ist die Vermeidung von Hängeseil, weshalb Aufsatzvorrichtungen möglichst durch Anschlußbühnen, beispielsweise durch die bestens bewährten Eickelbergschen Schwenkbühnen, ersetzt werden sollten (vgl. Band V „Schachtförderung" Abschnitt über „Anschlußbühnen"). Andererseits ist nicht außer acht zu lassen, daß durch das Aufschieben der Förderwagen auf den frei am Seil hängenden Korb stets ein Stoß hervorgerufen wird, der sich in schädliche, bei jedem Förderzuge wiederkehrende Seilschwingungen auslöst. Im allgemeinen befinden sich am Füllort Anschlußbühnen, während an der Hängebank vorwiegend Aufsatzvorrichtungen verwendet werden. Für die Vermeidung von Stoßbeanspruchungen wäre die umgekehrte Anordnung zweckmäßiger, damit das längere, frei hängende Seil vom Stoße der Aufsatzvorrichtung betroffen wird, anstatt des kürzeren oberen Seiles.

Durch die während des Anfahrabschnittes auftretenden Beschleunigungskräfte wird das Förderseil stets stärker beansprucht als es der statischen Belastung entspricht. Ist k_z die Zugbeanspruchung des Seiles, hervorgerufen durch die Nutz- und Totlast, p m/sek^2 die Anfahrbeschleunigung und g m/sek^2 die Erdbeschleunigung, so ist die dynamische Zusatzbeanspruchung k_0 allgemein:

$$k_0 = k_z \frac{p}{g}.$$

Die größte vorkommende Beanspruchung würde sich sonach ergeben zu:

$$k = k_z + k_0 = k_z \left(1 + \frac{p}{g} \right).$$

Nun lösen aber plötzliche Änderungen der Spannungen in einem elastischen Seil stets Schwingungen aus, die noch zeitweise zu ihrer Erhöhung führen. Zur Veranschaulichung dieser Erscheinung denke man sich eine durch ein Gewicht belastete Spiralfeder. Beim Fallenlassen des Gewichtes schwingt die Feder um die der eigentlichen Gewichtswirkung entsprechende Gleichgewichtslage hin und her, so daß also Dehnungen der Feder und Spannungen des Baustoffes auftreten, die größer sind, als die durch eine ruhende Gewichtsbelastung hervorgerufenen. Prof. A. Stör, Pribram, kommt auf Grund eingehender Untersuchungen zu folgenden Schlüssen[1]:

1. Wird eine am Seil freihängende Last plötzlich mit der Beschleunigung p m/sek^2 angehoben, so ist infolge des Auftretens von Schwingungen die größte vorkommende Beanspruchung:

$$k = \left(1 + \frac{2p}{g} \right) \cdot k_z.$$

2. Wird die aufruhende Last bei nicht gespanntem aber straffem Seil mit der Beschleunigung p m/sek^2 plötzlich angehoben, so steigt bei den üblichen Anfahrbeschleunigungen die Spannung um 50 bis 70 v. H. über die den Gewichten entsprechende Spannung.

---

[1] Österreich. Zeitschrift für Berg- und Hüttenwesen, 1909 S. 474.

Auch hieraus folgt, wie das bereits weiter oben mit Rücksicht auf das Vermeiden von Hängeseil gefordert worden ist, daß die Last nach Möglichkeit nicht auf Stützen aufsitzen, sondern frei hängen soll.

Obwohl die aus hartem Stahl mit einer Bruchfestigkeit bis zu 220 kg/qmm und mehr bestehenden Einzeldrähte nur in einem verhältnismäßig geringen Maße die verlangten Eigenschaften der Elastizität und Biegsamkeit haben, weisen immerhin die aus dünnen, schraubenförmig gewundenen Drähten hergestellten Förderseile dank ihrer technischen Vollkommenheit einen hohen Grad von Zuverlässigkeit auf, die sie befähigt, die oben geschilderten ungünstigen zusätzlichen dynamischen Beanspruchungen sicher aufzunehmen.

c) Berechnung der Förderseile.

Für die Querschnittsbemessung des Förderseiles ist neben der gegebenen Nutz- und Totlast, das Eigengewicht des Seiles, die Bruchfestigkeit des Baustoffes sowie ein gewisser Sicherheitswert, in dem die zusätzlichen Beanspruchungen eingeschlossen sind, zu berücksichtigen.

Bedeutet:

Q die Nutzlast in kg,

q die Totlast (Gewicht des Förderkorbes einschließlich des Gehänges und der leeren Wagen bzw. das Gewicht des Förderkübels) in kg,

T die dem Förderweg entsprechende Seillänge in m,

f den „tragenden" Seilquerschnitt in qcm,

d_0 den Durchmesser des „tragenden" Drahtquerschnittes,

d den Gesamtdurchmesser des Seiles,

k_z die Bruchfestigkeit des Seiles in kg/qmm,

$\mathfrak{S}$ die Sicherheitszahl des Seiles,

γ das auf 1 ccm der tragenden Drähte entfallende Seilgewicht in kg,

$S = f^{\text{qcm}} \cdot T^{\text{m}} \cdot 100 \cdot \gamma$, das dem Förderweg entsprechende Gesamtgewicht der tragenden Drähte,

dann ist für die statische Seilbelastung:

$$k_z = \frac{\text{Gesamtbelastung}}{\text{Seilquerschnitt}}$$

oder

$$k_z = \frac{Q + q + S}{f} = \frac{Q + q + f \cdot T \cdot 100 \cdot \gamma}{f}.$$

Unter Berücksichtigung der Sicherheitsziffer $\mathfrak{S}$ erhält man die zulässige Beanspruchung:

$$\frac{k_z}{\mathfrak{S}} = \frac{Q + q + f \cdot T \cdot 100 \cdot \gamma}{f}.$$

Der Seilquerschnitt ergibt sich demnach zu:

$$f \cdot \left(\frac{k_z}{\mathfrak{S}} - T \cdot 100 \cdot \gamma \right) = Q + q$$

oder

$$f = \frac{Q + q}{\dfrac{k}{\mathfrak{S}} - T \cdot 100 \cdot \gamma} \quad \text{qcm}.$$

Das auf 1 ccm tragenden Drahtes entfallende Seilgewicht ist sowohl von der Flechtart wie auch von den nicht zu beanspruchenden Einlagen (Hanfseele) abhängig. Es kann im Mittel zu 0,01 bezogen auf den reinen Metallquerschnitt angenommen werden, so daß sich für den Seilquerschnitt ergibt:

$$f = \frac{Q + q}{\dfrac{k_z}{\mathfrak{S}} - T \cdot 100 \cdot 0,01} = \frac{Q + q}{\dfrac{k_z}{\mathfrak{S}} - T} \quad \text{qcm}.$$

Der so errechnete Querschnitt f ist der erforderliche reine Querschnitt der tragenden Drähte ohne die unverflochtenen, wesentlich kürzeren und daher weniger elastischen Einlagen, so daß sich der entsprechende Durchmesser für diesen reinen Metallquerschnitt bestimmt zu:

$$f = \frac{\pi \cdot d_0^2}{4}$$

$$d_0 = \sqrt{\frac{4 \cdot f}{\pi}}.$$

Im allgemeinen ist der tragende Drahtquerschnitt f in einem Seile vom Durchmesser $d = 1,5 \cdot d_0 = 1,5 \cdot \sqrt{\dfrac{4 \cdot f}{\pi}}$ enthalten.

Für genaue Rechnungen sind stets die entsprechenden Seiltabellen der verschiedenen Herstellungsfirmen zu berücksichtigen.

Beispiel. Es ist der Durchmesser eines Förderseiles für eine Nutzlast von 4000 kg, eine Totlast von 6000 kg und einen Förderweg von 1000 m zu bestimmen.

k_z gewählt zu 150 kg/qmm,
Sicherheitszahl $\mathfrak{S} = 10$.

Es ist:

$$f = \frac{Q + q}{\dfrac{k_z}{\mathfrak{S}} - T} = \frac{4000 + 6000}{\dfrac{150 \cdot 100}{10} - 1000} = \frac{10\,000}{500} \sim 20 \,\text{qcm}.$$

$$d_0 = \sqrt{\frac{4 \cdot 20}{\pi}} \sim 5,1 \text{ cm},$$

$$d = 1,5 \cdot 5,1 = 7,65 \text{ cm}.$$

Bei einem $k_z = 180$ kg/qmm würde sich ergeben:

$$f = \frac{10000}{\dfrac{180 \cdot 100}{10} - 1000} = \frac{10000}{800} = 12{,}5 \text{ qcm},$$

$$d_0 = \sqrt{\frac{4 \cdot 12{,}5}{\pi}} \sim 4{,}0 \text{ cm},$$

$$d = 1{,}5 \cdot 4{,}0 = 6{,}0 \text{ cm}.$$

Für die Querschnittsberechnung eines Förderseiles sind also gemäß der Gleichung:

$$f = \frac{Q + q}{\dfrac{k_z}{\mathfrak{S}} - T}$$

bei gegebener Nutz- und Totlast, sowie bei festliegendem Förderwege die beiden Werte k_z und $\mathfrak{S}$ maßgebend, d. h. je nach Wahl dieser Werte wird der Seilquerschnitt ein mehr oder weniger großer. Wenn man bedenkt, daß von der Größe des Seilquerschnittes auch die Größe der Seilträger und Seilscheiben abhängig ist, und daß ferner das eine wesentliche Rolle spielende Eigengewicht des Förderseiles für die Abmessungen der ganzen Fördermaschinenanlage, also für die Anlagekosten, mitbestimmend ist, so wird man die Bedeutung der heiß umstrittenen Frage über die Größe dieser Werte und ihre Festsetzung auf ein zulässiges günstiges Maß — im besonderen auch im Hinblick auf die Aufliegezeit bzw. die Förderleistung des Seiles — verstehen.

d) Bruchfestigkeit der Förderseile.

Die Bruchfestigkeit der Drähte für Förderseile schwankt im allgemeinen zwischen 110 und 220 kg/qmm. Je kleiner die Bruchfestigkeit gewählt wird, um so größer wird bei einem bestimmten Förderseil sein Querschnitt und sein Eigengewicht und damit auch sein ungünstiger Einfluß auf die gesamte Förderanlage. Ein schwereres und stärkeres Förderseil bedingt nicht nur eine Vermehrung der zu beschleunigenden Massen und demzufolge auch des Energieaufwandes, es werden auch die Kosten für die Anlage selbst durch die Verwendung größerer und schwererer Seilträger und Seilscheiben sowie größerer Maschinenabmessungen höher. Ganz besonders ist dies bei den Anlagen für größere Schachttiefen der Fall. Im Interesse der Wirtschaftlichkeit einer Förderanlage empfiehlt es sich daher, Förderseile mit möglichst kleinem Durchmesser und geringem Eigengewicht, d. h. mit großer Bruchfestigkeit, zu verwenden. Nur die Seile für Treibscheibenbetriebe kleinerer Schachttiefen bilden hier eine Ausnahme, weil bei ihnen ein zu kleines Seilgewicht ungünstig auf die Reibungsverhältnisse zwischen dem Umfang der Treibscheibe und dem Seil wirkt. Welchen Einfluß eine Erhöhung der Bruchfestigkeit auf das Gewicht und die Abmessungen des Seiles für bestimmte Belastungen und Förderwege sowohl für die Güterförderung wie für die Seilfahrt haben kann, zeigt die nachfolgende Tabelle[1]).

Schacht	Lasten		Seil			Sicherheitsgrad		Baustoff
Förder-weg	Nutz-last	Tot-last	Seil-quer-schnitt	Seil-durch-messer	Seil-ge-wicht	des neuen, mit 9 facher Sicherheit für Güter-förderung aufgelegten Seiles	des abge-nutzten, mit 6 facher Sicherheit für Güter-förderung abgelegten Seiles	Die Zahlen gelten für eine Bruch-festigkeit von
m	kg	kg	qmm	mm	kg	(Betriebsart)		kg/qmm
600	4000	4000				(Güterförderung)		
			1100	56	6550			120
			570	40	3500	9	6	180
			390	33	2300			240
	1500	4000				(Seilfahrt, 20 Personen)		
			—	—	—	10,87	7,25	120
			—	—	—	11,52	7,68	180
			—	—	—	11,88	7,92	240
900	4000	4000				(Güterförderung)		
			1850	72	16600			120
			730	45	6500	9	6	180
			450	36	4000			240
	1500	4000				(Seilfahrt)		
			—	—	—	10,01	6,67	120
			—	—	—	10,87	7,24	180
			—	—	—	11,35	7,90	240
1200	4000	4000				(Güterförderung)		
			6000	131	72000			120
			1000	53	12000	9	6	180
			545	39	6500			240
	1500	4000				(Seilfahrt)		
			—	—	—	9,29	6,19	120
			—	—	—	10,29	6,96	180
			—	—	—	10,87	7,25	240

Die Tabelle zeigt, welche Verringerung des Seilgewichtes und der Seilabmessungen durch eine Erhöhung der Bruchfestigkeit bei gleichen Belastungen und gleichen Förderwegen erreicht werden kann, sie gibt auch weiterhin Aufschluß über das verhältnismäßig starke Anwachsen des Seilquerschnittes für größere Schachttiefen, das sich bis auf ein praktisch unerträgliches Maß steigert. Deshalb sind namentlich für größere Schachttiefen Förderseile mit einer hohen Bruchfestigkeit dringend zu empfehlen. Während man früher im Hinblick auf die Biegsamkeit und die Leistungsfähigkeit (Lebens-

---

[1]) Nach F. Baumann in: „Kohle und Erz", 1909, Nr. 3.

dauer) der Seile über einen Höchstwert von etwa 150 kg/qmm nicht hinausging, liefert heute die Stahldrahtindustrie Förderseile mit einer Bruchfestigkeit von 180 kg/qmm, ja bis zu 220 kg/qmm. Nach den wertvollen Untersuchungen von Speer[1]) verhalten sich hochfeste Baustoffe bei Biegungsbeanspruchungen um größere Halbmesser günstiger als weichere, während bei kleineren Biegungsverhältnissen der umgekehrte Fall eintritt. Für günstige Biegungsverhältnisse sind daher feste Baustoffe zu empfehlen, wenn die großen Schachttiefen und Lasten es erfordern. Förderseile mit Bruchfestigkeiten von über 180 kg/qmm sind in den Bezirken Breslau und Dortmund mit Erfolg zur Verwendung gekommen. Nach dem Bericht über die Seilstatistiken für das Jahr 1913 hatten im Bezirke Breslau von 266 abgelegten Seilen 61 eine Bruchfestigkeit von 180—200 kg/qmm und 13 sogar eine solche von 200—220 kg/qmm. Im Bezirke Dortmund hatten in demselben Jahre von 425 abgelegten Seilen 12 eine höhere Bruchfestigkeit als 180 kg/qmm (bis zu 200 kg/qmm). Im allgemeinen dürfte es sich empfehlen, bei Schachttiefen

bis zu 250 m eine Bruchfestigkeit von 120 kg/qmm
„ „ 500 „ „   „   „ 150 „
„ „ 750 „ „   „   „ 180 „
„ „ 1000 „ „   „   „ 210 „

zu wählen.

e) Sicherheitswert der Förderseile.

In der Sicherheitszahl $\mathfrak{S}$ sind die bei der Förderung durch die Beschleunigung und Verzögerung auftretenden, sowie auch die sonstigen zusätzlichen Beanspruchungen eingeschlossen. Diese Zahl darf den kleinsten zulässigen Wert von 6, der für die Güterförderung vorgeschrieben ist und sich stets auf ihre Höchstbelastung bezieht, nicht unterschreiten (6fache Sicherheit).

Güterförderung. — Im allgemeinen werden die Seile mit einer anfänglichen Sicherheit von 9—10, bezogen auf die Meistbelastung, aufgelegt. Infolge der Abnutzung des Seiles vermindern sich diese Werte im Laufe der Zeit, doch erreichen sie selten den kleinsten Wert. Die Erfahrung lehrt vielmehr, daß die Seile in vielen Fällen schon bei einer 7—8fachen Sicherheit abgelegt werden. Bei den Förderseilen für die Treibscheibenanlagen ist bei der Auflegung eine Mindestsicherheitszahl = 7 vorgeschrieben, und zwar soll das Seil diese 7fache Sicherheit bei der Höchstbelastung durch die Güterförderung aufweisen.

Seilfahrt. — Für die Seilfahrt, bei der die Belastung des Korbes nicht größer sein darf als die Hälfte der Güterförderung-Korbbelastung, beträgt der kleinste Wert an Sicherheit das 8fache bezogen auf die Meistbelastung durch die Seilfahrt. Für die Treibscheibenförderung schreibt die Bergpolizei als Mindestwert bei der

---

[1]) „Glückauf" 1912, S. 1194.

Auflegung eine $9\,^1/_2$ fache Sicherheit im Verhältnis zur Höchstbelastung bei der Seilfahrt vor. Häufig werden diese Werte namentlich bei kleineren Schachttiefen überschritten, indem für kleinere
Teufen bis zu einer 12 fachen und für größere eine 10 fache Sicherheit der Höchstbelastung durch die Seilfahrt gewählt wird.

Bei größeren Schachttiefen, bei denen der Einfluß der Nutzlast
gegenüber dem der Eigenlast zurücktritt, ergibt ein bis auf den zulässigen 6 fachen Sicherheitswert ausgenutztes Förderseil oft eine
geringere Sicherheit für die Seilfahrt als die vorgeschriebene, so daß
diese Seile, sobald sie auch zur Seilfahrt dienen, bis auf den kleinsten
zulässigen Sicherheitswert $= 6$ nicht ausgenutzt werden können. In
Rücksicht auf die Seilfahrt müssen also für tiefe Schächte oft unverhältnismäßig stärkere und daher unwirtschaftlich arbeitende Seile
gewählt werden als dies der Güterförderung entspricht. Man kann
darum dem Vorschlage von Baumann und Herbst[1]) beitreten, die
den Sicherheitswert mit wachsender Schachttiefe vermindern wollen,
zumal ja mit größer werdender Seillänge auch die Gesamtelastizität
und damit auch die Widerstandsfähigkeit und die Sicherheit des
Seiles gegen Stoßwirkungen zunimmt. Um daher bei der Güterförderung das Seil bis auf die zulässige 6 fache Sicherheit auszunutzen,
empfiehlt es sich, für geringere und mittlere Teufen (bis ~ 500 m)
die bisherige 8 fache Sicherheit bei der Seilfahrt zu belassen, von
500—900 m aber eine $7\,^1/_2$ fache und für Anlagen über 900 m eine
7 fache Sicherheit zuzulassen, unter Beibehaltung der bisherigen
6 fachen Sicherheit für die Güterförderung.

f) Seile mit abnehmendem Querschnitt.
(Verjüngte Seile.)

Bei jedem Förderseil nimmt der Einfluß des Eigengewichtes
nach dem unten am Füllort befindlichen Förderkorb hin ab, so daß
sich auch die Seilquerschnitte in dem Maße der Verringerung des
zu tragenden Seilgewichtes vermindern lassen (Körper gleicher Festigkeit). Gegenüber den Seilen mit gleichbleibendem Querschnitt haben
die verjüngten Seile also den besonderen Vorteil des kleineren
Eigengewichtes, und sie sind deshalb auch namentlich für größere
Schachttiefen sowohl als Flachseile für Bobinenanlagen wie auch
als Rundseile für Spiraltrommelförderungen zur Anwendung gekommen.
Für Treibscheiben und zylindrische Trommelmaschinen mit Unterseil dagegen kommen sie nicht in Frage. Über den günstigen Einfluß der Verminderung des Seilübergewichtes durch verjüngte Rundseile bei Spiraltrommeln und durch verjüngte Flachseile bei Bobinen
ist bereits auf S. 84 bzw. S. 74 das Nähere ausgeführt worden.

Verjüngte Seile werden entweder durch Einflechten von immer
schwächer werdenden Drähten oder durch eine Verringerung der

---

[1]) „Glückauf" 1912, S. 897 u. 2021 und 1913, S. 700.

Drahtzahl, ebenso auch durch beide Mittel gemeinsam hergestellt. Wird bei dem auf S. 127 angegebenen Beispiel der Querschnittsberechnung eines Förderseiles für eine Nutzlast von $Q = 4000$ kg, eine Totlast $q = 6000$ kg, einen Förderweg $T = 1000$ m bei $k_z = 150$ kg/qmm und $\mathfrak{S} = 10$ an Stelle des dort errechneten Seiles mit dem recht großen Seilgewicht von 20000 kg ein verjüngtes Seil mit Absätzen von je 200 m Länge angenommen, dann ergeben sich für die einzelnen Seillängen von der unteren Abstufung aus gerechnet folgende Querschnitte und Eigengewichte.

Stufe	Seillänge	Querschnitt $f = \dfrac{Q+q}{\dfrac{150 \cdot 100}{10} - T}$	Seilgewicht
1	200 m	$f = \dfrac{10000}{\dfrac{150 \cdot 100}{10} - 200} \sim 7{,}69$ qcm	$S_1 = 1538$ kg
2	200 m	$f = \dfrac{10000 + S_1}{\dfrac{150 \cdot 100}{10} - 200} = \dfrac{11538}{1300} \sim 8{,}87$ qcm	$S_2 = 1774$ kg
3	200 m	$f = \dfrac{10000 + S_1 + S_2}{\dfrac{150 \cdot 100}{10} - 200} = \dfrac{13312}{1300} \sim 10{,}24$ qcm	$S_3 = 2048$ kg
4	200 m	$f = \dfrac{13312 + 2048}{1300} = \dfrac{15360}{1300} \sim 11{,}82$ qcm	$S_4 = 2380$ kg
5	200 m	$f = \dfrac{15360 + 2380}{1300} = \dfrac{17740}{1300} \sim 13{,}65$ qcm	$S_5 = 2744$ kg
	1000 m		10484 kg

Der obere, größte Querschnitt des Seiles — der sogenannte gefährliche Querschnitt — beträgt demnach nur 13,65 qcm, was einem Durchmesser $d = 6{,}2$ cm entspricht, gegenüber den Werten des Seiles von gleichbleibendem Querschnitt mit $f = 20$ qcm und $d = 7{,}65$ cm. Das Gesamtgewicht des Seiles mit stufenweise abnehmenden Querschnitten beläuft sich auf rund 10484 kg, dasjenige des nicht verjüngten Seiles dagegen auf 20000 kg, d. h. auf nahezu 100 v. H. mehr. Hieraus folgt ohne weiteres der nicht unbeträchtliche Vorteil einer Verjüngung von Förderseilen namentlich für größere Schachttiefen, selbst dann, wenn man in Rechnung stellt, daß die ermittelten Querschnitte der einzelnen Stufen sich in Rücksicht auf die Ausführung des Seiles (gangbare Drahtstärken, Bauart des Seiles u. a. m.) nur angenähert verwirklichen lassen.

Von besonderer Bedeutung ist die Seilverjüngung bei jenen Baustoffen, deren spezifisches Gewicht im Verhältnis zur Tragfähigkeit sehr groß ist, wie das vor allem bei den Seilen aus Pflanzenfasern (Aloe-, Hanfseile) der Fall ist. Bei einer Tragfähigkeit von nur etwa 6,5—9 kg/qmm (gegenüber 110—220 kg/qmm bei den

Stahldrahtseilen) erfordern sie für große Seillängen unbedingt eine Verjüngung. Bei einer Tragfähigkeit von etwa 7 kg/qmm kann ein nicht verjüngtes Aloeseil sein Eigengewicht nur bis zu einer Länge von etwa 800 m mit einer 8fachen Sicherheit tragen, während bei einem Stahldrahtseil mit gleichbleibendem Querschnitt bei einer Tragfähigkeit von beispielsweise 160 kg/qmm die entsprechende Seillänge über 2000 m beträgt. Die nachfolgende Tabelle gibt als Beispiel die Werte eines ausgeführten verjüngten Stahldrahtseiles für Spiraltrommeln bei einer Nutzlast von 4000 kg und einer Schachttiefe von 1000 m bei einer 9fachen Sicherheit wieder.

Seillängen in m	Durchmesser des Seiles in mm	Anzahl der Einzeldrähte von je 2,85 mm	Seilgewicht in kg je laufender m	Gewicht der Seilstufe in kg
235	45	80	4,585	1077
235	48	88	5,043	1185
235	51	96	5,5	1292
235	54	104	5,95	1398
246,5	58	112	6,42	1582
1186,5	—	—	—	6534

g) Seilprüfungen.

Über die erforderlichen Prüfungen neu aufzulegender oder im Betriebe befindlicher Seile geben die verschiedenen bergpolizeilichen Vorschriften Aufschluß. Nach einer Zusammenstellung der deutschen und österreichischen Vorschriften von Oberbergrat Körfer, Bonn, bestimmen die preußischen Oberbergämter für die Prüfung der Förderseile in Seilfahrtschächten Nachstehendes.

α) Prüfung der Seile vor dem Auflegen.

Jedes Förderseil muß vor seiner Benutzung zur Seilfahrt folgenden Zerreiß- und Biegungsversuchen unterworfen werden.

Biegungsversuche. — Nach Abhauen eines 1 m langen Seilstückes sind alle Einzeldrähte, mit Ausnahme der Drähte der Seelenlitze des Seiles und der Seelendrähte der Seillitzen, auf Tragfähigkeit und Biegsamkeit zu untersuchen, wobei die Tragfähigkeit jedes Drahtes durch das zu seiner Zerreißung erforderliche Gewicht zu ermitteln ist, während seine Biegbarkeit durch die Anzahl der Biegungen um 180° bei einem Halbmesser von 5 mm an der Biegungsstelle bis zum Zerstören festzustellen ist. Als einzelne Biegung um 180° wird hierbei die Biegung aus der Senkrechten um 90° zur Wagerechten — und zwar abwechselnd nach rechts und links — und wieder in die Senkrechte zurück angesehen.

Zerreißversuche. — Die Zugfestigkeit des ganzen Seiles ist durch Zusammenzählen der zur Zerreißung der Einzeldrähte erforderlichen Gewichte — mit Ausnahme der Kerndrähte der Seelenlitze und der Seelendrähte der Seillitzen — zu ermitteln. Hierbei sind Drähte,

die eine um 20 v. H. geringere Zerreißfestigkeit als die durchschnitt·
lich ermittelte, sowie Drähte, die eine geringere Anzahl von Biegungen
als nachstehend angegeben aushalten, bei der Berechnung der Bruchfestigkeit auszuscheiden:

               Bis ausschließlich 2,00 mm Durchmesser 8 Biegungen,
bei 2,00 mm „   „   2,2 „   „   7   „   ,
  „ 2,2   „   „   „   2,5 „   „   6   „   ,
  „ 2,5   „   „   „   2,8 „   „   5   „   ,
  „ 2,8   „ und darüber 4 Biegungen.

Bei Seilen, zu denen besondere Formdrähte verwendet werden, ist
die Tragfähigkeit durch Zerreißen im ganzen Strange oder in ganzen
Litzen festzustellen.

Neuerdings ist übrigens noch von verschiedenen Seiten angeregt
worden, bei den Biegungsversuchen je nach der Dicke des Drahtes
Dorne von verschiedenem Halbmesser statt des durchgehends 5 mm
betragenden zu verwenden, weil in dicken Drähten an der Biege-
stelle sehr hohe Spannungen bei der Verwendung eines derart kleinen
Halbmessers auftreten. So schlägt beispielsweise die Seilfirma Felten
und Guilleaume-Carlswerk A.-G. folgende Abstufungen unter Beibehaltung der oben aufgeführten Biegungszahlen mit der Begründung
vor, daß dann alle Drähte annähernd gleiche Biegungsspannungen
erleiden:

bei Drähten von 1,6—2,0 mm einen Halbmesser von 5,0 mm,
  „   „   „ 2,0—2,5 „   „   „   „ 6,25 „ ,
  „   „   „ 2,5—3,0 „   „   „   „ 7,5 „ .

Eine bergpolizeiliche Bestimmung hierüber liegt jedoch noch nicht vor.

β) Regelmäßig zu wiederholende Seilprüfungen.

Von jedem Förderseile muß mindestens alle drei Monate (bei
wenig beanspruchten Förderungen alle sechs Monate) das am Förder-
korbende befindliche Seilende in einer Mindestlänge von 3 m über
dem Seileinband abgehauen und das Seil neu eingebunden werden.
Das oberste Meter dieses Seilendes muß in der gleichen Weise auf
seine Tragfähigkeit und Biegsamkeit untersucht werden, wie dies
bei einem neu aufzulegenden Seil vorgeschrieben ist.

Zu diesen regelmäßig wiederkehrenden Seilprüfungen kommen
noch sogenannte Betriebsprüfungen, die täglich, wöchentlich und
sechswöchentlich vorzunehmen sind. Die tägliche Prüfung für die
Seilfahrt besteht in einer Besichtigung des Seiles bei einer Seil·
geschwindigkeit von 1 m/sek, die wöchentliche bei einer Geschwindigkeit von 0,5 m/sek und die sechswöchentliche bei der gleichen Geschwindigkeit, nachdem das Seil von dem ihm anhaftenden Schmutz
befreit worden ist.

Die in den übrigen deutschen Bundesstaaten erlassenen
bergbehördlichen Vorschriften über die Prüfung der Förderseile
stimmen mit den in Preußen geltneden im wesentlichen überein.

In Bayern und Sachsen ist die Berechnung der Tragfähigkeit auf Grund der vorgeschriebenen Zerreißungs- und Biegungsversuche insofern etwas abweichend, als in Preußen die Drähte mit einer um 20 v. H. unter dem Durchschnitt bleibenden Bruchfestigkeit und solche von nicht ausreichender Biegungsfähigkeit bei der Berechnung der Tragfähigkeit ganz vernachlässigt bleiben, während sie in Bayern und Sachsen im Verhältnis zu der vorhandenen Biegsamkeit berücksichtigt werden. Hat beispielsweise ein Draht $^3/_4$ der vorgeschriebenen Biegungen ausgehalten, so wird dieser auch mit dem gleichen Wert der ermittelten Tragfähigkeit in Ansatz gebracht.

Das Abhauen der Seilenden über dem Korb hat in Sachsen mindestens alle vier Monate zu erfolgen; in Bayern wird dieser Zeitraum für jede Anlage besonders festgesetzt.

In Österreich sind von den Bergbehörden die gleichen Vorschriften über die Seilprüfung beim Auflegen der Förderseile erlassen wie in Deutschland. Für Drähte, die den Anforderungen der Biegungsfestigkeit nicht voll entsprechen, gilt die Bestimmung, daß sie im Verhältnis zu der nachgewiesenen Biegsamkeit bei der Ermittelung der Tragfähigkeit berücksichtigt werden können. Die Berghauptmannschaft Prag und ebenso die von Klagenfurt verlangen von jedem Förderseil eine 7fache Sicherheit bei der Auflegung, die Berghauptmannschaft Wien eine 8fache Sicherheit für die Güterförderung. Die Belastung des Seiles bei der Seilfahrt darf nicht mehr als 85 v. H. der Güterförderungbelastung betragen. Eine regelmäßige Wiederholung (alle drei Monate) der Zerreiß- und Biegungsversuche ist nur von der Berghauptmannschaft Wien vorgeschrieben, jedoch nur für Förderseile, deren Aufliegezeit länger als zwei Jahre beträgt.

Eine Prüfung der Drähte von Förderseilen auf Verdrehung oder auf Dehnung wird von den Bergbehörden weder in Deutschland noch in Österreich verlangt. Solche Untersuchungen können nur an neuen Seilen vorgenommen werden. Angestellte Versuche haben nämlich ergeben, daß geringfügige Anrostungen oder geringe, kaum sichtbare äußere Verletzungen des Drahtes dessen Verdrehungsfestigkeit wesentlich verringern, ohne daß dadurch die Tragfähigkeit und Biegungsfähigkeit in Mitleidenschaft gezogen werden. Weiterhin ist auch festgestellt worden, daß die Dehnungsfähigkeit der Förderseile bereits nach einer Benutzungszeit von wenigen Monaten stark vermindert ist.

Für neue Drähte dürfte die Verwindungsprobe, auf die besonders in England Wert gelegt wird, zu empfehlen sein. Sie gibt eine gute Beurteilung der Zähigkeit und der Gleichmäßigkeit des Baustoffes. Sie kann mithin als eine „Qualitätsprobe" angesprochen werden.

h) Das Verhalten der Förderseile im Betriebe.

Ein Förderseil muß im allgemeinen abgelegt werden, wenn es den vorgeschriebenen Mindest-Sicherheitswert für die Seilfahrt oder die Güterförderung nicht mehr aufweist bzw. bei den Treibscheibenmaschinen nach einer zweijährigen und bei den Flachseilen nach einer einjährigen Betriebszeit für Seilfahrt. Eine Ausnahme von diesen Regeln kann nur das zuständige Oberbergamt von Fall zu Fall zulassen, dessen Genehmigung in jedem Einzelfall einzuholen ist. Die begrenzte Aufliegezeit eines Treibscheibenseiles ist einmal wegen der Unmöglichkeit seiner Prüfung durch das Abhauen des untersten Endes geboten, dann aber auch, weil es infolge der gleichzeitigen Förderung mit beiden Enden sowie durch die Reibung, das Gleiten, durch die Stöße und das Drehbestreben im allgemeinen stärker beansprucht wird als ein Trommelseil.

Die Lebensdauer eines Förderseiles ist im wesentlichen von der Größe der Seilabnutzung abhängig, die wiederum durch die Förderleistung, den Zustand der Fördereinrichtung und von der Beschaffenheit der Schachtwasser beeinflußt wird.

Die Leistung eines Förderseiles wird in Nutz-Tonnenkilometer angegeben. Sie betrug beispielsweise gemäß dem Bericht über die Seilstatistiken für 1913 im Oberbergamtsbezirk Breslau im Durchschnitt 78 000 tkm, im Oberbergamtsbezirk Dortmund war dagegen die mittlere Leistung aller in demselben Jahre benutzten Seile 160 000 tkm, 32,8 v. H. der Seile mit einer Bruchfestigkeit von 170 kg/qmm wiesen sogar eine Leistung von über 200 000 tkm auf. In tieferen Schächten können Leistungen von 400 000 bis 500 000 tkm und darüber erreicht werden.

In den letzten Jahren ist übrigens auch von verschiedenen Seiten (Herbst, Speer, Baumann) der Vorschlag gemacht worden, bei größeren Schachttiefen weniger Wert auf eine möglichst lange Aufliegezeit zu legen, sondern vielmehr den Sicherheitswert der Seile zu verringern und damit die Aufliegezeit zu verkürzen. Eine solche Verringerung des Sicherheitswertes hat, wie wir gesehen haben, einen kleineren Querschnitt und dadurch ein kleineres Eigengewicht des Seiles zur Folge, dies ist aber für die Wirtschaftlichkeit der Anlage von wesentlicher Bedeutung. Dieser Vorschlag verdient fraglos Beachtung.

Von wesentlichem Einfluß auf den Seilverschleiß ist auch die Gesamtanordnung der Anlage insbesondere hinsichtlich der Größe des Seilablenkungswinkels zwischen dem Seilträger und der Seilscheibe, der Art, Anzahl und Stärke der Seilbiegungen. Auch die Seillaufflächenbeschaffenheit der Scheiben und Seilträger darf hier nicht übersehen werden. Chemische Einflüsse verringern ebenfalls die Lebensdauer der Förderseile. Durch die Rostbeschädigung in nassen Schächten, namentlich bei dem Vorkommen eines sauren oder salzigen Schachtwassers leiden die Seile ganz besonders. Sie sind darum regelmäßig mit säurefreier Schmiere sorgfältig einzufetten, aber nicht nur die Seillängen von den Seilscheiben bis zum Schachttiefsten etwa, sondern auch jene Teile, die bei der tiefsten Förderkorbstellung zwischen dem Seilträger und der Seilscheibe liegen,

sowie der Seileinband. Auch das Vorratsseil, das ja auf jedem
Werk vorhanden sein muß, ist von Zeit zu Zeit einzufetten. Förderseile für Treibscheibenbetrieb, bei denen eine reichliche Schmierung
wegen der Reibungsverminderung nicht angängig ist, werden mit
einer Zinkschicht von 0,04 bis 0,07 mm überzogen, wobei die Verzinkung meist in einem heißen Zinkbade von etwa 500^0 C vorgenommen wird. Ein Nachteil dieses Seilschutzes besteht aber darin,
daß die Biegsamkeit, die Festigkeit und Dehnbarkeit, besonders bei
Drähten mit größerer Bruchfestigkeit (von $\sim$ 165 kg/qmm ab), stark
in Mitleidenschaft gezogen wird und auch der Zink im Laufe der Zeit
mehr oder weniger stark abblättert. Nach den Untersuchungen von
Speer sind diese Nachteile hauptsächlich auf die Verzinkung bei zu
hoher Temperatur zurückzuführen. Sie können bei richtiger Ausführung nahezu vermieden werden. Als ein gutes Rostschutzmittel insbesondere beim Vorhandensein von salzigem Wasser wird auch eine
Verbleiung der Förderseile angesehen. Für derartig verkleidete Förderseile gelten dieselben Erwägungen wie für verzinkte Seile.

Herbst[1] hat, gestützt auf die Angaben der Seilstatistik, festgestellt, daß das Einfetten der Seile mittels Schmiere eine gute
Schutzwirkung nur in trockenen Schächten aufwies, daß jedoch in
nassen Schächten ein wesentlicher Unterschied zwischen geschmierten
und ungeschmierten Seilen nicht nachweisbar ist. Hieraus folgt, daß bei
nassen Schachtanlagen eine ständige und gute Beobachtung des Förderseiles notwendig ist und ebenso auch das Schmierverfahren für
nasse Seile einer dringenden Verbesserung bedarf.

Infolge ihrer technischen Vervollkommnung sind die Förderseile
bei der Beobachtung der vorgeschriebenen Überwachungsregeln und
Festigkeitsprüfungen ein durchaus betriebssicherer und zuverlässiger
Bestandteil der Förderanlage geworden. Brüche, deren Ursache in
einer Minderwertigkeit des Seiles oder in der fehlerhaften Beschaffenheit des Baustoffes liegen, gehören heute zu den Seltenheiten und
schädigen stark das Ansehen des Herstellers. Nach amtlichen Fest-
stellungen kann angenommen werden, daß auf je 100 abgelegte
Seile etwa 1 Seilbruch entfällt, der aber fast stets das Wirken
äußerer gewaltsamer Zerstörungskräfte als Hauptquelle aufweist.
Plötzliche Seilbrüche entstehen in den weitaus meisten Fällen entweder unmittelbar über dem Einband am Förderkorb und sind auf
das Hängeseil znrückzuführen, oder aber innerhalb des Schachtgerüstes infolge Übertreiben des Korbes bis zur Seilscheibe. Es ist
daher empfehlenswert, bei den regelmäßigen Seilprüfungen der Trommelseile das abzuhauende Förderseilende über dem Förderkorb so
lang zu bemessen, daß hierdurch die durch Stauchungen am Korb-
einband besonders in Mitleidenschaft gezogene Stelle beseitigt wird.
Damit werden auch gleichzeitig die vor den Seilscheiben und am
Seilträger stark beanspruchten Teile des Seiles in ihrer Lage geändert.

---

[1] „Glückauf" 1912.

Aus der gleichen Erwägung heraus muß man daher auch der Zweckmäßigkeit der neuerdings von verschiedenen Seiten erhobenen Forderung auf Aufhebung der Bestimmungen über das Seilabhauen kritisch gegenüberstehen. Zweifellos können aber aus den in bestimmten Zeiträumen vorzunehmenden Seilprüfungen der Trommelseile wertvolle Schlußfolgerungen für das ganze Förderseil gezogen werden. Eine andere der kritischen Beurteilung würdige Frage ist dagegen die, durch die Einführung anderer Zeiträume eine Erleichterung der Vorschrift über das Seilabhauen zu schaffen, beispielsweise durch die Bestimmung, diese Förderseile im ersten Jahre nur halbjährig und dann in dreimonatlichen Zeitintervallen zu prüfen.

i) Seilschwingungsmesser.
(Beschleunigungsmesser.)

Jede plötzliche Änderung der Fördergeschwindigkeit, d. h. jede hohe Beschleunigung, ruft im Förderseil größere Zugkräfte hervor und gefährdet somit die Gleichmäßigkeit der Seilbeanspruchung. Sie hat stets mehr oder weniger starke Seilschwingungen zur Folge. Derartige plötzliche Geschwindigkeitsänderungen kommen sowohl bei hohen, wie auch bei niederen Seilgeschwindigkeiten vor. So erfolgt beispielsweise das Umsetzen bei einer ganz geringen Seilgeschwindigkeit, und doch können die hierbei auftretenden Beschleunigungen dagegen recht beträchtliche Werte annehmen. Die Tatsache, daß die Kenntnis der Größe der für eine gleichmäßige Seilbeanspruchung so schädlichen plötzlichen Geschwindigkeitsänderungen in einem För-

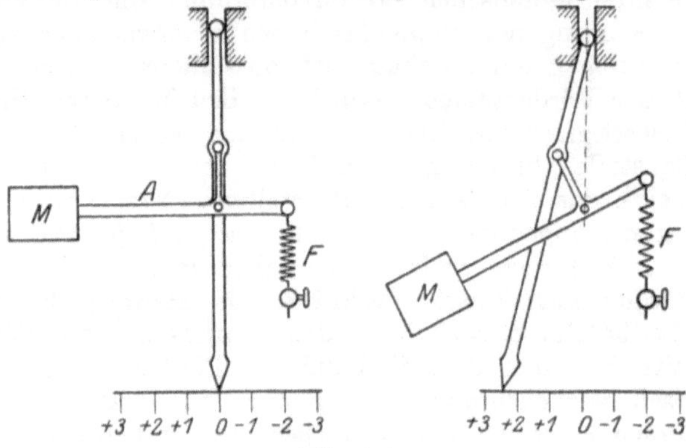

Abb. 110.

dermaschinenbetriebe von größter Wichtigkeit ist, diese Änderungen weiterhin aber durch das vom Geschwindigkeitsmesser aufgenommene Diagramm nur recht unvollkommen zum Ausdruck gebracht werden, ja in vielen Fällen nicht einmal sichtbar aufgezeichnet sind, hat den Geheimen Bergrat Prof. Dr. E. Jahnke bewogen, der Frage der Messung und der selbsttätigen Aufzeichnung der im Förderbetriebe vorkommenden Beschleunigungen sein volles Augenmerk zuzuwenden. In gemeinsamer Arbeit mit dem Oberingenier der Siemens-Halske A.G., Dr. Keinath, ist auf Grund eingehender Versuche eine derartige selbsttätig registrierende Meßvorrichtung entstanden, deren Wirkungsweise aus der schematischen Darstellung Abb. 110 ersichtlich ist. Hiernach besteht der Seilschwingungsmesser von Jahnke und Keinath in der Hauptsache aus einer Masse M, die an dem freien Ende eines Winkelarmes A angebracht ist und durch eine Schraubenfeder F im Gleichgewicht gehalten wird. Der Winkelarm A ist mit der Drehachse der Meßvorrichtung verbunden. Wird dieserSeilschwingungsmesser in einem Förderkorb aufgehängt, so wird bei eintretenderBeschleunigung des in senkrechter Richtung auf- und abwärtsfahrenden Korbes die Masse M ausschwingen, wobei die bogenförmigen Bewegungen der Masse durch einen Ellipsenlenker in eine geradlinige Bewegung der Schreibfeder übergeführt werden. Zur Abdämpfung der Schwingungen ist eine besondere Abdämpfungsvorrichtung vorgesehen. Abb. 111 stellt eine Ausführung des von der Aktiengesellschaft Siemens & Halske-Berlin gebauten Beschleunigungsmessers dar.

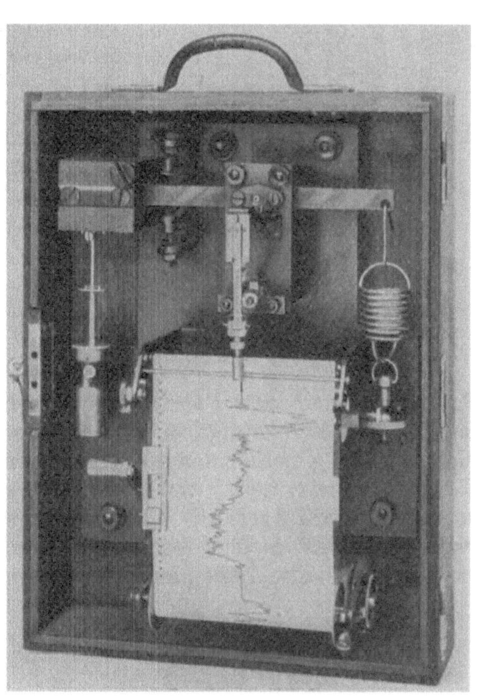

Abb. 111.

Diese Meßvorrichtung hat sich in der Praxis bereits bewährt.

Die Abb. 112 und 113 zeigen zwei mit dem Beschleunigungsmesser aufgenommene Diagramme der Förderanlage Bahnschacht II der Königsgrube, Königshütte (Oberschlesien). Die Förderanlage wird dort mittels einer elektrischen Treibscheibenmaschine mit einem Gleichstrommotor von 360—630 PS in Leonardschaltung angetrieben. Der Förderweg beträgt 188 m und die Höchstgeschwindigkeit $v_h = 10$ m/sek. Das Unterseil hat ein Gewicht von 10,3 kg/m, das Oberseil von 7,8 kg/m, so daß ein Übergewicht von 2,5 kg/m des Unterseiles gegenüber dem Oberseil vorliegt. Die Förderkörbe sind zweistöckig mit je zwei Wagen hintereinander stehend ausgebildet (einmaliges Umsetzen) und haben Schacht-Seilführungen. Der Durchmesser der Treibscheibe beträgt 4,5 m.

Abb. 112[1]) zeigt das Schaubild des niedergehenden Förderseiltrums bei einer Güterförderung mit 4 leeren Wagen abwärts und 4 vollen aufwärts. Wie aus dem Diagramm eindeutig zu ersehen ist, erfolgt die Förderung im Anfahrabschnitt nicht mit ganz gleichbleibender Beschleunigung. Diese Unregelmäßigkeit ist darauf zurückzuführen, daß der Steuerhebel nicht entsprechend seiner allmählichen

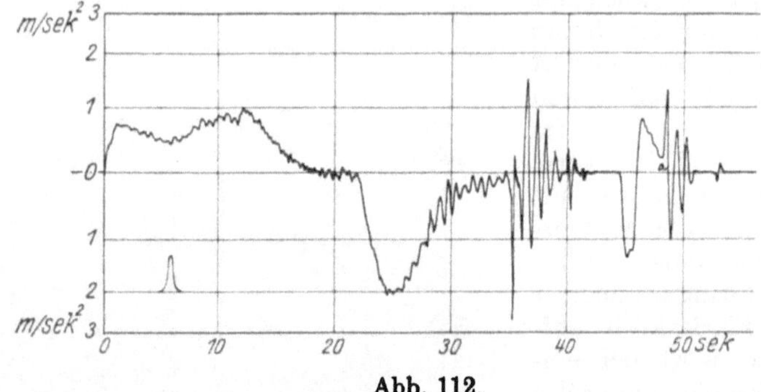

Abb. 112.

Freigabe durch den Fahrtregler ausgelegt wurde. Nach Erreichung der Höchstgeschwindigkeit von 10 m/sek (Beschleunigung $= 0$) und einer kurzen gleichförmigen Fahrt beginnt etwa in der 22. Sekunde der Verzögerungsabschnitt, wobei der Steuerhebel durch den Fahrtregler selbsttätig zurückgeführt wird. In der 35. Sekunde erfolgt ein leichtes Aufstoßen des niedergehenden Förderkorbes auf die Aufsetzvorrichtung mit anschließendem Ausschwingen des langen Seiles während

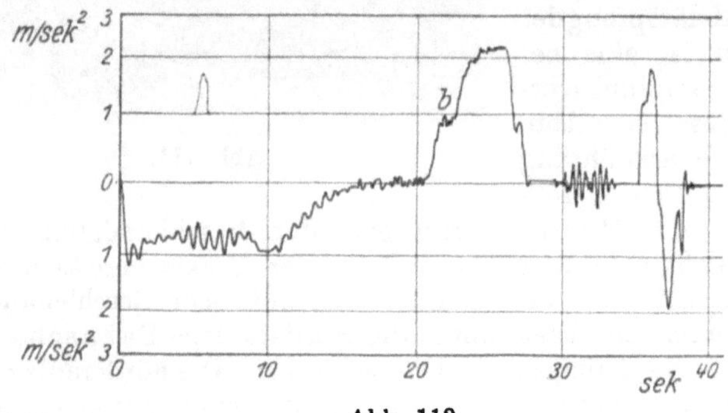

Abb. 113.

der Entladung und Beladung des Korbes. Zwischen der 44. und 48. Sekunde wird der Korb umgesetzt (unharmonische Schwingungen), und danach wird durch Auflegen der Betriebsbremse eine Stillsetzung

---

[1]) Die Schaubilder aus der Dissertation von Dipl.-Ing. Heilmann: „Untersuchungen an Sicherheitsapparaten und Fahrtreglern". Techn. Hochschule zu Berlin. 1922.

der Fördermaschine herbeigeführt (Diagrammpunkt *a*). Vom Punkt *a* ab schwingt das Seil aus.

Das mit dem Karlikschen Geschwindigkeitsmesser aufgenommene Geschwindigkeitsdiagramm ist in das Schaubild Abb. 112 unten links eingezeichnet.

Die Abb. 113 gibt die zeichnerische Darstellung der Seilschwingungen des aufwärtsgehenden Seiltrums wieder bei einer Güterförderung mit vier vollen Wagen aufwärts und vier leeren Wagen abwärts. Das Schaubild zeigt eine gute Anfahrbeschleunigung von nahezu 1 m/sek² mit einer in der 10. Sekunde beginnenden gleichmäßigen Abnahme der Beschleunigung (Verminderung der Leistungsspitze). Etwa in der 21. Sekunde beginnt der vom Fahrtregler gesteuerte Auslaufabschnitt. Trotz des Eingreifens des Maschinenführers bei *b* zur Abschwächung der stark anwachsenden Verzögerung wird ein Höchstwert von etwa 2 m/sek² erreicht. Nach der 30. Sekunde erfolgt das Entladen und Beladen des Korbes an der Hängebank, nach der 35. Sekunde das Umsetzen des Förderkorbes. Obwohl die Geschwindigkeiten beim Umsetzen sehr gering sind, betragen die Beschleunigungen nahezu 2 m/sek².

In den Abbildungen 114 und 115 sind die Seilschwingungsverhältnisse der Förderanlage auf dem Richthofenschacht der Gieschegrube bei Schoppinitz in Oberschlesien zeichnerisch dargestellt. Die Treibscheibe

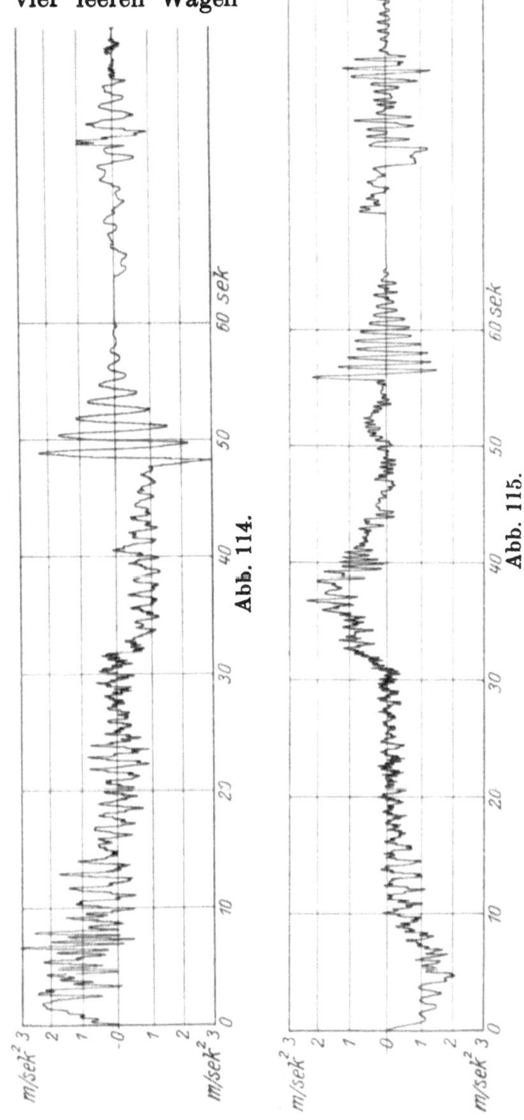

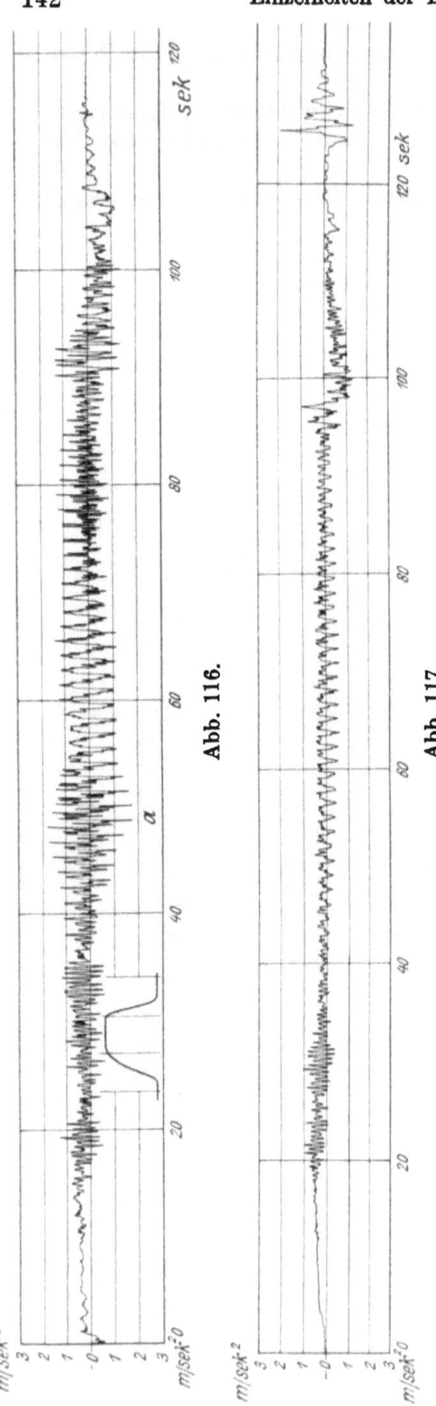

von 4,2 m Durchmesser wird hier von einer mit Iversen-Fahrtregler (Bauart 1914) ausgerüsteten Zwillingsdampfmaschine angetrieben. Der Förderweg beträgt 455 m, die Höchstgeschwindigkeit 12 m/sek. Das Oberseil hat ein Gewicht von 7,3 kg/m, das Unterseil ein solches von 8,0 kg/m. Eine Aufsatzvorrichtung ist an der Hängebank nicht vorhanden, dagegen befindet sich am Füllort eine Schwenkbühne.

Abb. 114 zeigt das Schaubild des niedergehenden Seiltrums bei der Güterförderung mit vier leeren Wagen abwärts und vier vollen aufwärts. Die einsetzende Anfahrbeschleunigung beträgt etwa 2 m/sek², erfährt dann aber infolge einer selbsttätigen Füllungseinstellung durch den Fahrtregler eine allmähliche Abnahme bis zum Beginn der gleichförmigen Fahrt in der 15. Sekunde. Dieser Gleichlauf dauert bis zur 30. Sekunde. Nach der 30. Sekunde beginnt die vorbildlich gleichbleibende Auslaufverzögerung, die bis zum Stillsetzen der Maschine nach der 47. Sekunde anhält. Die durch das Auflegen der Bremse herbeigeführten Schwingungen des Korbes am langen Förderseil dauern etwa bis zur 60. Sekunde. Nachdem treten noch Seilschwingungen beim Entladen und späteren Umsetzen des Korbes auf. Das aufwärtsgehende Seiltrum mit 4 vollen Wagen aufwärts und 4 leeren Wagen abwärts ergibt das Schaubild Abb. 115. Die beim Anfahren einsetzende Beschleunigung nimmt durch die Wirkung des Fahrtreglers (selbsttätige Expansionseinstellung) allmählich ab. Etwa von der 20. Sekunde ab bis zur 30. Sekunde herrscht gleichförmige Fahrt und im Anschluß hieran erfolgt der Auslaufabschnitt, der allerdings nicht so gut verläuft wie bei dem Schaubild der Abb. 114. In der 55. Sekunde wird die Maschine durch das Auflegen der Bremse stillgesetzt, es treten hochfrequente Seilschwingungen an der Hängebank auf. Später erfolgt das Beladen des Korbes und das Umsetzen.

Welche Bedeutung die Untersuchungen der Förderseilschwingungen mit dem Beschleunigungsmesser zur Aufdeckung von Störungsstellen haben können, das zeigen beispielsweise die Schaubilder Abb. 116 und 117, die von der Förderanlage auf dem Richter-Schacht der Gewerkschaft Pöthen in Thüringen herstammen. Hier ist eine elektrische Flurköpemaschine mit Leonardschaltung für eine Nutzlast von 3000 kg mit einer höchsten Fördergeschwindigkeit von 13 m/sek eingebaut. Der Förderweg beträgt 1010 m[1]). Die nicht unerheblichen Schwingungen bei der Aufnahme nach Schaubild 116, die ganz beträchtliche Beanspruchungen des Förderseiles hervorrufen, rühren hauptsächlich von der Unrundung der Treibscheibe und der Seilscheibe her, zu denen noch sich überlagernde Stoßwellen hinzukommen. Diese Stöße treten besonders heftig bei einer Entfernung von etwa 470 m von der Hängebank auf (Abschnitt „a“ im Diagramm Abb. 116). Das mit dem Karlikschen Geschwindigkeitsmesser aufgenommene Geschwindigkeitsdiagramm, aus dem die starken Beanspruchungen des Förderseiles nicht zu ersehen sind, ist in das Schaubild Abb. 116 eingezeichnet, Abb. 117 zeigt das aufgenommene Beschleunigungsdiagramm derselben Anlage nach Beseitigung der Unrundung durch ein Abdrehen der Treibscheibe. Es weist wesentlich kleinere Amplituden der Schwingungen auf und läßt auf einen bedeutend ruhigeren Lauf des Förderseiles schließen.

2. Die Seilträger.

A. Die Trommeln.

Es sind zu unterscheiden:
a) die zylindrischen Trommeln,
b) die kegelförmigen Trommeln mit den Unterteilungen:
   α) konische Trommeln,
   β) Spiraltrommeln,
   γ) konisch-zylindrische Trommeln.

a) Zylindrische Trommeln.

Die Hauptteile einer zylindrischen Trommel sind gemäß Abb. 118 die auf der Welle fest aufgekeilten Naben N, die mittels

---

[1]) Prüfung von Seil und Treibscheibe während der Betriebsfahrt auf den Kalizechen Volkenrode und Pöthen. Von Geh. Bergrat Jahnke und Dipl.-Ing. W. Heilmann. Zeitschrift „Kali“ 1921, Heft 14.

strahlenförmig nach außen gehenden Speichen S mit den Kränzen K verbunden sind, sowie der zylindrische Seillaufmantel L. Die Speichen S (im allgemeinen 6 bis 12) sind durch Querstangen s starr

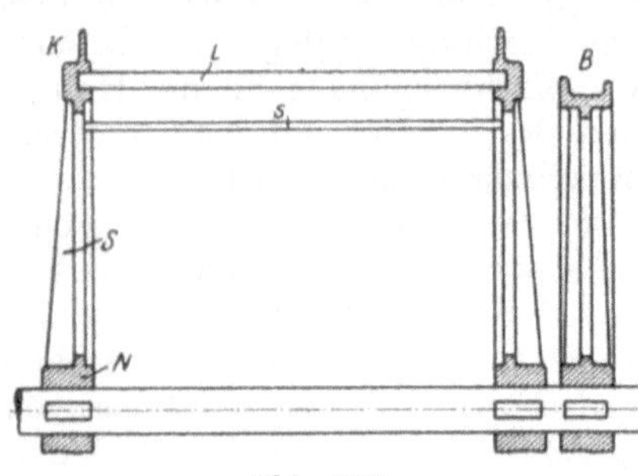

Abb. 118.

miteinander verbunden. Die Stirnseiten dieser kleinen Trommel bestehen aus einem gußeisernen Stück, der Seillauf zur Schonung des Seiles aus Holzbohlen von 60 bis 120 mm Stärke. Neben der Trommel sitzt, auf der Welle getrennt aufgekeilt, eine Bremsscheibe B. Diese Anordnung der gesonderten Bremsscheibe kommt jedoch nur bei kleineren Trommeln vor, während die Bremsscheibe bei den größeren Trommeln fast ausschließlich unmittelbar an den Trommelkränzen befestigt ist.

Abb. 119 zeigt zwei gußeißerne Fördertrommeln in einer Ansichts- und einer Schnittdarstellung. Von besonderer Bauart ist die Nabe der Trommel Abb. 119a. Sie besteht aus zwei Teilen, von denen der

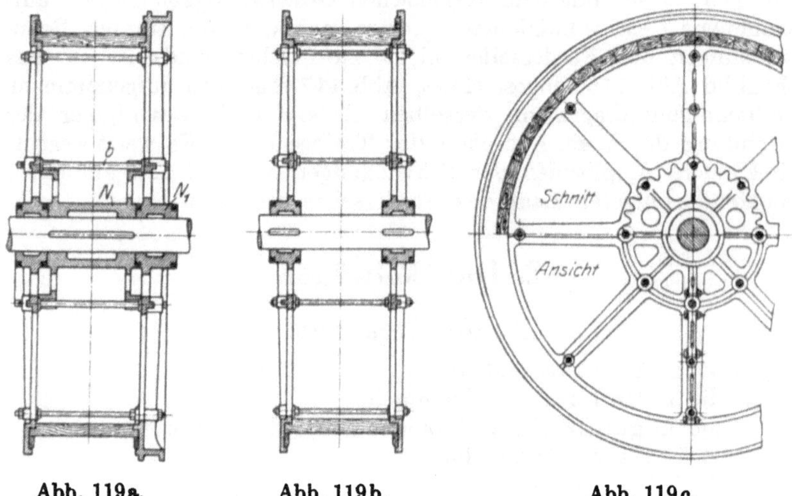

Abb. 119a.   Abb. 119b.   Abb. 119c.

eine Teil N auf der Welle fest aufgekeilt ist, während der andere N_1 mit der Trommel in fester Verbindung steht. Durch beide Nabenteile gehen gemeinsame Befestigungsschrauben b, so daß nach dem Lösen dieser Schrauben die Trommel mit dem Nabenteil N_1 gegen die Welle mit dem fest aufgekeilten Nabenteil N gedreht werden kann. Eine derartige Trommel heißt darum auch „Lostrommel“ im Gegensatz zur „Festtrommel“ (Abb. 119b). Sie findet für das

„Umstecken" bei einer Förderung von verschiedenen Sohlen Anwendung. Die Bremsscheibe sitzt bei der Lostrommel unmittelbar am Trommelkranz.

Größere Trommeln mit einem Durchmesser von etwa 3 m an bestehen nicht durchweg aus Gußeisen, sondern weisen gußeiserne Naben und Kränze auf, dagegen Speichen aus ⌶-Eisen mit aufgelegtem Blechmantel und Versteifungsringen aus ⌶-Eisen, die bedingt sind durch die größeren Biegungsbeanspruchungen infolge der größeren Kraftübertragung vom Umfang der Trommel auf die Welle. Abb. 120 stellt eine solche größere Trommel als „Lostrommel" dar. Der hölzerne

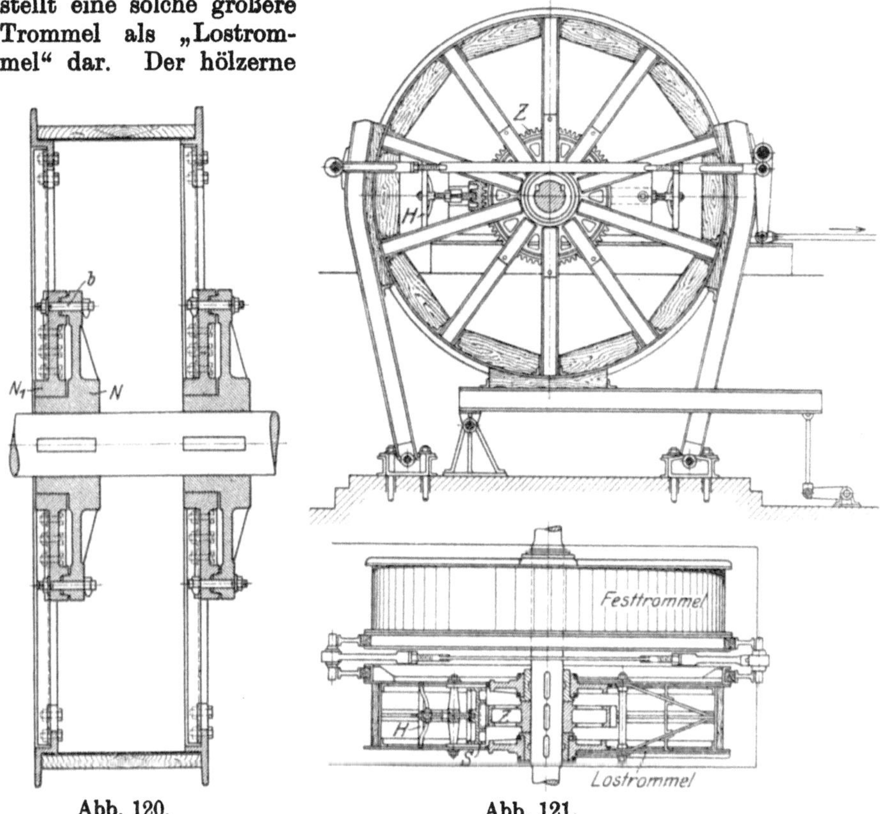

Abb. 120. Abb. 121.

Seillauf ruht auf einem Eisenblechmantel. Die Bauart der Naben ist eine ähnliche wie diejenige der Lostrommelnabe in Abb. 119.

Bei den meisten Ausführungsarten der zylindrischen Fördertrommeln bestehen nicht nur die Speichen, sondern auch die Kränze aus Schmiedeeisen. Abb. 121 zeigt das Beispiel zweier dieser Trommeln und zwar sowohl als „Lostrommel" wie auch als „Festtrommel" ausgebildet. Die „Lostrommel" ist hier im Grundriß und Schnitt dargestellt. Zum Zwecke einer möglichst gleichmäßigen Verteilung der

Umfangskräfte auf die beiden Stirnseiten sind sie durch Querverbände
gut gegeneinander abgesteift. Der Aufriß der Abbildung zeigt die
Verbindung der aus [-Eisen bestehenden Speichen mit der Nabe
und dem Kranz sowie die Verstärkung des Kranzes und der Speichen
untereinander. Für den Seillauf ist ein besonderer Holzbelag vorgesehen.

Abb. 122 zeigt zwei große zylindrische Trommeln mit schweren
gußeisernen Naben. Da das Gewicht dieser Naben recht groß ist, so
werden sie meist geteilt hergestellt. Die einzelnen Teile werden dann

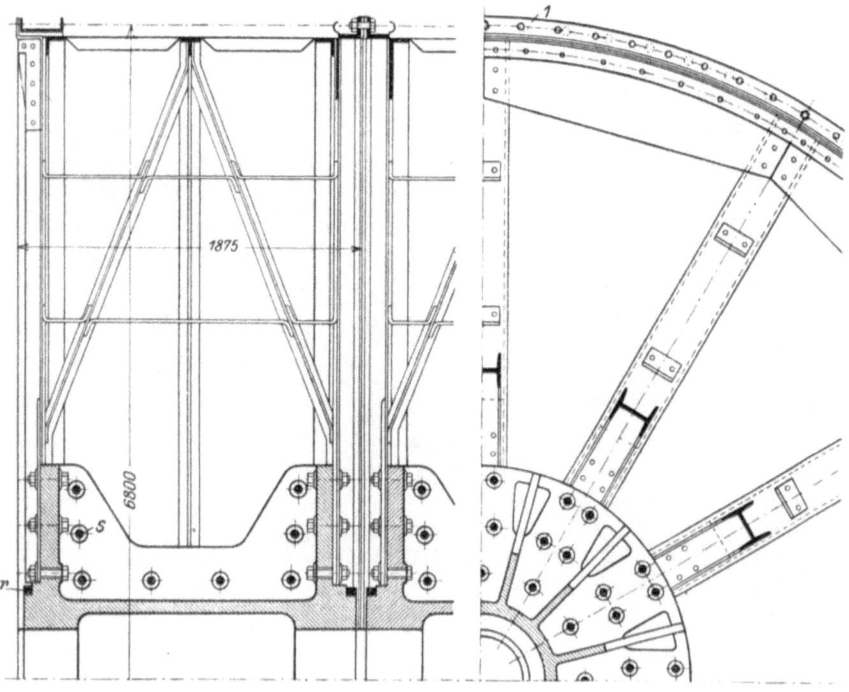

Abb. 122.

durch die Schrauben s und die Schrumpfringe r miteinander verbunden.
Auch bei diesen Trommeln ist die eine Nabe auf der Welle fest
aufgekeilt, während die andere nur lose aufsitzt. Die beiden inneren
Kränze der Trommeln sind am äußeren Umfange untereinander befestigt.
Der Seillaufmantel besteht aus glattem Eisenblech, der häufig mit
„Seillaufeisen" versehen ist (Abb. 123). Diese Seillaufeisen werden
aus Profileisen gebildet, die auf den Blechmantel aufgesetzt sind.
Blechmantel und Seillauf müssen an allen Stellen mit durchaus
gleichem Durchmesser ausgeführt sein, damit das Ab- bzw. Aufwickeln
der beiden Seile stets gleichartig erfolgt. Bei Abweichungen in den
Durchmessern würden die beiden Trommeln bei der gleichen Umdrehzahl

verschiedene Wege der
so daß dann die Förder-
tig an ihren Anschlagspunk-
Die beiden Trommeln
schine sitzen meist neben-
und werden nur selten
Gründe erfordern) auf zwei
hintereinander angeordnet.
werden bei den Trommeln
mit Vorteil unmittelbar
tigt, wobei eine jede Trom-

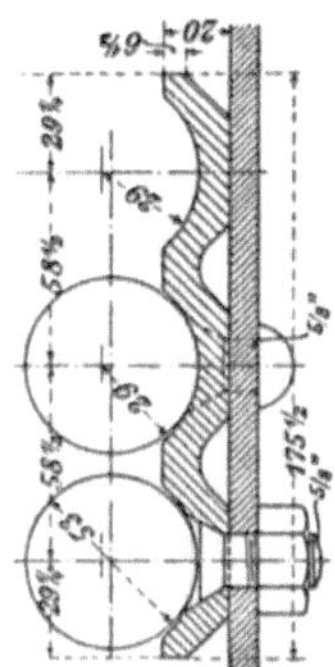

Förderseile ergeben,
körbe nie gleichzei-
ten stehen würden.
in einer Förderma-
einander auf der Welle
(wenn es besondere
besonderen Wellen
Die Bremskränze
größerer Leistungen
am Seilträger befes-
mel einen besonderen

Abb. 123.

Bremskranz erhält. In den meisten Fällen sitzen diese Bremskränze an der Außenseite gemäß Abb. 122, seltener in der Mitte
nach Abb. 121.

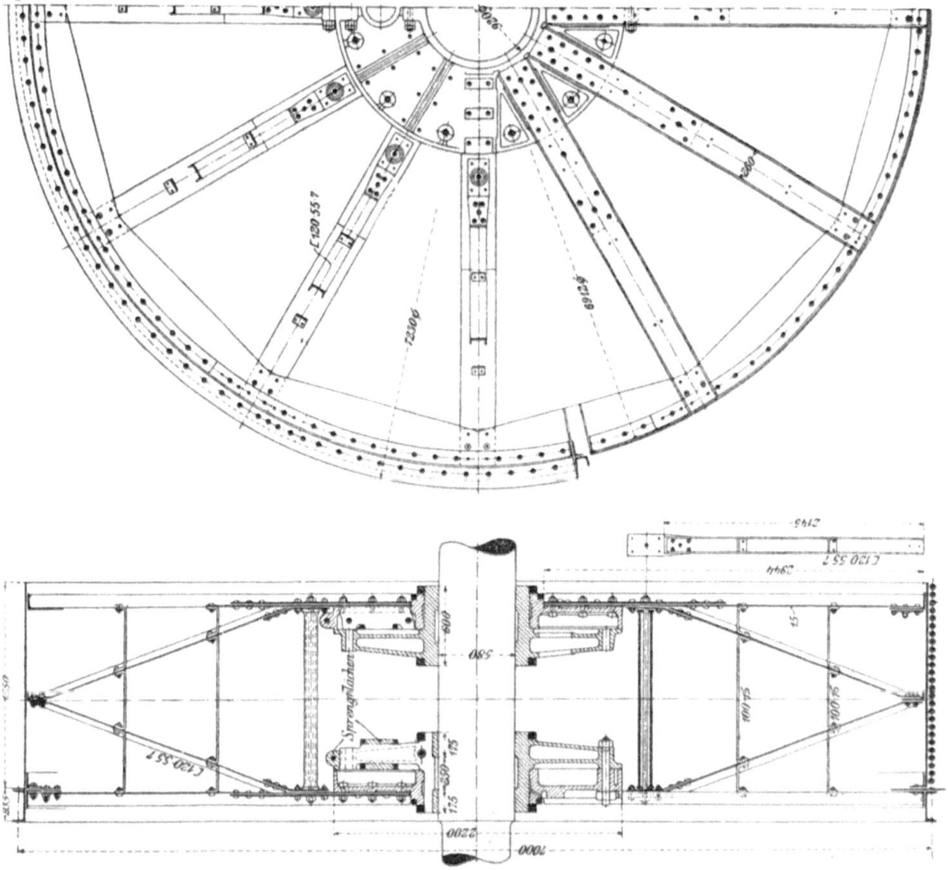

10*

Über die Ermittlung der Trommelabmessungen und die üblichen Größen von Trommeln s. S. 44 ff., über Trommelgewichte s. S. 23. Für die Speichen werden $\Box$-Eisen NP. 20—30, für die Verstrebungen Flacheisen 25×150 mm bzw. Winkeleisen 80×80 mm und $\Box$-Eisen NP. 12 verwendet. Der Trommelmantel wird im allgemeinen aus

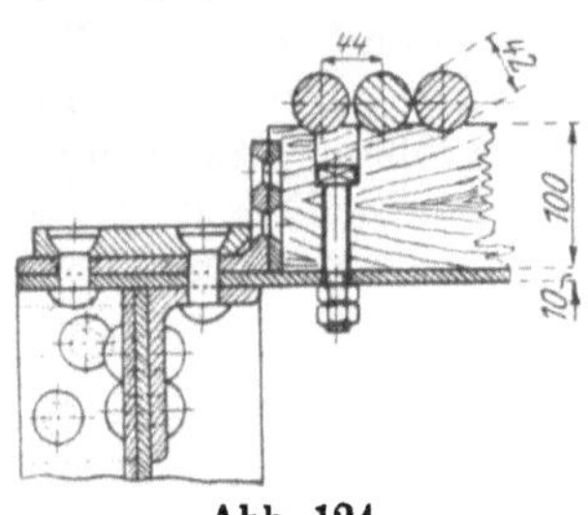

Abb. 124.

8—10 mm starkem Eisenblech hergestellt, der Holzbelag besteht aus Buche, Eiche, Esche oder Ulme von 60—120 mm Stärke (Abb. 124). Die Bremsringe werden überwiegend als Kränze aus $\Box$-Eisen NP. $23\,^1/_2$ ausgebildet.

Die durch starke Umfangskräfte zum Teil stoßweise und in wechselnder Richtung beanspruchte Trommel erfordert eine äußerst solide und feste Bauart. Namentlich den Nietverbindungen und den Verbindungsstellen der Bremsringe mit den Trommeln ist die größte Beachtung zuzuwenden. Die Befestigung der Trommel auf der ausschließlich aus bestem Martinstahl bestehenden Welle erfolgt überwiegend durch zwei, um 90^0 versetzte stählerne Tangential-Flachkeile. Die Welle selbst enthält oft Durchbohrungen in der Längsachse zur Feststellung der Güte des Baustoffes.

Eine besondere Trommel-Bauart ist von O. Kammerer-Charlottenburg angegeben worden, die in Abb. 125 schematisch dargestellt ist

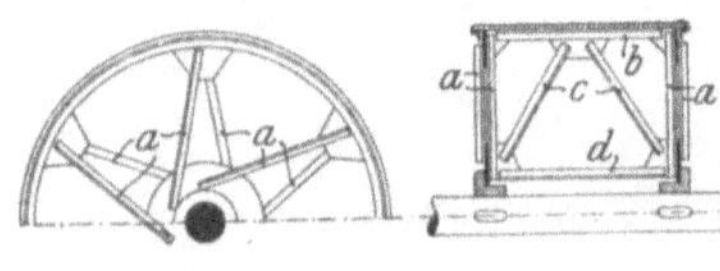

Abb. 125.

(D. R. P. 182711). Wesentlich daran ist die technisch gute Durchbildung, indem die Bauteile der Trommel ein räumliches Fachwerk mit gut ausgebildeten Knotenpunkten bilden. Die den Trommelkranz stützenden und der gegenseitigen Befestigung der beiden Naben dienenden Oberbalken d sind durch Speichen a und durch Diagonalstreben c verbunden. Die Speichen a münden hier tangential in die Naben. In einem so ausgebildeten räumlichen Fachwerk werden die einzelnen Glieder nur auf Zug und Druck beansprucht, die Biegungsspannungen sind unwesentlich.

Eine zylindrische Trommel mit doppeltem Seillauf zeigt Abb. 126. Sie gestattet ebenfalls eine zweitrümige Förderung, weil bei der angegebenen Drehrichtung sich das oberschlägige Seil abwickelt, während das unterschlägige Seil gleichzeitig aufgewunden wird. Ein Umstecken zur Förderung von verschiedenen Sohlen ist hierbei jedoch nicht möglich. Um nun dieses zu erreichen, hat

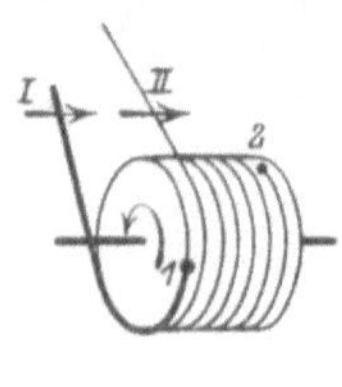

Abb. 126. 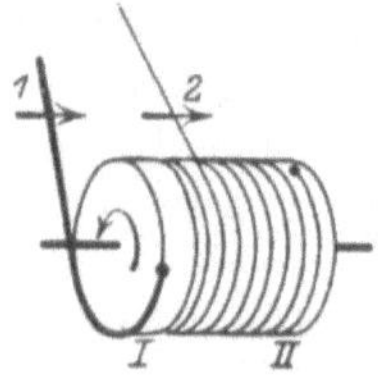   Abb. 127.

Böttcher-Herne (D.R.P. 27 643) die Anordnung gemäß Abb. 127 getroffen. Neben der breiten Haupttrommel II, die lösbar ist, befindet sich eine schmale Festtrommel I. Das Seil 2 wandert nur auf der Lostrommel II, das Seil 1 dagegen auf beiden Trommeln. Soll nun umgesteckt werden, und steht der Förderkorb des Seiles 2 auf der Hängebank, dann ist das Seil 2 aufgewickelt, befindet sich aber immer noch auf der Lostrommel II, während das Seil 1 mit seinem Förderkorb am Füllort von der Festtrommel I abgewickelt ist. Nach Abkupplung der Lostrommel wird von der Maschine der unten befindliche Korb nach der gewünschten Zwischensohle gehoben, wobei sich das Seil 1 auf der Festtrommel entsprechend aufwindet. Nach der Einkupplung der Lostrommel laufen dann beide Seile wieder gemeinsam auf dieser.

Wie wir früher gesehen haben (Seite 45), muß die Breite einer Trommel derart bemessen sein, daß neben der dem Förderweg entsprechenden Seillänge noch mehrere Überschußwindungen untergebracht werden können. Bei der Anordnung von Fritsch (D.R.P. 86 664) sind diese Überschußwindungen zur Ersparnis an Trommelbreite im Innern der Fördertrommel auf einer besonderen kleinen, aus einem ⊏-Eisenkranz bestehenden Trommel aufgewickelt. Abb. 128

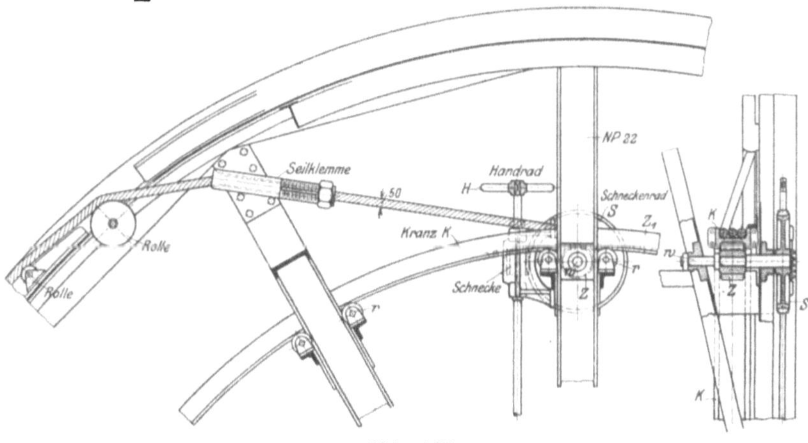

Abb. 128.

zeigt diese Ausführungsart. Der Innenkranz K, der etwa drei Seilwindungen faßt, ruht auf mehreren in den Speichen gelagerten Rollen r. Die Innenseite ist mit einer Verzahnung Z_1 versehen, in die ein Zahnrad Z eingreift. Das Zahnrad Z ist in einer Speiche gelagert und trägt auf seiner Welle ein Schneckenrad S, das durch die Schnecke und das Handrad H gedreht werden kann. Soll nun das Vorratsseil auf die Fördertrommel übergeleitet werden, so wird nach erfolgter Lösung einer Seilklemme an der Trommel der Kranz K durch das Handrad H gedreht und damit das Seil nach außen auf die Haupttrommel gezogen. Entsprechend dem Nachführen des durch

Seilabhauen gekürzten Seiltrums in den Schacht und der abgewickelten Überschußwindung angepaßt muß das Förderseil dann auf der Fördertrommel umgelegt werden, ein Verfahren, das ziemlich umständlich ist.

Die Verbindung des Förderseiles mit der Trommel geschieht in einfacher Weise dadurch, daß das Seil durch ein Loch im Trommelmantel hindurch zu der an einer Speiche befestigten Seilklemme geführt wird. Die Seilklemme ist in ihrem vorderen Teile geschlitzt, so daß sie mittels der vorderen Mutter fest gegen das Seil gepreßt werden kann. Diese Befestigungsart genügt vollkommen, da die Befestigungsstelle infolge der auf der Trommel verbleibenden Überschußwindungen nur durch verhältnismäßig geringe Kräfte beansprucht wird. Von der Seilklemme aus geht dann das Förderseil zu dem inneren Seilkranze. Ist ein solcher Seilkranz nicht vorhanden, so kann

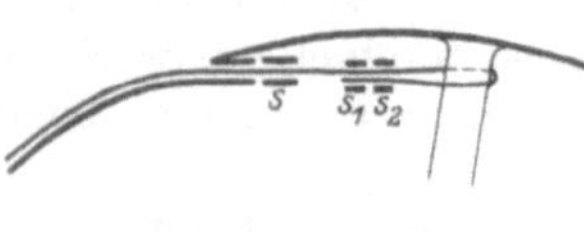

Abb. 129.

die Befestigung einfach nach Abb. 129 erfolgen, nach der das Seil durch ein mit einer Einführung versehenes, allmählich von außen nach innen leitendes Loch im Trommelmantel geführt und um die nächste Speiche geschlungen wird. Dicht hinter der Einführung wird die Klemme s am Seile angebracht, desgleichen wird die Schlinge an der Speiche durch die Seilklemmen s_1 s_2 geschlossen.

b) Kegelförmige Trommeln.

Der Aufbau der kegelförmigen Trommeln entspricht derjenigen der zylindrischen Trommeln. Abb. 130 zeigt eine konische Trommel mit einem glatten Seillauf auf der Kegelmantelfläche und einem Holzbelag; Abb. 131 einen Schnitt durch eine Spiraltrommel mit einem größten Durchmesser von 10 m. Sie ist für einen Förderweg von 800 m bestimmt und gestattet einen vollständigen Seilgewichtsausgleich. Mit der zweiten Trommel parallel hintereinander angeordnet sitzt sie auf einer kurzen Welle von 650 mm Durchmesser. Das Eigengewicht beträgt 75 000 kg. Der schmale zylindrische Trommelansatz auf der Seite des größten Durchmessers dient zur Aufnahme der Überschußwindungen.

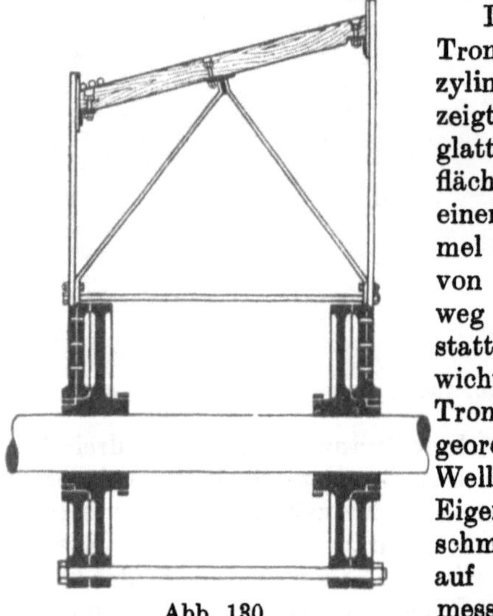

Abb. 130.

Abb. 132 zeigt die Trommel einer der größten Fördermaschinen bestimmt für eine Nutzlast von 6000 kg, einen Förderweg von 1800 m und eine Höchstgeschwindigkeit von 20 m/sek. Sie gehört der Tamarack-Mining-Company in Nord-Michigan. Das Gewicht des 38 mm im Durchmesser starken Seiles beläuft sich auf rund 11000 kg. Aus Konstruktionsrücksichten ist zwischen die beiden Spiraltrommeln ein zylindrisches Zwischenstück eingeschaltet, das von beiden Förderseilen abwechselnd benutzt wird. Dadurch wird die erforderliche Trommelbreite um etwa $^1/_3$ verringert. Allerdings ist der Seilgewichtsausgleich bei dieser „konisch-zylindrischen

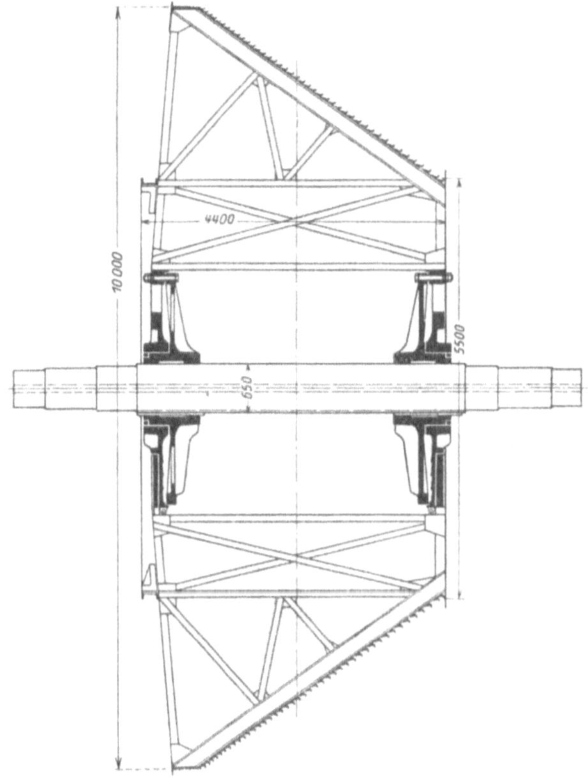

Abb. 131.

Trommel" ein sehr unvollkommener. Die Trommel sitzt auf zwei verhältnismäßig schwachen Wellen von 610 mm Durchmesser, die in der Trommelmitte durch eine feste Kupplung miteinander verbunden sind. Um eine Durchbiegung der Welle durch den von den Trommelnaben ausgeübten Druck zu vermeiden, steht die Welle in der Mitte durch Zugstangen mit dem besonders stark gehaltenen Trommelkranz in Verbindung.

In den letzten Jahren ist die Bauart der „konisch-zylindrischen" Trommeln bei dem Bau großer Fördermaschinen in England stark

bevorzugt worden. In Deutschland ist u. a. auf der Zeche Scharn-
horst in Westfalen eine solche Trommel in Betrieb. Sie ist für

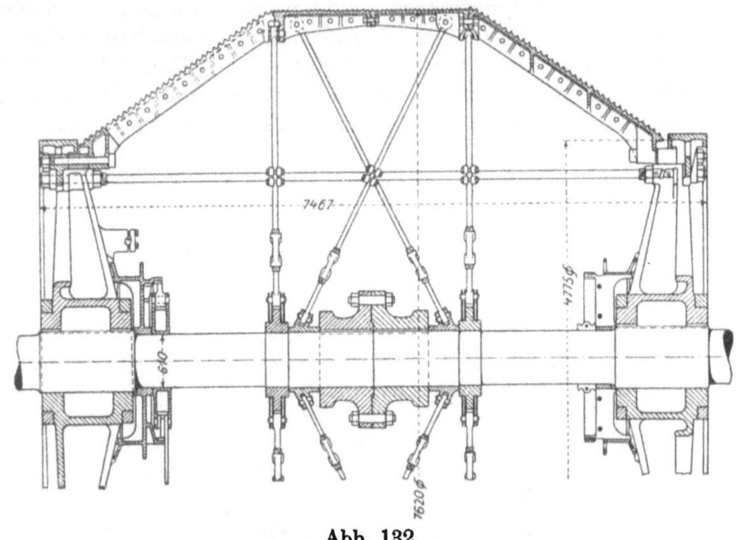

Abb. 132.

eine Schachttiefe von 600 m bestimmt, ergibt aber nur einen Seilgewichtsausgleich bis zu etwa 450 m, während sich das Förderseil
auf dem Förderweg von 450—600 m auf dem mittleren, gemeinsam
benutzten zylindrischen Zwischenteil aufwickelt.

B. Die Bobinen.

Die der Aufnahme eines Flachseiles dienenden Bobinen-
trommeln haben im wesentlichen die gleiche Bauart wie die Trommeln
für Rundseile. Wie aus der Abb. 133 ersichtlich, ist aber ihr Aufbau wesentlich einfacher. Die gußeiserne Nabe N ist wegen der auf
ihr sich übereinanderwindenden Flachseile zu einer schmalen Trommel
ausgebildet und stellt somit den Kern der Aufwicklung dar. An
diesen Kern schließen sich zu beiden Seiten je ein Kranz aus Holz-
speichen H an, die an ihren äußeren Enden durch gußeiserne
Segmente K miteinander verbunden sind. Zwischen den Speichen
wickeln sich nun die einzelnen Lagen des Flachseiles übereinander
auf. Um eine leichte Einführung des Flachseiles zu erreichen, wird
der Abstand innerhalb der beiden Speichenkränze nach außen hin
etwas größer. Der Durchmesser der Kerntrommel wird bei einer
Hanfseilstärke von 30 mm etwa 2 m, bei einer Drahtseilstärke von
20 mm etwa 3—4 m gewählt. Der äußere Durchmesser der Bobinen
beträgt je nach dem Förderweg bis zu 9 m. Für Flachseile von
90—140 mm Breite wird die Kerntrommel 100—150 mm breit. Die
Befestigung des Seiles an der Bobine kann in der Weise vorgenommen

werden, daß (Abb. 133) die erste Seilwindung S_1 mittels Schrauben und Platten p mit der Kerntrommel verbunden wird. Damit nun die zweite Seilwindung S_2 auf der ersten Windung glatt aufliegen

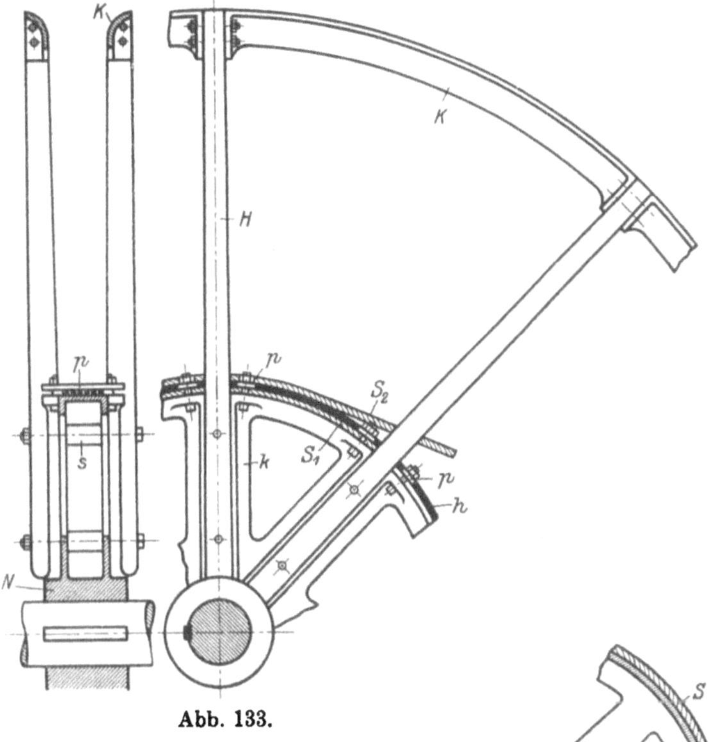

Abb. 133.

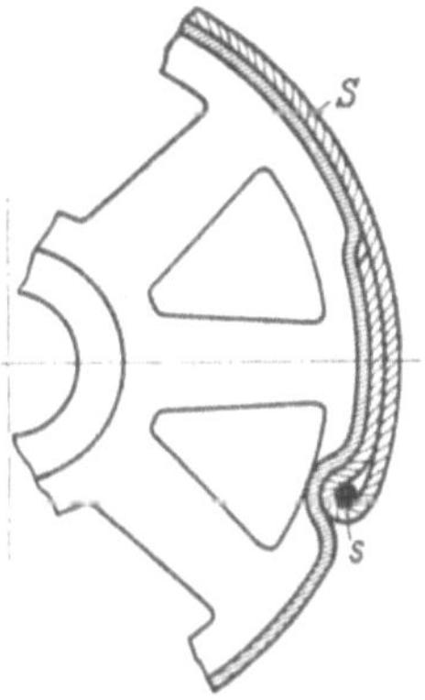

kann, werden die Zwischenräume zwischen den Platten p mit Hanf ausgelegt. Eine andere Art der Seilbefestigung zeigt Abb. 134. Hier wird das Flachseil um einen an der Kerntrommel festsitzenden Bolzen s geschlungen und das untergeschlagene Seilende in eine Vertiefung des Kernmantels gelegt, so daß das darüberliegende Seil eine glatte Auflage hat. Da über der untersten Seilwindung stets mehrere Sicherheitswindungen liegen bleiben, so werden der Bolzen s und die Verbindungsstelle selbst wenig beansprucht. Es kann diese

Abb. 134.

einfache Befestigungsart des Flachseiles an der Kerntrommel als genügend sicher angesprochen werden.

Abb. 135 zeigt zwei auf gleicher Welle von 430 mm Durchmesser sitzende Bobinen für eine Nutzlast von 2000 kg, einen Förderweg

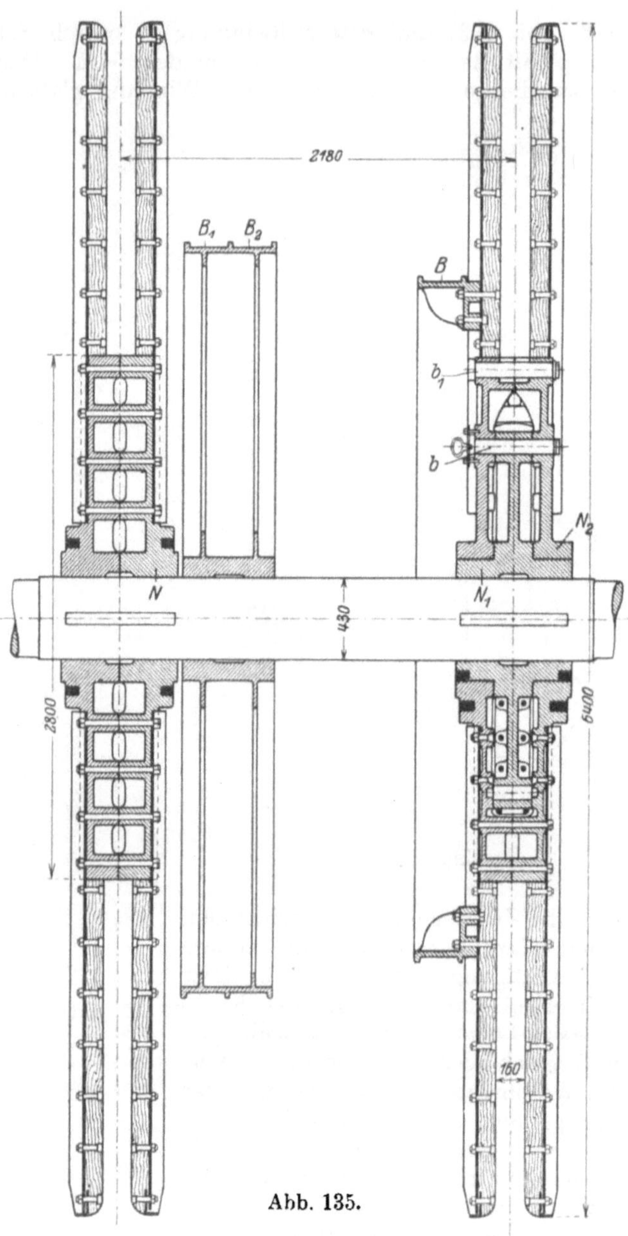

Abb. 135.

von 900 m bei einer Flachseilverwendung von 140 mm Breite und 17 mm Dicke. Der Kerndurchmesser beträgt hier 2,8 m, der Außendurchmesser 6,4 m. Die Seilrille weist eine Breite auf von 160 mm entsprechend dem 140 mm breiten Flachseil. Die Speichen werden aus mit Holzbalken bekleideten [-Eisen gebildet, die an ihrem äußeren Ende ebenfalls durch Walzeisenteile untereinander verbunden sind. Die linke Bobine ist auf der Welle fest aufgekeilt, die rechte zum Zwecke des Umsteckens als Losbobine mit einem angeschraubten gußeisernen Bremskranz B ausgebildet. Auf der Welle sitzt außerdem noch eine fest aufgekeilte Bremsscheibe mit zwei Bremskränzen B_1 und B_2 für die Betätigung einer Dampfbremse bzw. Handbremse. Für die Sicherheit des Betriebes ist es von besonderer Wichtigkeit, daß die Schraubenköpfe der die [-Eisenspeichen mit der Holzauskleidung verbindenden Schrauben sorgfältig versenkt sind, weil sonst Beschädigungen des Förderseiles leicht eintreten können. Weiterhin müssen die Bobinen genau ausgerichtet sein, damit das Flachseil von den Seilscheiben stets auf die Bobine ohne seitlichen Zwang aufläuft.

C. Das Umstecken der Seiltrommeln.

Das „Umstecken" der Trommeln und Bobinen zum Zwecke der Umleitung der Förderung von einer Sohle auf eine andere oder zum Seilabhauen für die vorgeschriebenen Prüfungen geschieht durchweg in der Weise, daß die Lostrommel bzw. die Losbobine eine geteilte Nabe besitzt, von der die eine Hälfte auf der Welle aufgekeilt ist, während die andere mit dem Seilträger fest verbunden ist. Beide Nabenhälften sind durch eine lösbare Verbindung miteinander gekuppelt, so daß eine Versetzung der einen Hälfte gegen die andere, also ein Umstecken des Seilträgers nach dem Lösen der Kupplung, in leichter Weise herbeigeführt werden kann.

Bei der „Losbobine" in Abb. 135 sind die beiden Nabenhälften N_1 und N_2 durch eine Anzahl gemeinsamer Bolzen b miteinander verbunden. Nach dem Festsetzen der Losbobine mittels der Bremse B und der Herausnahme dieser Bolzen kann die Welle mit der Nabenhälfte N_1 der Änderung des Förderweges entsprechend gedreht werden. In der neuen Lage können nach der Übereinstimmung der Löcher in den beiden Nabenhälften N_1 und N_2 nunmehr die Bolzen b wieder eingeführt und dadurch wieder die Losbobine mit der Fördermaschinenwelle gekuppelt werden. Bei einer Anordnung von beispielsweise 24 Löchern kann demnach eine Mindestversetzung der Bobinen gegeneinander von $^1/_{24}$ des Umfanges erreicht werden. Bei großen Seilträgern mit einem Umfang von etwa 24 m ergibt dies eine kleinstmögliche Förderwegänderung von 1 m.

Eine zylindrische Lostrommel mit einer Bolzenkupplung zeigen Abb. 119 und 123.

Durch die Kraftübertragung werden die Bolzen stark auf Abscherung beansprucht, so daß die Anordnung einer größeren Anzahl Bolzen erforderlich ist. Trotzdem läßt es sich infolge der nicht immer gleichmäßigen Verteilung der einwirkenden Kräfte auf alle Bolzen nicht vermeiden, daß einzelne von ihnen verbogen werden, die das Herausnehmen und Neueinziehen erschweren.

Eine Abhilfe dieser Übelstände bezwecken die Zahnkupplungen, die auch infolge der an einem größeren Umfang in dichter Folge angeordneten Zähne eine feinere Versteckbarkeit gestatten, ein Gesichtspunkt, der bei Seillängungen von großer Bedeutung ist, weil dann die eine stete Gefahrenquelle bildenden Nachstellvorrichtungen an den Förderkörben fortgelassen werden können. Bei der in Abb. 121 dargestellten Zahnradkupplung ist die auf der Welle fest aufgekeilte Nabe der Lostrommel als Zahnrad Z ausgebildet. Mit den Speichen der Lostrommel ist ein Zahnradsegment S verbunden, das durch ein Handrad H und einen Schraubentrieb in radialer Richtung verschoben und dadurch mit dem Zahnrad Z einund ausgekuppelt werden kann. Da stets mehrere Zähne in Eingriff sind und ihre auf Abscherung beanspruchten Zahnfußquerschnitte durch eine genügende Länge der Zähne ausreichend groß gewählt werden können, so entstehen beim Kuppeln kaum Schwierigkeiten.

Um auch bei den Bolzenkupplungen eine feinere Versteckbarkeit zu erreichen, die namentlich für Seilkürzungen erwünscht ist, hat man eine besondere Anordnung getroffen. Sie ist unter dem Namen der Noniusteilung eingeführt. Abb. 122 zeigt eine Ausführungsform von Hoppe, Berlin. Die Kupplung erfolgt hier am äußeren Umfang der Trommeln, indem mehrere Schraubenbolzen durch die Winkeleisen der Zusammenstoßstellen gezogen werden. Die Löcher des linken Flansches sind in der rechten Abbildung ausgezogen, die des rechten dagegen strichiert gezeichnet. Der Teil des Umfanges zwischen zwei Speichen beträgt $^1/_{12}$ des gesamten Trommelumfanges. Auf diesem Teilumfang befinden sich im linken Flansch 10, im rechten nur 9 Löcher, wobei die Anfangs- und Endlöcher zusammenfallen. Es entfällt somit auf jeden $^1/_{12}$ Teil des Umfanges ein Verbindungsbolzen. Die am Punkte 1 liegenden Löcher beider Flanschen sind also um den Unterschied der Teilungslängen der Flansche gegeneinander verschoben, d. h. um $\frac{1}{12} \cdot \left(\frac{1}{9} - \frac{1}{10}\right) = \frac{1}{12} \cdot \frac{1}{90} = \frac{1}{1080}$ des Trommelumfanges, im gegebenen Falle beispielsweise etwa um 20 mm. Nach einer Verschiebung der Kränze um 20 mm passen die Löcher 1 aufeinander und können durch die Bolzen miteinander verbunden werden. Immerhin ist aber zu bedenken, daß stets zwölf auf den ganzen Umfang verteilte Bolzen zu lösen und wieder zu befestigen sind, so daß das Umstecken ziemlich umständlich bleibt.

Eine ähnliche Umsteckvorrichtung ist die von Graf und Konrad, Dortmund (D. R. P. 213 633), bei der ebenfalls die an der Lostrommel sitzende Nabe N_2 (Abb. 136) und die auf der Welle aufgekeilte Nabe N_1 verschieden große Lochteilungen haben. Da diese Teilungen aber auf dem kleineren Nabenumfang angebracht sind, ist es erforderlich, die Noniusteilung über den ganzen Umfang zu legen, so daß nur mittels eines Versteckbolzens die gewünschte Feinheit in der Verstellung erreicht werden kann. Weil aber die Scherfestigkeit eines Bolzens für die Kraftübertragung unzureichend erscheint, so bedingt diese Anordnung eine besondere Vorrichtung zur Übertragung

der Kräfte (Abb. 137). Der lose Kranz L (Abb. 136 u. 137) greift
mit einem Ansatze A in den festen Kranz F ein. Zwischen beiden
Teilen befindet sich der Verbindungsbolzen B. Bei der Kraftübertragung werden nunmehr die Querschnitte 1—2—3 und 1—3—4—5

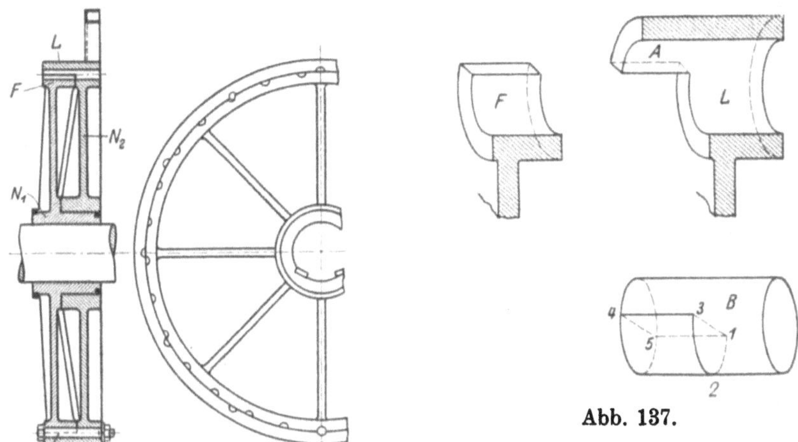

Abb. 136.

Abb. 137.

auf Abscherung beansprucht. Der Ge-
samtquerschnitt kann durch eine entsprechende Länge 3—4 des kuppeln-
den Teiles genügend groß erreicht
werden. Bei der gewöhnlichen Anordnung würde der in der Ebene
1—2—3 liegende Kreisquerschnitt beansprucht werden. Die gewöhnliche Anordnung könnte man als einschnittige Verbindung bezeichnen.
Durch ihre Umformung in eine mehrschnittige würde man den Ab-
scherquerschnitt ebenfalls vergrößern.

Eine andere Art, die Verbindungsbolzen zu schützen, zeigt
Abb. 120. Hier greifen die Wellennabe N und die Nabe N_1 der
Lostrommel bei b mit keilförmigen Flächen ineinander, wobei der
Anpressungsdruck durch Schrauben erreicht wird. Diese Verbindungs-
schrauben werden nicht auf Abscheren, sondern lediglich auf Zug beansprucht; sie sind daher den oben angeführten schädlichen Einflüssen
der Abscherbeanspruchung nicht ausgesetzt. Eine Umsteckung ist bei
dieser Anordnung jedoch nur im Betrage der Lochteilung möglich.

Nach Fr. Gebauer, Berlin, wird zur Erzielung einer genaueren
Verstellbarkeit der Trommel eine Reibungskupplung am Umfange
und zwar zwischen den beiden Trommeln angeordnet (Abb. 138). An
der linken Festtrommel ist der Kupplungsring a befestigt, an der
rechten Lostrommel sitzen die Kupplungsbacken b und b_1, die mittels
Schrauben und Rädertriebe gegen den Kupplungsring gedrückt werden.
Der Hebel b ist bei c in der Lostrommel, der Hebel b_1 in der Nabe
der Lostrommel gelagert. Beide Hebel stehen gelenkig miteinander
derart in Verbindung, daß beim Anziehen des Hebels b die oberen
Enden beider Hebel b und b_1 mit gleicher Kraft gegen den Kupp-

lungsring *a* gedrückt werden. Das Anziehen des Hebels *b* erfolgt von außen her durch das Betätigen eines Handrades. Dadurch werden die Kegelräder *m, n* und zwei Stirnräder mit in der Trommel verlagerten Schraubenspindeln gedreht. Die Bewegung der Schraubenspindeln werden auf die Stangen *g* und von hier aus auf die Hebel *b* übertragen. Zur Erzielung eines gleichmäßigen Anpressungsdruckes der doppelt angeordneten Kupplungsbacken gegen den Kupplungsring *a* sind in das Anzugsgestänge Federn *f* eingeschaltet.

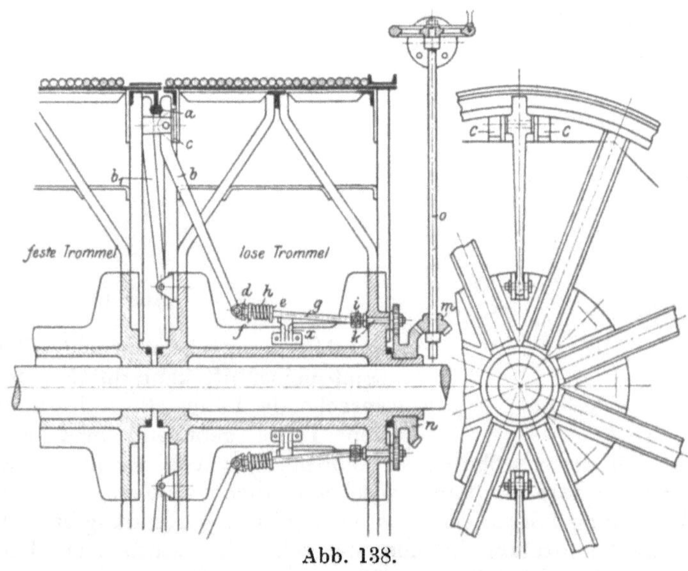

Abb. 138.

Die eben geschilderte Art der Kupplung hat noch den besonderen Vorzug, daß sie von außen her zugängig ist, denn ein jedes Umstecken, bei dem der Arbeiter in die Trommel hineinsteigen muß, ist beschwerlich und auch gefährlich (vgl. Abb. 121). Auch die Zahnkupplung nach Abb. 139 und 140 hat eine von außen zugängige Anordnung, weil das für die Bewegung des Zahnsegmentes im Trommelinnern befindliche Kegelräder- und Schraubengetriebe durch ein außen liegendes Handrad bedient werden kann. Allerdings ist vor der Einkupplung zunächst festzustellen, daß das Zahnsegment mit dem Gegenrade auch in Eingriff ist. Hierdurch besteht aber wieder die Gefahr, daß der Arbeiter den umlaufenden Teilen zu nahe kommt.

Die Maschinenfabrik Blansko in Mähren hat eine Seitenzahnkupplung auf den Markt gebracht, bei der das Antriebsrad für die Betätigung der Kupplung seitlich der Maschine fest verlagert ist. Der Bedienende kann von hier aus den Kupplungsvorgang genau verfolgen, ohne seinen Standort zu verlassen. Nach Abb. 141 ist die auf der Fördermaschine fest aufgekeilte Nabe *N* außerhalb der Trommel neben der Nabe N_1 der Lostrommel angeordnet. Beide

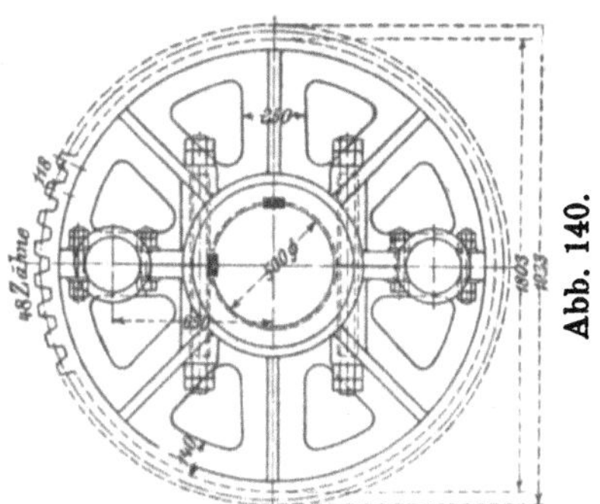

Abb. 140.

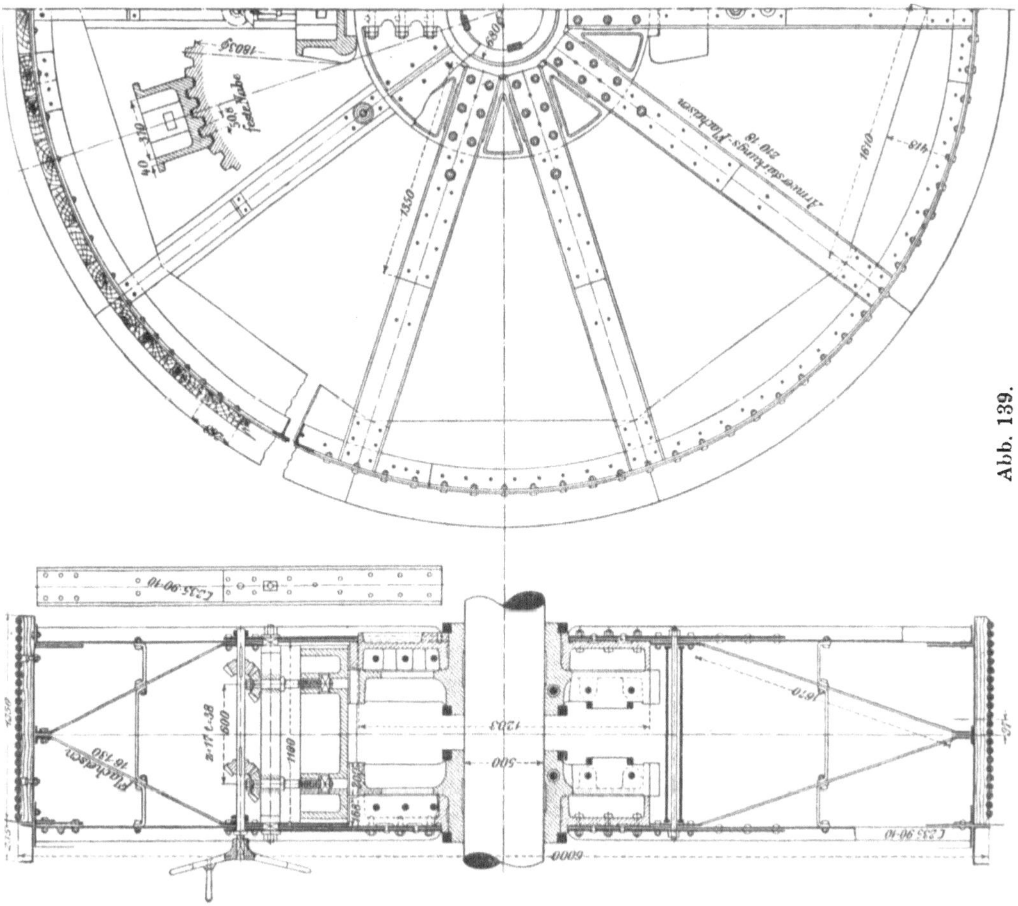

Abb. 139.

Naben sind wie Klauenkupplungen an den sich zukehrenden Stirn-
flächen mit den Vorsprüngen Z und Z_1 ausgebildet, die durch axiale
Bewegung der Wellennabe N unter Vermittlung des Muffenringes R,
des Winkelhebels W
und des Handrades H
mit Schraubengetriebe
in leichter Weise ein-
und ausgerückt wer-
den können.

Eine sichere und
schnell vorzunehmen-
de Umsteckung der
Trommel gestattet die
Zahnkupplung von
Blâzek (Patent der
Siemens-Schuk-
kert-Werke), die
mittels eines beson-
deren kleinen Elektro-
motors angetrieben

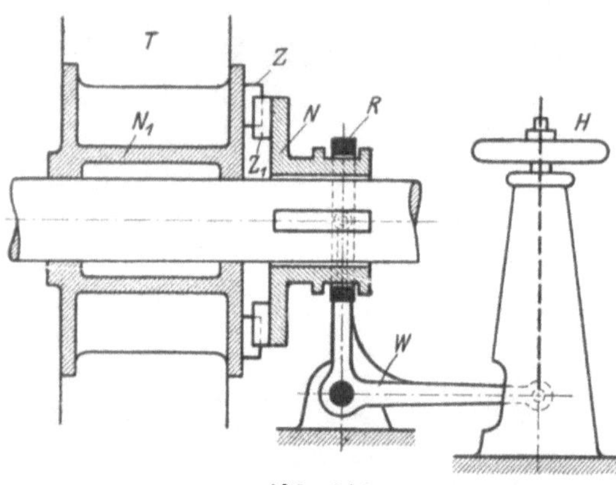

Abb. 141.

wird. In Abb. 142 ist Z das mit der auf der Seilträgerwelle fest
aufsitzenden Nabe verbundene Zahnrad, S das in der Lostrommel
gelagerte Zahnradsegment, das durch einen ebenfallls in der Lostrommel eingebauten Elektromotor E sowie durch Kegelräder und

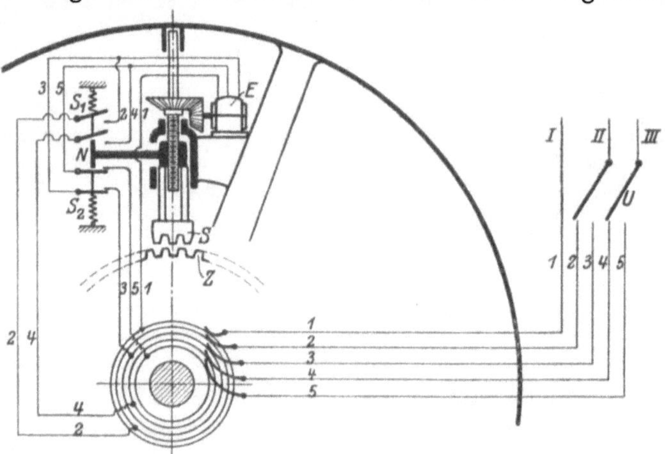

Abb. 142.

Schraubentrieb in axialer Richtung bewegt werden kann. Da der
mit Drehstrom betriebene Motor E umgesteuert werden muß, so
führen vom Umschalter U aus fünf Leitungen nach fünf auf der
Trommelwelle untergebrachten Schleifringen, wobei die Leitungen
1, 2 und 4 der einen Drehrichtung, die Leitungen 1, 3 und 5 da-

gegen der entgegengesetzten Drehrichtung dienen. Von den fünf Schleifringen der Trommelwelle aus gehen Leitungen nach dem Motor E, und zwar geht die Leitung 1 unmittelbar zum Motor, während die Leitungen 3 und 5 über den Ausschalter S_2, die Leitungen 2 und 4 über den gerade geöffneten Schalter S_1 geführt sind. In der gezeichneten Stellung hat das Zahnradsegment S seine höchste Lage inne. Es ist ausgerückt, wobei es durch die mit ihm verbundene Nase N den oberen Schalter S_1 ausgeschaltet hat, so daß der Betriebsstrom der Leitungen 2 und 4 unterbrochen und der Motor zum Stillstand gekommen ist. Wird der Umschalter U auf die Leitungen 3 und 5 umgelegt, so fließt der Strom über den unteren geschlossenen Schalter S_2 zum Motor und setzt diesen in Bewegung, wobei das abwärtsgehende Zahnradsegment S durch die Nase N den Schalter S_2 öffnet und den Motor nach erfolgter Einkupplung selbsttätig ausschaltet. Beim Abwärtsgange des Zahnradsegments hat also die Nase N den Schalter S_1 wieder freigegeben. Unter der Einwirkung einer Feder schließt sich dieser Schalter S_2 wieder, so daß die Vorrichtung zum erneuten Auskuppeln bereit ist, was nach dem Umlegen des Umschalters U auf die Leitungen 2 und 4 vor sich geht. Zum Zwecke der genauen Einstellung des Zahnradsegmentes und des Zahnrades für den Eingriff sind an der Los- und an der Festtrommel entsprechende Zeichen vorhanden, die vor dem Einrücken der Kupplung in Übereinstimmung gebracht werden müssen. Mittels dieser Zahnkupplung ist daher der Maschinist imstande, ohne jede Hilfe von seinem Stand aus das Ausrücken, Umstecken und Einrücken vorzunehmen. Diese Umsteckvorrichtung ist besonders da am Platze, wo täglich eine regelmäßige Förderung aus verschiedenen Sohlen vorliegt.

D. Treibscheiben.

Treibscheiben sind einrillige Reibungsscheiben. Bei ihnen wird also das Förderseil nicht wie bei den anderen Seilträgern aufgewunden, sondern es schlingt sich nur bis zu etwa $1{,}3 \cdot \pi$ um den Reibungsscheibenumfang herum. Sie haben deshalb ein weit geringeres Gewicht und eine kleinere Masse. Die Welle, auf der die Reibungsscheiben fest aufgekeilt sind, fällt ebenfalls wesentlich schwächer aus, desgleichen ist auch ihre Baubreite kleiner. Mit dem Bremskranz zusammen erreichen sie eine Breite von etwa 1 m. Bei mittelgroßen Leistungen beträgt der Durchmesser etwa 4,5—6 m, bei größeren Leistungen bis zu 8 m und auch darüber. Das Eigengewicht schwankt je nach der Größe des Durchmessers und des verwendeten Baustoffes zwischen 7000 und 42 000 kg. Häufig wird auch der Kranz zur Erzielung einer besseren Schwungwirkung absichtlich schwer ausgebildet. Bei den schmiedeeisernen Treibscheiben mit einem schmalen Rande beträgt das Gesamtgewicht etwa 7000 bis 21 000 kg entsprechend einem Durchmesser von 4 bzw. 7 m, bei denen mit einem zur Aufnahme eines neu aufzulegenden Seiles verbreiterten Rande. 11000—38000 kg entsprechend den Durchmessern von 4—8 m. Bei Treibscheiben aus Stahlguß und einem schmalen Rande beläuft sich das Eigengewicht bei Durchmessern von 4—7,5 m auf 10000—42000 kg, dagegen auf 12000 bis 40000 kg bei Scheiben mit verbreitertem Rande und einem Durchmesser von 4—7 m. Abb. 143 zeigt eine kleinere Treibscheibe mit einem gußeisernen Kranz, Abb. 144 eine größere Scheibe mit einem Kranz aus Schmiedeeisen.

Der Aufbau der Treibscheiben mit den Hauptteilen Nabe, Speichen und Kranz ist ein ähnlicher wie derjenige der größeren Festtrommeln. Sie werden neuerdings ganz aus Stahlguß und zwar meist zweiteilig ausgeführt, weil bei den genieteten Scheiben die Gefahr vorliegt, daß ihre Verbindungsteile bei angestrengtem Betriebe sich lockern. Abb. 145 stellt die Ausführungsart einer solchen zweiteiligen Treibscheibe aus Stahlguß der Gutehoffnungshütte, A. G. für Bergbau und Hüttenbetrieb, dar. Bei einem Durchmesser von 6 m und einer Breite von 960 mm beläuft sich das Gesamtgewicht einschließlich des 450 kg schweren Holzbelages auf 26350 kg (das auf den Seillauf reduzierte Gewicht beträgt rund 15900 kg; vgl. S. 23).

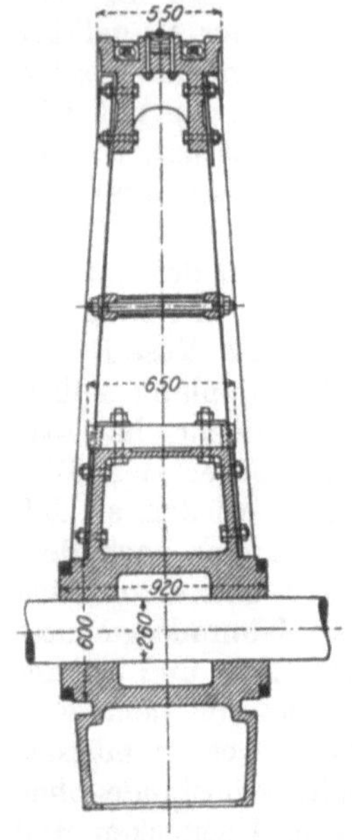

Abb. 143.

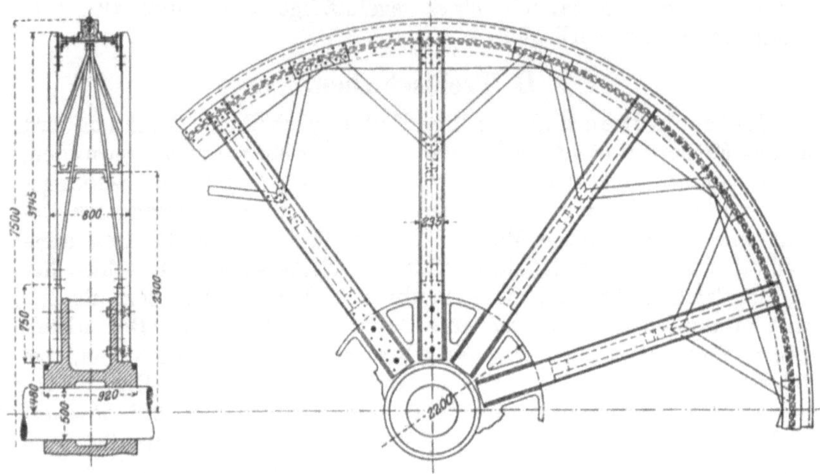

Abb. 144.

Zur Erhöhung der Reibung zwischen dem Umfang der Scheibe und dem Förderseil wird die Seilnut meist mit Holz und Leder ausgefüttert. Als Holz wird Eiche, Weiß- oder Rotbuche, Pappel und neuerdings Ulme verwendet. Die Holzausfütterung besteht aus einzelnen als Kopfholz oder wegen der Veränderung der Faserrichtung zweckmäßiger abwechselnd als Kopf- und Langholz zusammen-

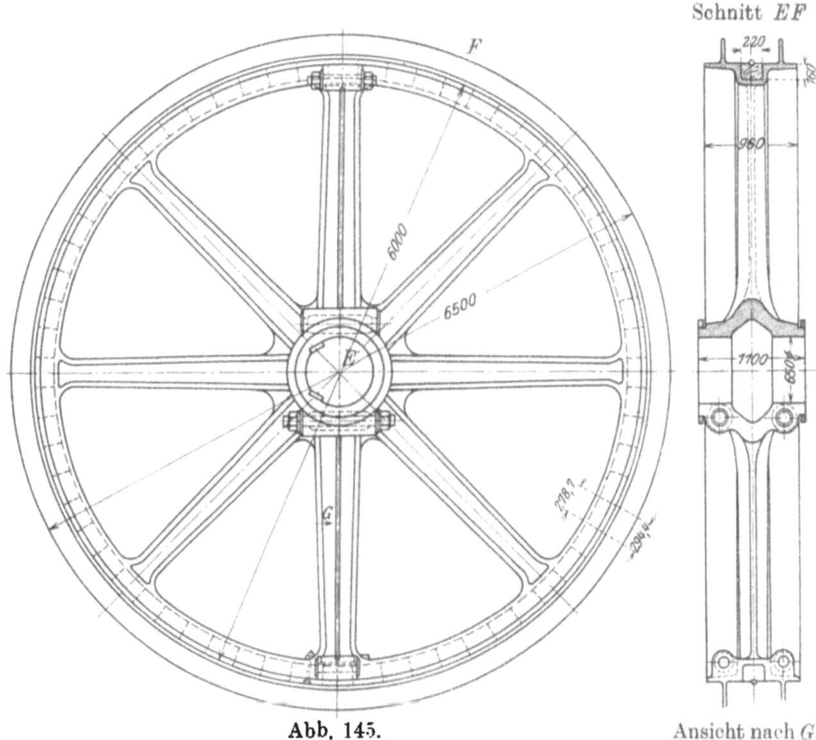

gesetzten, gut getrockneten Segmenten, während die Lederausfütterung im allgemeinen aus dünnen (aus abgelegten Riemen geschnittenen) hochkant gelegten Scheiben gemäß Abb. 146 hergestellt und in hölzerne Seilkränze eingebaut werden. An Stelle von Leder kommt auch ein Belag aus Papier, der ebenfalls aus einzelnen Scheiben gemäß Abb. 146 besteht, als Seilrillenausfütterung zur Verwendung (Conradschacht - Ludwigsglück in Oberschlesien). Abb. 147 stellt die Anordnung der Holzausfütterung nach Dickmann - Essen

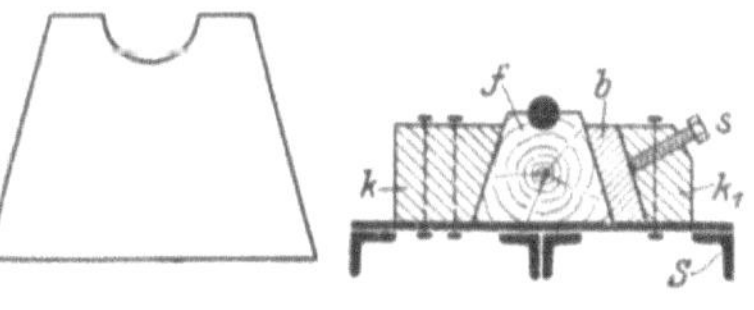

Abb. 146.   Abb. 147.

(D. R. P. 215638) dar, bei der eine leichte und sichere Einbringung der Holzsegmente f angestrebt ist. Auf dem Kranze S der Treibscheibe sind Ringe K und K_1 befestigt, die einen keilförmigen, nach innen erweiterten Schlitz zur Aufnahme des keilförmigen Holzfutters f

frei lassen. Dieser Schlitz ist jedoch breiter als das einzubringende Holzfutter, so daß es von außen bequem eingesetzt werden kann. Der Raum zwischen dem Holzfutter f und dem Ringe K_1 wird durch eiserne Beilagen b ausgefüllt, die durch Befestigungsschrauben in ihrer Lage gesichert werden.

E. Seilscheiben.

Die Bauart der Seilscheiben weist im allgemeinen eine gußeiserne Nabe, Speichen aus Schmiedeeisen (Flacheisen) und einen mehrteiligen Kranz aus Gußeisen oder Walzeisen auf. Die Seilrillen haben etwa 40—45^0 zueinander geneigte Seitenflächen und eine lichte Höhe von 150—200 mm, sie sind innen nach einem Halbmesser gleich dem Seil-

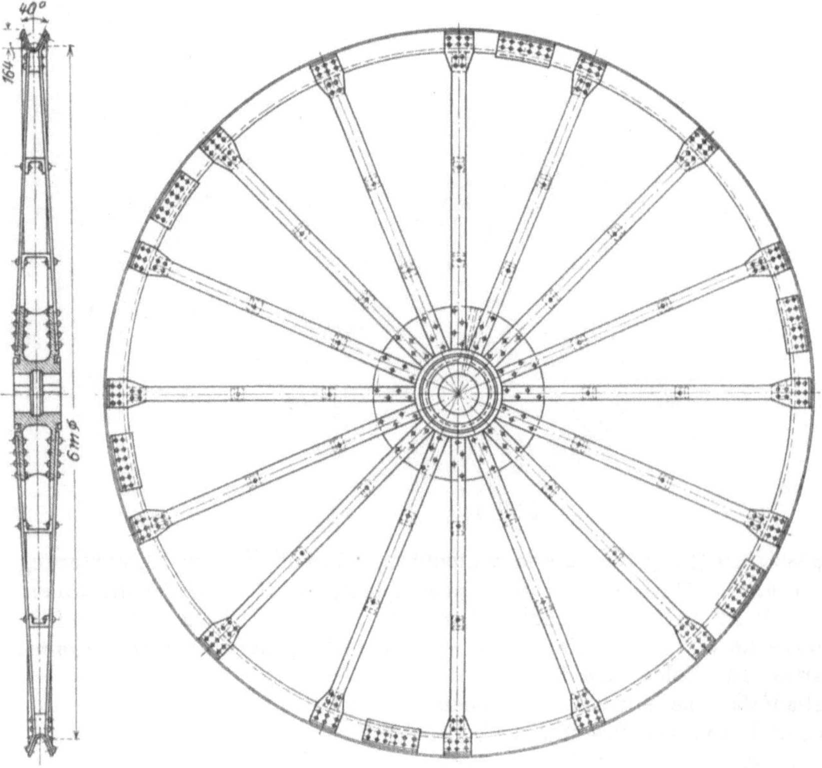

Abb. 148.

halbmesser $+$ 5 mm abgerundet. Bei einem Durchmesser von 2,5—7 m ist das Eigengewicht der Seilscheiben 1400—12 000 kg. Abb. 148 zeigt die Ausführungsart einer Seilscheibe von 6 m Seillaufdurchmesser der „Gutehoffnungshütte". Der Kranz besteht aus schmiedeeisernen, mittels gebogener Laschen zusammengesetzten Segmenten und ist mit der Nabe durch 16 Armpaare aus Flacheisen verbunden.

VIII. Der Fördermaschinenbetrieb.

1. Allgemeines.

Die vorangegangenen Abschnitte haben uns bewiesen, daß die Fördermaschinen unter wesentlich anderen Betriebsbedingungen arbeiten müssen als die gewöhnlichen Betriebsmaschinen, die meist ununterbrochen eine längere Zeit mit gleichbleibender Geschwindigkeit laufen. Neben der an jede Fördermaschine zu stellenden Hauptforderung der unbedingten Betriebssicherheit bei einer dauernd in kurzen, durch Pausen unterbrochenen Zeitabständen zu leistenden Arbeit wird von ihnen ungeachtet der teilweise gewaltigen Abmessungen eine große Lenkbarkeit und eine leichte Umsteuerbarkeit verlangt. Die Forderung einer unbedingten Sicherheit muß gestellt werden, weil einmal von dem zuverlässigen Arbeiten der Fördermaschine der ganze Betrieb eines Bergwerks beeinflußt wird, zum anderen sie auch gleichzeitig fast immer der Personenförderung dienen, mithin das Leben unzähliger Menschen von deren einwandfreier Arbeit abhängt.

Wenn man bedenkt, daß während des Anfahrens der Maschinen neben dem Heben der Lasten auch noch die schweren toten Massen wie die Förderkörbe einschließlich der Wagen bzw. die Förderkübel, ferner das Förderseil, die Scheiben, Seilträger u. a. m. aus dem Ruhestand in Bewegung gesetzt und in möglichst kurzer Zeit auf die Höchstgeschwindigkeit gebracht werden müssen, wenn man sich weiterhin vergegenwärtigt, daß hierzu eine große Kraft erforderlich ist, wobei noch erschwerend wirkt, daß die Maschinen gleich nach ihrem Anfahren zur Abgabe einer außerordentlich hohen Leistung gezwungen werden, wenn man sich ferner vor Augen hält, daß sofort oder kurz nach Erreichung der Höchstgeschwindigkeit die Energiezufuhr abgestellt werden muß, damit in dem letzten Teile des Förderzuges die vorhandene lebendige Kraft der in Bewegung befindlichen Massen möglichst voll ausgenutzt wird, und wenn man schließlich beachtet, daß ein Überfahren über den höchsten bzw. den niedrigsten Haltepunkt vermieden werden muß, so kann man nicht leugnen, daß die Betriebsbedingungen der Fördermaschinen wesentlich schwieriger sind als die der meisten anderen Maschinengattungen. Hinzu kommt, daß in den meisten Fällen die hohen Anlagekosten für die Schächte und die Maschinen eine möglichst große Förderleistung, also große Nutzlastenförderung bei kurzer Zeitdauer (hohe Betriebsgeschwindigkeiten) bedingen, und daß ungeachtet des absetzenden Arbeitens und der ständigen Geschwindigkeits- und Richtungsänderungen der Maschine eine große Wirtschaftlichkeit, d. h. möglichst geringe Betriebskosten verlangt werden müssen; ein Gesichtspunkt, der früher gegenüber der Frage der Betriebssicherheit fast immer vernachlässigt wurde.

2. Die auf die Seilträgerwelle einwirkenden Kräfte.

Auf die Welle der Seilträger wirken neben den Kräften hervorgerufen durch die Lasten und die Massen noch die von der Antriebsmaschine ausgeübten Kräfte sowie die Hemm- oder Bremskräfte ein.

Durch die Hebung der Last wird die Seilträgerwelle stets in einer Drehrichtung beansprucht, die derjenigen entgegengesetzt ist, welche von dem durch die Maschinenkräfte herrührenden Drehmoment ausgeht. Diese Maschinen- und Lastenkräfte haben immer das Bestreben, eine Bewegung der Maschine herbeizuführen. Sie sind je nach ihrer Schaltung treibend oder gegentreibend. Treibend dann, wenn sie eine gewünschte oder vorhandene Bewegung fördern, gegentreibend, wenn sie einer solchen Bewegung entgegenarbeiten. In der Regel werden sie gegeneinander, in besonderen Fällen aber auch parallel geschaltet. Ein Ruhezustand der Maschine ist unter ihrer alleinigen Wirkung kaum möglich, da ihre Einregelung auf eine völlige Gleichheit praktisch schwer zu erreichen ist. Wird nun vor dem Ende des Zuges die treibende Maschinenkraft abgestellt, so bewegt die mit lebendiger Kraft begabte Masse die Last weiter aufwärts bis zur Hängebank, wo sie durch eine Reibungsbremse zum Stillstand gebracht und auch gehalten wird. Die Massenkraft kann eine selbständige Bewegung nicht hervorrufen, sie arbeitet vielmehr stets den Geschwindigkeitsänderungen entgegen. Als Widerstand gegen Bewegungsänderungen wirkt sie beim Beginn des Zuges hemmend, beim Fahrtende treibend.

a) Die Lastenkräfte.

Die Lasten setzen sich zusammen aus der Nutzlast und den Totlasten, nämlich dem Gewicht der Förderkörbe einschließlich der leeren Förderwagen bzw. der Förderkübel und dem Seilübergewicht. Der aus den Förderkörben und den leeren Wagen stammende Betrag der Totlast wird bei einer zweitrümigen Förderung ausgeglichen, so daß dieser für das Anheben nicht in Frage kommt. Findet ein Ausgleich des Seilgewichtes nicht statt, so nimmt beim aufwärtsgehenden Förderkorb das Seilgewicht allmählich ab, während es beim niedergehenden Korb immer größer wird. Das von der Nutzlast auf die Seilträgerwelle ausgeübte Drehmoment wird also stetig verkleinert und kann schließlich bei großen Förderwegen gegen das Ende des Zuges sogar einen negativen Wert annehmen, d. h. in ein treibendes Moment übergehen. Die Maschinenkräfte müssen sich hierbei der stetigen Lastenänderung anpassen. Dadurch wird die Führung der Maschine sehr erschwert. Für die Beherrschung der Kräfte an der Seilträgerwelle ist darum der Ausgleich des Seilübergewichtes ein unerläßliches Mittel. Beim

Einhängen von Lasten in den oberen Korb dagegen wird wiederum während des ganzen Zuges eine treibende Wirkung hervorgerufen, so daß hemmende Kräfte aufgewendet werden müssen.

b) Die Maschinenkräfte.

Bei einem Dampfmaschinenantrieb werden die auf den Kolben ausgeübten Kräfte durch das Kurbelgetriebe auf die Seilträgerwelle weitergeleitet, wobei während eines Kolbenhubes das auf die Welle ausgeübte Drehmoment von wechselnder Größe ist. Zu Beginn des Hubes ist das Drehmoment und damit auch die ihm entsprechende Umfangskraft gleich Null und steigt im weiteren Verlauf bis zu einem Höchstwert an, um von da ab allmählich wieder abzunehmen, bis es am Ende des Hubes auf Null zurücksinkt. Diesem veränderlichen Drehmoment entspricht bei gleichbleibendem Lastmoment während eines Hubes eine veränderliche Umfangsgeschwindigkeit. Um diese schwankende Umfangsgeschwindigkeit gleichmäßiger zu gestalten, werden die Fördermaschinen stets als zweikurblige Maschinen ausgeführt mit um 90^0 versetzten Kurbeln. Bei einem Antrieb mittels eines Elektromotors wirkt die gleichbleibende Umfangskraft unmittelbar an der Welle des Seilträgers, so daß die Umfangsgeschwindigkeit viel gleichmäßiger ist als bei einem Dampfmaschinenbetrieb, das auch äußerlich durch den ruhigeren Gang der Förderkörbe zum Ausdruck kommt.

Je nach Bedarf müssen nun diese Antriebskräfte in ihrer Größe und Richtung verstellt werden können, damit sie sich den verschiedenen Lastmomenten — und zwar treibend und gegentreibend — anpassen. Die Maschinen müssen daher mit einer leicht und unbedingt sicher arbeitenden Steuerung bzw. Umsteuerung ausgerüstet sein.

c) Die Massenkräfte.

Bei einem jeden Förderzuge sind die Massen, die sich ja hauptsächlich aus der Nutzlast, dem Förderkorb- und Seilgewicht sowie dem Seilträger und den Seilscheiben zusammensetzen, beim Anfahren zu beschleunigen und beim Ende der Fahrt zu verzögern. Es ist daher zu Beginn des Zuges ein Überschuß an treibenden Maschinenkräften über die zu hebende Last hinaus aufzuwenden, bei der Endfahrt sind dagegen verzögernde Kräfte erforderlich. Beim freien Auslauf wird als verzögernde Kraft die zu hebende Last benutzt, indem zu Beginn des Verzögerungsabschnittes die treibende Maschinenkraft abgestellt wird, so daß die Last so lange verzögernd auf die mit kinetischer Energie begabten Masse wirkt, bis sie in der Nähe der Hängebank zum Stillstand kommt. Auf diese Weise wird die während des Anfahrabschnittes als Überschuß aufgewendete Kraft während des Auslaufabschnittes nutzbar gemacht. Wird die Maschinenkraft nicht rechtzeitig abgestellt, so müssen gegen Ende der Fahrt gegentreibende oder hemmende Kräfte angewendet werden.

Die Massenkräfte erschweren die Führung der Fördermaschine erheblich, weil sie jeder angestrebten Geschwindigkeitsänderung entgegenwirken. Hierdurch wird namentlich die Endfahrt sehr gefährdet.

Eine Verminderung der Massenkräfte kann bei bestimmten Betriebsgeschwindigkeiten nur durch eine Verkleinerung der Massen erreicht werden, weshalb diese bei den Treibscheibenanlagen im allgemeinen kleiner ausfallen als bei den Trommelmaschinen. Bei einem Dampfmaschinenantrieb sind zur Erreichung einer möglichst gleichförmigen Umfangsgeschwindigkeit gewisse Massen jedoch nicht zu entbehren, bei einem Antrieb mittels Elektromotoren können die Massen soweit als tunlich herabgemindert werden.

d) Die Hemmkräfte.

Ist am Ende des Treibens eine Fördermaschine durch entsprechende Schaltung der Maschinenkraft zum Stillstand gebracht worden, so kann sie in diesem Zustand nur dadurch verharren, daß eine an dem Seilträger wirkende Reibungsbremse eine hemmende Kraft ausübt. Denn würde im Augenblick des Stillstandes der Maschine am Ende des Zuges, also in dem Zustande, wo die Massentriebkraft erschöpft ist, eine solche Reibungskraft nicht zur Wirkung gebracht werden und die ruhende Maschine festhalten, so würde die gehobene Last wieder zurücksinken. Bei einem Dampfmaschinenantrieb mit Gegendampfanwendung während des Verzögerungsabschnittes müßte im Augenblick des Stillstandes sofort wiederum Triebdampf gegeben werden und zwar in einer der Last entsprechend gleichen Größe. Da dies jedoch praktisch nicht zu erreichen ist, so ist eine hemmende Reibungskraft stets erforderlich. Die Reibungsbremsen werden nicht nur zur Erhaltung des Ruhezustandes der Maschinen in beliebiger Stellung benutzt, sondern sie können auch zu seiner Herbeiführung dienen, indem sie nach Bedarf während des Verzögerungsabschnittes in Wirksamkeit gesetzt werden und dadurch die kinetische Energie den sich bewegenden Massen der Fördermaschine entziehen. In ihrer Wirkung sind sie unabhängig von der Maschinengeschwindigkeit. Um nun zu vermeiden, daß diese, wie das beispielsweise bei den Dampfbremsen älterer Bauart der Fall ist, stets mit der vollen Kraft arbeiten, sind Bremsen mit regelbarem Anpressungsdruck zur Einführung gekommen.

Eine Hemmwirkung der sich bewegenden Maschine wird auch durch den sogenannten Staudampf erreicht, der sich von dem Gegendampf dadurch unterscheidet, daß er stets hemmend, aber nie treibend wirken kann. Seine Hemmwirkung ist jedoch von der Maschinengeschwindigkeit abhängig.

Bei einer elektrischen Fördermaschine entsteht eine hemmende Kraft innerhalb des Motors dann, wenn die Maschinengeschwindigkeit größer wird, als sie der augenblicklichen Stellung des Steuerhebels entspricht. Diese Kraft, die der Geschwindigkeitsüberschreitung proportional ist, kann nur hemmend, nie treibend wirken.

Wird durch die Seilträgerwelle irgendeine Pumpe angetrieben, die entweder Luft oder Wasser durch einen Strömungswiderstände bietenden Kreislauf treibt, so wirkt der Strömungswiderstand hemmend auf die Welle („Kataraktbremsung"). Dieser Widerstand ist etwa dem Quadrate der Geschwindigkeit, bei geeigneter Einrichtung dem Quadrate der Überschreitung einer vorgeschriebenen Geschwindigkeit proportional. Er wird nur gelegentlich beim Einhängen von Lasten zur Vermeidung zu großer Geschwindigkeiten genommen, dagegen findet er bei einigen Apparaten des Fördermaschinenbetriebes häufiger Anwendung.

3. Die Schaltung der Kräfte.

Im Verlaufe eines Zuges müssen nun die auf die Fördermaschine einwirkenden Kräfte derart gegeneinander ausgespielt werden, daß das für eine bestimmte Anlage festgesetzte Geschwindigkeitsdiagramm nach Möglichkeit eingehalten wird. Die Lasten sind nicht immer gleichbleibend, sondern weisen bei der gleichen Anlage gelegentlich recht bedeutende Schwankungen auf. Bei einem unvollkommenen Seilgewichtsausgleich erleidet die Seillast während eines Treibens derartige Veränderungen, daß sie beim Zusammentreffen mit anderen ungünstigen Umständen die Sicherheit des Betriebes erheblich gefährden kann. Diese Lasten und ebenso auch die durch sie bedingten Massenkräfte entziehen sich während des Treibens jeder Beeinflussung. Es müssen daher die Maschinen- und Hemmkräfte zur Beherrschung der anderen Kräfte unter Einhaltung des festgesetzten Geschwindigkeitsdiagramms, insbesondere des vorgeschriebenen Beschleunigungs- und Verzögerungsverlaufes, beliebig geschaltet und geregelt werden können. Eine zu große Beschleunigung ist wegen der unzulässigen Überlastung der Antriebsmaschine und bei den Treibscheiben wegen der Gleitgefahr des Förderseiles am Umfang der Scheibe ebenso schädlich wie eine zu kleine oder zu spät eintretende Verzögerung, die ein Übertreiben der Körbe über die Hängebank mit unzulässiger Geschwindigkeit zur Folge haben kann.

Um nun das gewünschte theoretische Geschwindigkeitsdiagramm unabhängig von dem auf die Fördermaschine einwirkenden Kräften möglichst immer einzuhalten und die Sicherheit des Betriebes der Aufmerksamkeit des Maschinenführers nicht allein zu überlassen, sind die verschiedensten Regel- und Sicherheitsvorrichtungen entstanden. Im Laufe der Zeit haben sich diese von den einfachsten Vorrichtungen gegen eine unzulässige Überschreitung der Geschwindigkeiten und ein Übertreiben der Förderkörbe durch Auslösen der Bremse beim Hinausgehen über die Hängebank bis zur zwangläufigen Steuerung während des ganzen Zuges entwickelt.

4. Anzeige- und Warnvorrichtungen.

a) Teufenzeiger.

Zum Anzeigen der jeweiligen Stellung der Förderkörbe im Schacht, deren Kenntnis für die sichere Führung der Maschine ein unbedingtes Erfordernis ist, wird jede Fördermaschine mit einem sogenannten Teufenzeiger ausgerüstet. Diese Anzeigevorrichtung ist von allen Bergpolizeibehörden vorgeschrieben. Sie muß durchaus zuverlässig arbeiten und bei Sohlenwechsel sich selbsttätig richtig einstellen. Außerdem muß sie eine Warnglocke aufweisen, die etwa vor Beginn der vorletzten Umdrehung der Fördermaschine ertönt, damit die Annäherung des Förderkorbes an die Hängebank rechtzeitig angezeigt wird.

Bei den Trommelmaschinen ist der Teufenzeiger durch ein Getriebe mit der Welle des Seilträgers verbunden (Abb. 149), bei den Treibscheibenmaschinen dagegen erfolgt der Antrieb des Anzeigers wegen des nicht zu vermeidenden Seilgleitens zweckmäßig durch das Förderseil selbst und zwar

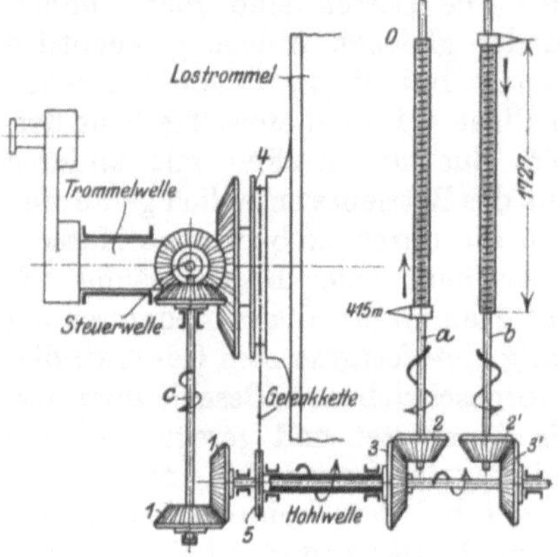

Abb. 149.

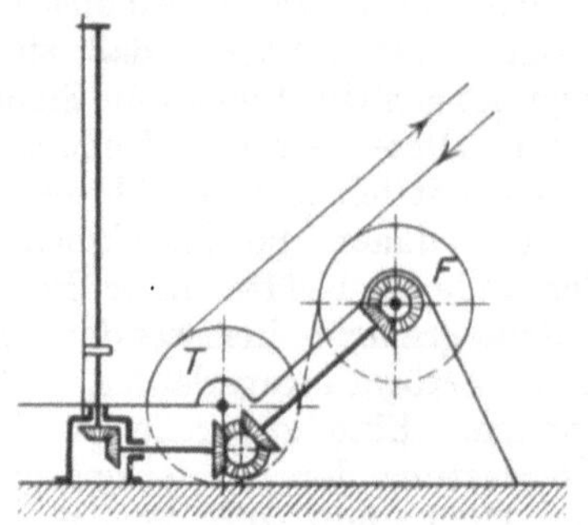

Abb. 150.

meist unter Verwendung einer Reibungsrolle, die durch eine Feder gegen das Förderseil angedrückt wird. In Abb. 150 wird die Bewegung der Führungsscheibe F für den Antrieb des Teufenzeigers unter Einschaltung von Kegelräderübertragungen ausgenützt. Würde der Teufenzeiger durch die Treibscheibe unmittelbar angetrieben, so könnte bei eingetretenem Seilrutsch der wahre Korbstand mit dem Anzeiger nicht mehr übereinstimmen. Abgesehen von dem falschen Anzeigen des Korbstandes würde aber auch die mit diesem in Verbindung stehende Sicherheitsvorrichtung gegen ein Übertreiben des aufwärtsgehenden Förderkorbes durch das Auslösen der Bremse nicht mehr richtig arbeiten, die Anlage also gefährden. Um eine Verminderung des Seilvorrutschens gegen die Treibscheibe zu erzielen, schlagen Brown, Boveri & Cie. durch D. R. P. 246553 vor, beim Einfallen der Hauptbremse auch alle Führungsscheiben des Förderseiles und die Seilscheiben im Schachtgerüst zu bremsen. Es ist aber zu bedenken, daß bei mehreren gebremsten Führungsscheiben ein Nacheilen des Förderseiles gegen die Treibscheibe zu erwarten ist, so daß auf ein unbedingtes Vermeiden von Seilgleitungen bei dem Treibscheibenbetrieb kaum zu rechnen sein wird.

Zur Feststellung der Größe des eingetretenen Seilgleitens ist es erforderlich, das Förderseil mit einem Kennzeichen (Farbstrich) zu versehen, das bei der Beendigung des Treibens mit einer Marke, die an einem festen Gestell angebracht ist, übereinstimmen muß. Diese Zeichen dienen gleichzeitig zum genauen Einfahren der Förderkörbe.

Damit nun der Teufenzeiger schnell und in leichter Weise richtig eingestellt werden kann, empfiehlt es sich, in seine Antriebsvorrichtung eine leicht lösbare Kupplung, beispielsweise eine Reibungskupplung, einzuschalten.

Bei allen mit Reibungsscheiben arbeitenden Teufenzeigerantrieben ist aber zu beachten, daß Abnutzungen dieser Scheiben stets ein falsches Anzeigen zur Folge haben.

Der einfachste Teufenzeiger besteht aus einer kleinen, von der Förderanlage angetriebenen Trommel, auf der sich eine dünne, an ihrem freien Ende mit einem leichten Gewicht und Zeiger belastete Schnur auf- und abwickelt. Dieses Gewicht bewegt sich in kleinerem Maßstabe in gleichem Sinne wie die Förderkörbe vor einer entsprechenden Teilung und gibt dadurch Aufschluß über die Stellung der Körbe im Schacht. Eine andere einfache Art des Teufenzeigers ist auch in dem durch die Maschine für jeden Förderkorb umlaufend bewegten Zeiger, der auf einer Skalenscheibe spielt, zu erblicken. Die üblichste Form eines Teufenzeigers besteht jedoch aus zwei in einem Gestell senkrecht gelagerten Schraubenspindeln mit flachgängigem Gewinde, die durch die Fördermaschine in entgegengesetztem Sinne in Umdrehung versetzt werden. Auf den beiden Spindeln sitzt je eine mit Zeigern versehene Wandermutter. Diese Muttern sind in dem Gestell geführt, also am Mitdrehen verhindert, und wandern dadurch der Korbewegung entsprechend auf ihren Spindeln auf- und abwärts. An der am Gestell angebrachten Teilung, die alle wichtigen Haltestellen an der Hängebank und am Füllort besonders kenntlich enthält, kann bei einer richtigen Einstellung des Anzeigers die genaue Stellung der Förderkörbe im Schacht abgelesen werden. Die vorgeschriebene, am Gestell sitzende Warnschelle wird von der wandernden Mutter kurz vor den oberen Endpunkten angeschlagen.

Bei den älteren Teufenzeigern wurden beide Spindeln von der Welle der Fördertrommel angetrieben, so daß bei einem Sohlenwechsel, bei dem sich die Stellung der Lostrommel gegenüber der Festtrommel und damit der Stand der Körbe gegeneinander verschiebt, diese Änderung nicht von der Anzeigevorrichtung geteilt wurde, sondern nur der Korbstand der Festtrommel durch die

Wandermutter angegeben wurde. Die von der Wandermutter der Lostrommel zu betätigende Sicherheitsvorrichtung konnte daher nicht in der erforderlichen Weise zur Wirkung kommen. Von einem Teufenzeiger muß aber verlangt werden, daß er sich bei einem Sohlenwechsel stets selbsttätig auf den neuen Förderweg umstellt. Die Bauart Kulmitz trägt diesem Umstande dadurch Rechnung, daß nur die eine Spindel des Teufenzeigers von der Trommelwelle, die andere dagegen von der Nabe der Lostrommel angetrieben wird. Abb. 151 zeigt einen solchen getrennten Spindelantrieb. Bei der Ausführung nach Abb.149 wird die rechte Spindel von der Trommelwelle durch Zahnräder 1 und 1, die durch eine Hohlwelle geführte wagerechte Welle der Zahnräder 1 und 3′, sowie durch das Zahnräderpaar 3′ und 2′ in Bewegung gesetzt, während die linke Spindel ihren Antrieb von der Lostrommel aus durch Kettenräder 4 und 5, die wagerecht liegende Hohlwelle sowie durch die Kegelräder 3 und 2 erhält.

Bei den Fördermaschinen mit zwei Lostrommeln muß jede Spindel mit ihrer zugehörigen Lostrommel verbunden sein.

Um dem Maschinenführer das Annähern eines Förderkorbes an die Hängebank deutlich sichtbar zu machen, hat Weidig, Schlettau a. S., folgende Einrichtung nach Abb. 152 getroffen. Beim Aufwärtsgehen nimmt die Wandermutter w kurz vor der Beendigung des Treibens den Bund b mit und hebt dadurch die Stange s an. Die Stange s ist durch den Hebel h und die Zugstange z mit dem im Spindelgestell gelagerten Gewichtshebel

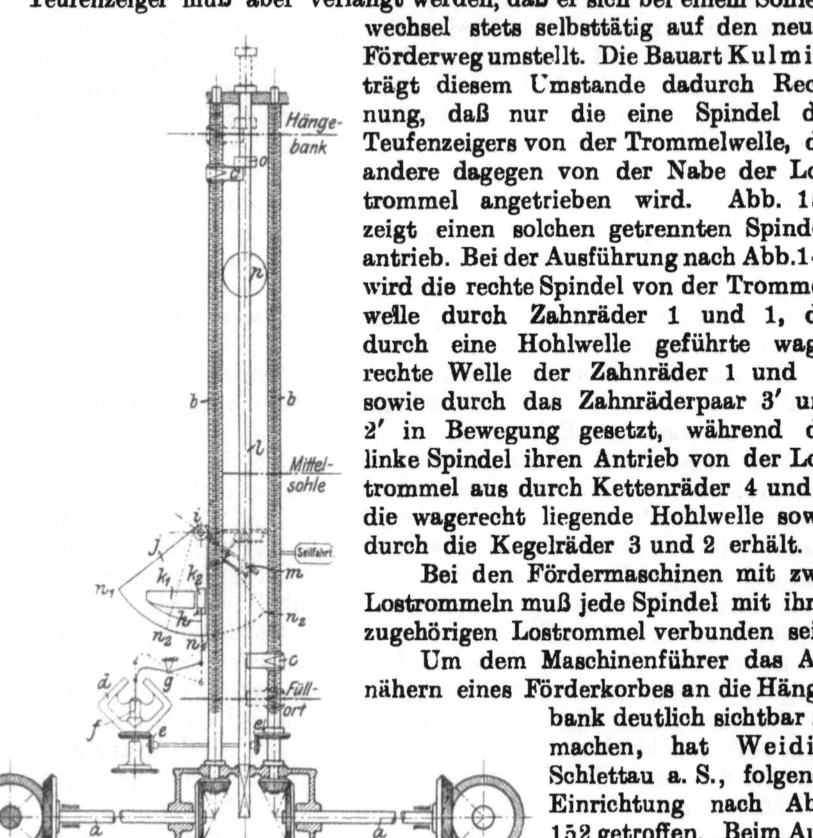

Abb. 151.

g verbunden, der mit Fahrtende eine wagerechte Lage einnimmt. Wird nun diese Einrichtung so getroffen, daß gegen Ende der Aufwärtsfahrt ein Schild mit der Aufschrift „Rückwärts", am Ende der Abwärtsfahrt ein entsprechendes mit der Aufschrift „Vorwärts" durch die Wandermutter und die Hebelanordnung betätigt wird, so kann der Maschinenführer durch dieses sichtbare Zeichen gewarnt werden, den Steuerhebel bei Beginn der nächsten Fahrt nach der falschen Seite auszulegen. Diese Vorrichtung kann als ein Vorläufer der sogenannten „Anfahrtregler", die meist ihre Leitung vom Teufenzeiger aus erhalten, angesehen werden.

In früheren Jahren war häufig mit dem Teufenzeiger eine selbsttätig wirkende Vorrichtung zum Einrücken der Bremse beim Überfahren des höchsten Haltepunktes, der Hängebank, verbunden. Dieser „Übertreibapparat" bestand aus einem Hebel a (Abb. 152, Bauart Weidig), der mittels einer Sperrklinke das durch ein Hilfsgewicht F beschwerte Verbindungsgestänge mit der Schieberstange des Dampfbremsenschiebers festhielt, so daß die Bremse unwirksam war. Erst in dem Augenblick, wo die Wandermutter w beim Überfahren der Hängebank gegen den Anschlaghebel a stieß, wurde das Verbindungsgestänge ausgelöst und das niedergehende Hilfsgewicht F setzte die Schieberstange und damit auch den Schieber der Dampfbremse in Tätigkeit; die Bremse wurde eingerückt. Der Grundgedanke der Bremsauslösung als Schutzvorrichtungsmaßnahme beim Übertreiben eines Förderkorbes ist bei den weiter ausgebildeten „Sicherheitsapparaten" verwendet worden.

b) Geschwindigkeitszeiger.

Zur jederzeitigen Feststellung der vorhandenen Fördergeschwindigkeit dienen besondere Geschwindigkeitsanzeiger,

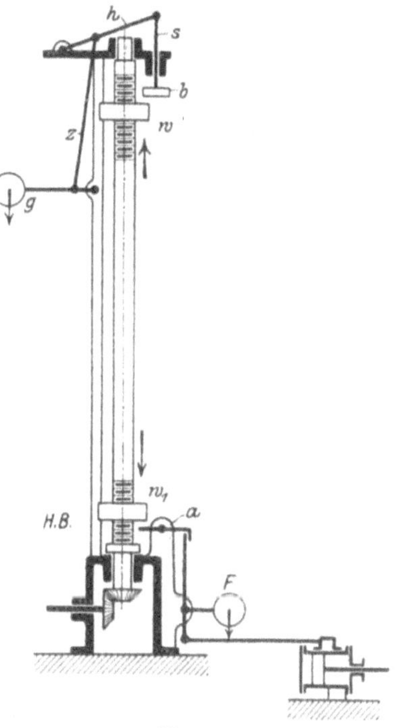

Abb. 152.

die es dem Maschinenführer gestatten, möglichst nach dem im voraus festgelegten Geschwindigkeitsdiagramm zu fahren, im besonderen aber, um unzulässige Geschwindigkeitsüberschreitungen zu vermeiden. Die meisten derartigen Vorrichtungen weisen eine ähnliche Bauart auf, wie diejenige der Fliehkraftregler (Regulatoren) der Dampfmaschinen, wobei der jeweiligen Stellung der sich bewegenden Reglermuffe eine bestimmte Fördergeschwindigkeit entspricht. Sie wirken auf einen Zeiger, oftmals auch auf einen Schreibstift ein, der für jeden Förderzug auf einer sich gleichmäßig drehenden Papiertrommel den Verlauf der Geschwindigkeit während eines Zuges aufzeichnet. Außer diesen Fliehkraftreglern gibt es zur Ermittlung der jeweiligen Geschwindigkeit auch noch Sondermeßvorrichtungen, bei denen die Ausnutzung der Schleuderkraft nicht angewendet ist (Luftdruck- und hydraulische Geschwindigkeitsmessung, elektrische Spannungsmessung).

c) Geschwindigkeitsregler.

α) Formen und Eigenschaften der Fliehkraftregler.

Im wesentlichen sind zwei Gruppen von Fliehkraftreglern zu unterscheiden: die statischen und die pseudo-astatischen. Diesen Reglern schließt sich eine dritte Gruppe an, die eine Vereinigung der beiden ersten darstellt: die statischen Regler mit pseudo-astatischer Endbewegung.

Bei den statischen Reglern gehört zu einer jeden Umdrehungszahl der Maschine und damit auch zu jeder Fördergeschwindigkeit eine ganz bestimmte Schwungkugel- bzw. Muffenstellung; die Bewegungen der Reglermuffe sind den Geschwindigkeitsänderungen also proportional. In Abb. 153 ist der Zusammenhang der Muffenbewegung und der Umlaufzahl der Reglerachse zeichnerisch dargestellt. Man ersieht hieraus, daß die statischen Regler bei kleinen Geschwindigkeiten, wie sie beispielsweise in der Nähe der Hängebank vorliegen, eine Bewegung der Muffen kaum hervorrufen. Bei diesen Muffenstellungen ist demnach die Überwachung der Fördergeschwindigkeiten eine sehr ungenaue. Bei den sogenannten „Sicherheitsapparaten" bildet der statische Regler einen Hauptbestandteil.

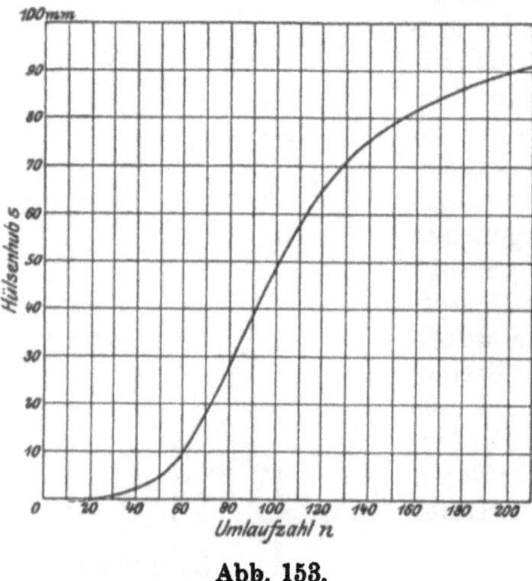

Abb. 153.

Die pseudo-astatischen Regler arbeiten innerhalb kleiner Geschwindigkeitsschwankungen. Bei geringen Abweichungen von der normalen Geschwindigkeit geben sie starke und dem Geschwindigkeitsunterschied proportionale Ausschläge. Sind die Umdrehzahlen niedrig, dann bleibt die Muffe in ihrer untersten Lage. Erst kurz vor Erreichung der normalen Umlaufzahl bewegt sie sich und erreicht ihre höchste Stellung bei geringer Überschreitung der Drehzahl. Diese Regler werden vornehmlich bei den Kraftmaschinen zur Herbeiführung eines regelmäßigen Ganges der Maschine verwendet und dienten früher auch bei Dampffördermaschinen zur selbsttätigen Einstellung kleiner Füllungen bei Erreichung einer bestimmten Geschwindigkeit, sind aber hier durch die statischen Regler verdrängt worden.

Statische Regler mit pseudo-astatischer Endbewegung.
Die Muffenbewegung eines solchen Reglers ist aus Abb. 154 ersichtlich. Hiernach zeigen diese Regler niedere Geschwindigkeiten an, so daß entsprechende, der Geschwindigkeitsänderung proportionale Regeleingriffe durch sie vorgenommen werden können, während bei der Überschreitung einer bestimmten Höchstgeschwindigkeit eine unverhältnismäßig große Muffenbewegung erfolgt. Für manche Zwecke, wenn beispielsweise nach der Überschreitung der größten Geschwindigkeit ein schneller und energischer Eingriff der Regelvorrichtung zur Vermeidung einer weiteren Geschwindigkeitszunahme erwünscht ist, können sie eine geeignete Verwendung finden (Sicherheitsapparat von Grunewald).

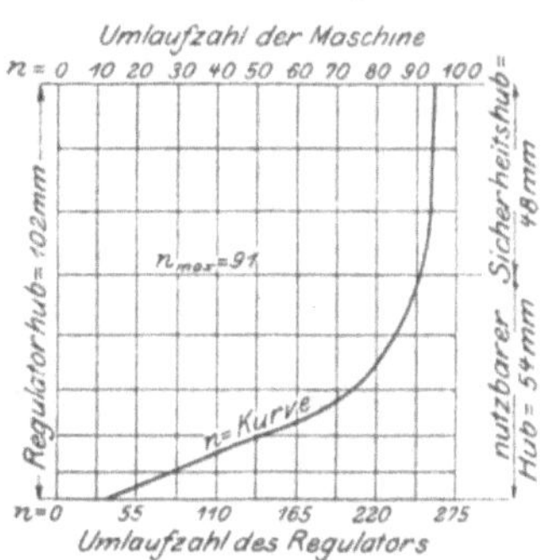

Abb. 154.

Der Antrieb der senkrecht stehenden Achse des Fliehkraftreglers geschieht von der Maschinenwelle aus und zwar mit einer Übersetzung von etwa 1:5 bis 1:20. Die Bewegungsübertragung erfolgt hierbei durch Zahnräder oder durch Gelenk- bzw. Gliederketten, so daß die Schnelligkeit der Reglerumdrehungen unmittelbar mit dem Gang der Maschine zusammenhängt. Um nun bei der geringen Maschinengeschwindigkeit der Seilfahrt die gleiche Geschwindigkeit der Reglerachse zu erhalten, wird in die Antriebsvorrichtung meist eine veränderliche Übersetzung eingeschaltet. Dadurch ist es möglich, mit den sonstigen Einrichtungen die veränderte Grundgeschwindigkeit der Seilfahrt in ähnlicher Weise zu regeln, wie diejenige bei der Güterförderung. Zum Anzeigen der jeweiligen Geschwindigkeit können diese Regler dann allerdings nicht benutzt werden. Schwerere Fliehkraftregler haben in ihrem Antrieb oft eine Reibungskupplung, die eine Verschiebung der Getriebeteile gegeneinander ermöglichen sollen, nämlich dann, wenn bei zu schneller Änderung der Geschwindigkeit die Gefahr besteht, daß der Widerstand, den die Reglerachse den Geschwindigkeitsänderungen entgegensetzt, Brüche im Getriebe hervorrufen kann.

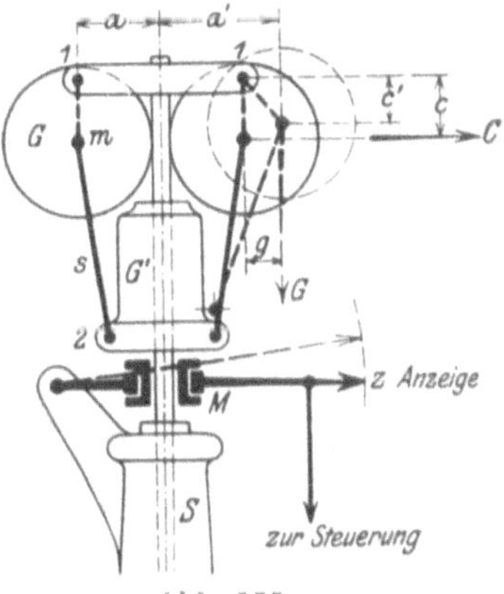

Abb. 155.

In Abb. 155 ist ein statischer Regler schematisch dargestellt. Darin ist S die von der Maschine angetriebene, senkrecht stehende Reglerachse, deren Querarme a die im Punkt 1 drehbar aufgehängten

Schwungkugeln G tragen. An den Mittelpunkten m der Kugeln greifen die Stangen s gelenkig an. Fliegen nun bei zu schneller Umdrehung der Reglerachse die beiden Schwungkugeln infolge der Zentrifugalkraft auseinander, so wird diese Bewegung durch die Stangen s auf die Muffe M, mit der sie ebenfalls gelenkig verbunden sind, übertragen. Die Muffe M ist häufig durch ein Gewicht G' belastet, das gleichzeitig zur Bewegung des Zeigers für die Geschwindigkeitsanzeige oder der Fortleitung der Regelbewegung dient.

Die Bewegung und die Einstellung der Schwungkugeln G kommen unter dem Einflusse zweier sich entgegenwirkender und im Laufe des Betriebes veränderlicher Kräfte zustande. Diese Kräfte sind die Zentrifugalkraft C (Abb. 155) der auseinanderfliegenden Kugeln und das Eigengewicht der Schwungkugeln G bzw. der Muffenbelastung G'. Beide Kräfte haben das Bestreben, die Kugeln um den Drehpunkt 1 in verschiedenem Sinne zu drehen. Fliegen die beiden Schwungkugeln mit zunehmender Umdrehzahl der Reglerachse auseinander, so nehmen sie infolge ihrer pendelartigen Aufhängung gleichzeitig eine höhere Lage ein, wodurch auch die Muffe entsprechend angehoben wird. Bei eintretenden Geschwindigkeitsänderungen wird das Gleichgewicht der Kräfte vorübergehend aufgehoben, bis es durch die veränderte Kugelstellung wieder eingestellt wird. Beim Ausschwingen der Kugeln nimmt die Fliehkraft, die infolge der vermehrten Umlaufzahl der Reglerachse angewachsen ist, noch dadurch zu, daß auch die Entfernung der Kugeln von der Achse und damit ihre Umfangsgeschwindigkeit größer werden. Da hierbei jedoch der Hebelarm c der Kugeln bis auf c' abnimmt, so wird ein übermäßig starkes Anwachsen des Fliehkraftmomentes vermieden. Gleichzeitig wächst auch das Gewichtsmoment der Schwungkugeln, da bei gleichbleibenden Gewichten der Hebelarm g sich vergrößert. Durch die Einstellung eines der neuen Geschwindigkeit bzw. der erhöhten Lage der Kugeln entsprechenden Gleichgewichtes der Kräfte bleibt die Muffe in Ruhe.

Diese Wirkung ist bei allen Reglern anzutreffen. Die Unterschiede im Zusammenhang der Muffenbewegungen mit den Geschwindigkeiten beruhen lediglich auf der Verschiedenartigkeit der Reglerbauart (Größe und Stellung der Kugeln, Gestalt der Arme usw.), welche die mit verändertem Ausschlage der Kugeln einhergehenden Veränderungen der Fliehkraft- und Gewichtsmomente bedingen. Man denke sich bei einer gegebenen Umlaufzahl die Schwungkugeln durch äußere Kräfte zwangsweise in eine höhere Lage gebracht. Statische Regler verlangen dann, daß das neue Fliehkraftmoment hinter dem neuen Gewichtsmoment erheblich zurückbleibt, so daß zur Erreichung der neuen Lage eine große Geschwindigkeitssteigerung erforderlich ist, und daß dieses Verhältnis der Momente im ganzen Hubbereich des Reglers erhalten bleibe. Bei pseudo-astatischen Reglern hingegen darf das neue Fliehkraftmoment nur wenig hinter dem neuen Gewichtsmoment zurückbleiben, so daß eine geringe Geschwindigkeitsänderung zur Erreichung der neuen Lage ausreicht. Abb. 155 läßt hiernach einen statischen Regler erkennen, denn die verhältnismäßig starke Verkleinerung der Fliehkraft-Hebelarme (c in c') beim Ausschwingen der Kugeln erfordert eine entsprechende Steigerung der Umlaufzahl zur Erreichung dieser Ausschläge. Weiterhin stellt sich auch ein verhältnismäßig geringes Zunehmen des Abstandes der Kugelmitte m von der Reglerachse ein, wodurch ein zu schnelles Anwachsen der Fliehkraft selbst bei größer werdenden Ausschlägen vermieden wird. Im Ruhezustande des Reglers hängen die Kugeln senkrecht unter dem Aufhängepunkt 1, so daß zunächst kein Gewichtsmoment vorhanden ist. Dies ermöglicht Ausschläge bei verhältnismäßig geringer Geschwindigkeit. Die in Abb. 153 dargestellte Kurve der Muffenbewegung zeigt jedoch, daß die Muffe sich erst bei einer bestimmten Umlaufzahl zu heben beginnt, was auf die große Eigenreibung des Reglers zurückzuführen ist. Diese Eigenreibung muß durch eine bereits entwickelte Fliehkraft erst überwunden werden. Das ist ein Nachteil der mit Gewichtsbelastung G' versehenen statischen Regler, der sie zur Geschwindigkeitsmessung wenig geeignet macht und ihren Wert als Sicherheitsapparate vermindert.

Wird an Stelle der Gewichtsbelastung G' der Muffe eine Federbelastung gewählt, die bei aufwärtsgehender Muffenbewegung zusammengedrückt wird, so erhält man einen stark statischen Regler und zwar einen sogenannten „Federregler" im Gegensatz zu den bisher besprochenen „Gewichtsreglern". Bei diesen statischen Federreglern nimmt das Belastungsmoment bei bestimmten Ausschlägen infolge der anwachsenden Federspannung und dem größer werdenden Hebelarm unverhältnismäßig zu. Derartige Federregler sind daher für statische Regler zu empfehlen.

Einen Federregler mit statischer Anfangs- und pseudoastatischer Endbewegung der Reglermuffe nach Prof. Dr. Stumpf-Berlin zeigt die Abb. 156 in schematischer Darstellung. Dieser erhält seinen statischen Charakter durch die Verwendung von Federn F, die im Ruhezustande des Reglers entspannt sind, und deren Hebelarme f bezogen auf den Drehpunkt der Gewichte G bei ausgeschwungenen Gewichten, d. h. während eines großen Muffenhubes, nur wenig abnehmen, so daß zur Erzwingung der Ausschläge größer werdende

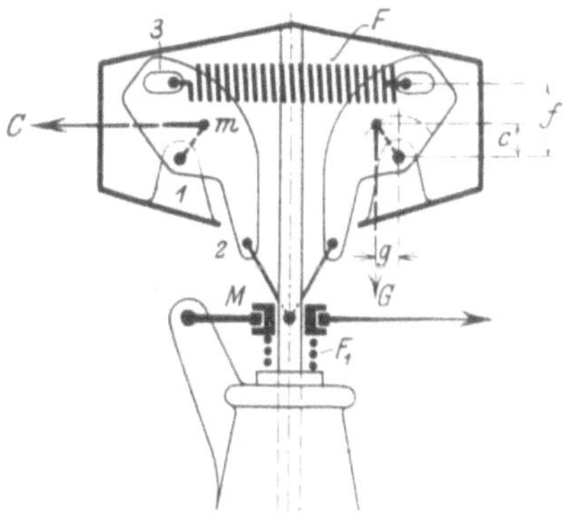

Abb. 156.

Umlaufszahlen des Reglers erforderlich sind. Der Hebelarm c der Fliehkraft C, d. i. der senkrechte Abstand des Schwerpunktes der

Gewichtsmasse von ihrem Drehpunkte, wächst beim Ausschwingen der Gewichte zunächst etwas an, um dann bis zum Ende des Ausschwingens wieder kleiner zu werden. Da die Hebelarme f der Federkraft in der Endbewegung dagegen verhältnismäßig sehr stark abnehmen, so wird von einer bestimmten Geschwindigkeit ab eine geringe Geschwindigkeitsvermehrung einen größeren Ausschlag ergeben. Zu Beginn des Ausschwingens wirkt das Moment des Gewichtes G am Hebelarm g einer Bewegung der Muffe entgegen. Damit ein Heben der Muffe auch bei geringer Geschwindigkeit möglich ist, wird das Schwunggewicht G in der Ruhelage durch den Druck einer um die Achse unterhalb der Muffe angeordneten Feder F_1 ausgeglichen. Nach einer bestimmten Aufwärtsbewegung der Muffe tritt eine Entspannung der Feder F_1 ein, so daß sie außer Wirkung gesetzt ist. Während dieses ersten Teiles der Muffenbewegung wirkt die Hauptfeder F nicht mit, sie wird erst nach dem Durchlaufen eines toten Ganges 3 von den Schwunggewichten gespannt.

Diese Regler haben eine größere Empfindlichkeit in den niedrigen Geschwindigkeiten als die rein statischen.

Für statische Regler eignen sich die Federregler besser als die Gewichtsregler, für pseudo-astatische Regler, soweit nur die Gewichtswirkung in Frage kommt, dagegen die Gewichtsregler. Darum werden als statische Regler fast durchweg Federregler angewendet. Bei schnell aufeinander folgenden Geschwindigkeitsänderungen der Gewichtsregler setzen die ausschwingenden Massen dem Ausschlagen ihren Massenwiderstand entgegen, wodurch eine Verzögerung der Muffenbewegung eintritt. Andrerseits gehen die schwingenden Massen nach Erreichung der neuen Gleichgewichtslage zunächst über diese hinaus, pendeln um sie hin und her und kommen erst nach einer gewissen Zeit zur Ruhe. Sie eignen sich daher weniger für Geschwindigkeitsmessungen, desgleichen auch nicht zur Vornahme der Regelbewegungen, weil im Förderbetrieb eine rasche Änderung der Geschwindigkeit innerhalb eines Zuges die Regel bildet. Um während der Verstellungen eine genügend große Kraft entfalten zu können, müssen die Gewichtsregler mit einem schweren Muffengewicht ausgerüstet sein, dessen Anheben jedoch Zentrifugalkräfte erfordern, die nur durch eine hohe Umdrehzahl der Reglerachse zu erreichen sind. In diesem Falle tritt dann das erwähnte Pendeln um die neue Gleichgewichtslage in erhöhtem Maße auf. Bei den Federreglern dagegen kann ein beliebiger Belastungswiderstand durch eine massenlose Feder bewirkt werden. Sie können daher für große Verstellkräfte ohne Massenvermehrung gebaut werden und stellen sich in der neuen Gleichgewichtslage schneller ein. Sie sind darum bei den Fördermaschinen sowohl für die Geschwindigkeitsmessung wie auch für die Geschwindigkeitsregelung gut geeignet. Freilich ist zu beachten, daß die Wirksamkeit des Federreglers durch die im Laufe des Betriebes eintretenden Veränderungen der Federeigenschaften ungünstig beeinflußt wird. In dieser Beziehung arbeiten Gewichtsregler zuverlässiger.

β) Geschwindigkeitsmessung durch Fliehkraftregler.

Abb. 157 zeigt die einfachste Form eines Schwungkugelreglers für Meßzwecke. Der Ausschlag wird auf einen Zeiger und auf einen Schreibstift übertragen, der die Geschwindigkeit auf einer langsam gedrehten Trommel aufzeichnet. Kleine Geschwindigkeiten werden bei diesem Regler nicht angezeigt.

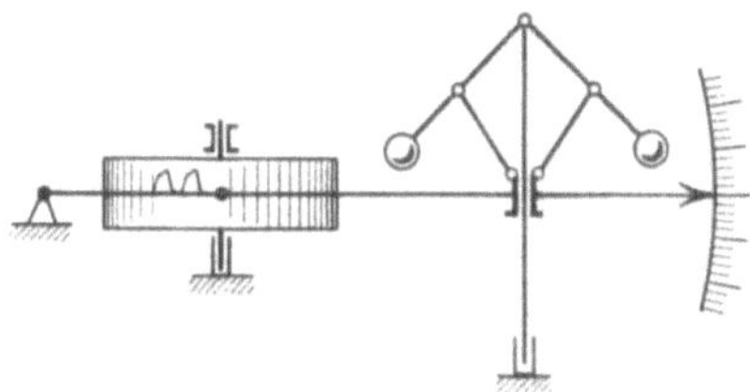

Abb. 157.

In Abb. 158 ist ein Fliehkraftregler als Federregler schematisch dargestellt. Bei diesem Regler wird die Gewichtswirkung der Schwungmassen durch eine symmetrische Anordnung von Schwunggewichten und Gegengewichten in der Weise beseitigt, daß beim Ausschwingen die Gewichtswirkungen von G_1 und G_2 durch jene von G_3 und G_4 aufgehoben werden; die Fliehkräfte dagegen summieren sich. Die Aufhebung der Gewichtswirkung läßt den statischen Charakter der Federbelastung deutlich hervortreten. Für jeden Pendelarm ist eine Belastungsfeder F vorhanden, die mit ihrem Hebelarm f der Fliehkraft C entgegenwirkt. Mit zunehmendem Ausschwingen wachsen Federspannung und Hebelarm an, der Hebelarm der Fliehkraft nimmt dagegen ab. Da in der Ruhelage die Federn ungespannt sind, so treten die Ausschläge schon bei geringen Geschwindigkeiten ein. Die Ausschläge werden auf einen Zeiger und einen Schreibstift übertragen. Der Schreibstift zeichnet den Geschwindigkeitsverlauf fortlaufend auf einen gleichmäßig sich vorbeibewegenden Papierstreifen auf. Derartige Geschwindigkeitsmesser oder Tachographen werden von der Firma Dr. Th. Horn in Leipzig-Großzschocher hergestellt. Abb. 159 zeigt einen Ausschnitt des Diagrammblattes eines solchen Tachographen für eine 24 stündige Aufzeichnung. Das Blatt läßt die Einteilung, die unten größer ist als oben, deutlich erkennen und zeigt im besonderen, daß auch Geschwindigkeiten von 1 m/sek gut sichtbar vermerkt werden.

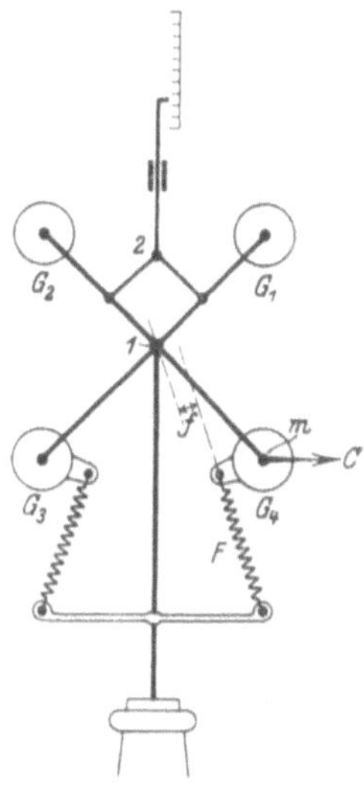

Abb. 158.

Abb. 160 stellt den Gewichtsregler von Oberingenieur J. Karlik, Prag-Weinberge, (D. R. P.) dar. Bei diesem Geschwindigkeitsmesser wird als Schwungmasse eine Flüssigkeit und zwar Quecksilber verwendet, das sich in besonders geformten Röhren bewegt. Gemäß der schematischen

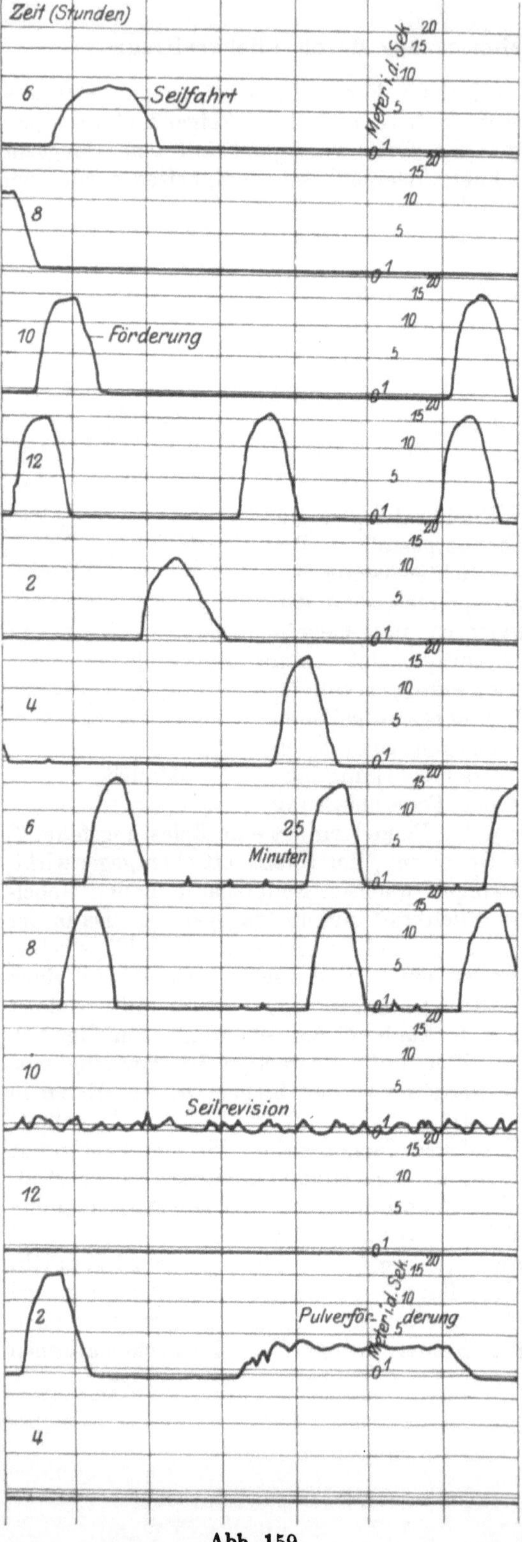

Abb. 159.

Darstellung in Abb. 161 wie auch nach der Ausführungszeichnung in Abb. 160 ist als Hauptbestandteil der Regler ein aus drei miteinander verbundenen Röhren bestehendes Gefäß anzusehen, den zwei äußeren etwa U-förmig gebogenen engen Röhren a' und dem weiteren inneren Rohre a. In der Ruhelage sind die Röhren bis zu einer bestimmten Höhe, der in Abb. 160 angegebenen gestrichelten Höhenlinie, mit Quecksilber angefüllt. In dem Mittelrohr ruht auf dem Quecksilber ein sowohl mit einem Geschwindigkeitszeiger d als auch mit einem Schreibwerk c durch ein Hebelwerk in Verbindung stehender Schwimmer b. Wird das Dreirohr vermittels der Rolle r und der Lederschnur s von der Maschine aus in Umdrehung versetzt, so steigt das Quecksilber in den engen Außenröhren höher und sinkt im weiten Mittelrohre. Der mitsinkende Schwimmer b überträgt seine Bewegung auf den über einer Teilung spielenden Zeiger d und auch auf das Schreibwerk c und zeigt auf diese Weise die jeweilige Ge-

schwindigkeit an. Das in den wagerechten Röhren und den Rohranteilen befindliche Quecksilber (Abb. 160) erzeugt hierbei eine Hub-
kraft, die in den senkrechten Rohranteilen stehende Flüssigkeit
übt dagegen durch seine Schwere eine Gegenkraft aus. Die ursprünglich nach außen gerichtete Schleuderkraft pflanzt sich in
dem Quecksilber weiter fort und treibt es in den Seitenröhren in

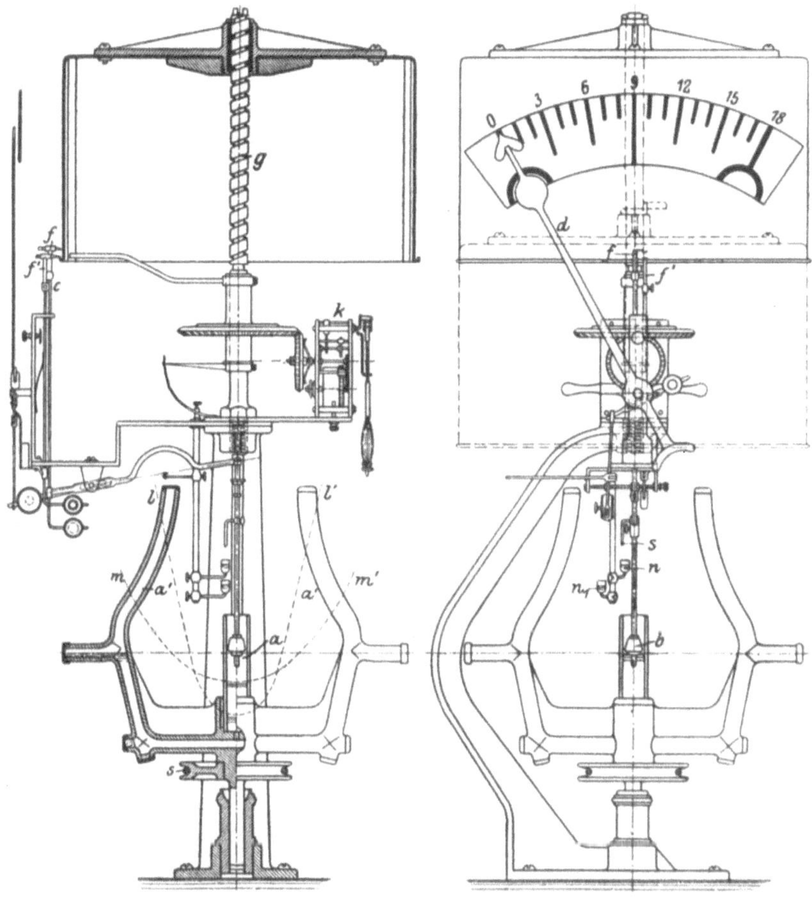

Abb. 160.

die Höhe. Da das Quecksilber in der Ruhestellung des Reglers
in allen Röhren gleich hoch steht, so sind die Gewichte wie bei
dem Hornschen Tachographen völlig ausgeglichen. Es treten daher
auch bei kleinen Geschwindigkeiten von etwa 0,5 m/sek entsprechende Ausschläge auf. Die Eigenschaften des Reglers werden
durch die Form der Seitenrohre bedingt, die so beschaffen sein sollen,
daß beim Umlaufen des Dreirohres das Sinken des Quecksilberspiegels

im Mittelrohr und damit die Bewegung des Schwimmers bei gleichzeitigem Steigen des Quecksilbers in den Seitenrohren den Geschwindigkeitsänderungen stets unmittelbar proportional ist[1]). Hierdurch erfährt die Benutzung der Diagramme eine wesentliche Erleichterung, wie sie von andern Reglern mit ihrem festen Getriebe, die nicht so beliebig geformt werden können als die Seitenrohre des Quecksilberreglers, nicht annähernd erreicht werden. Die Fläche der aus den Förderzeiten in sek als Abzissen und den zugehörigen Geschwindigkeiten als Ordinaten bestehenden Diagramme entspricht hierbei dem Förderweg $\left(\text{sek} \cdot \dfrac{\text{m}}{\text{sek}} = \text{m}\right)$, eine Umzeichnung des Diagramms auf eine gleichmäßige Teilung, wie es bei den anderen Reglern erforderlich ist, erübrigt sich also.

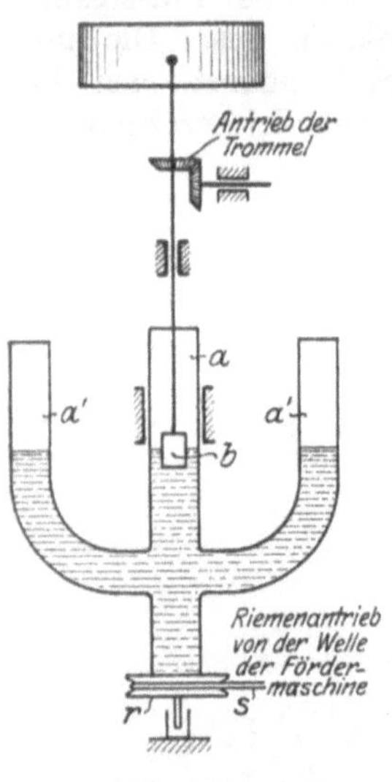

Abb. 161.

Die Bewegungen des Schwimmers werden einmal durch eine vergrößernde Hebelübersetzung auf den über einer Teilung spielenden Zeiger d, dann aber auch durch eine verkleinernde Übersetzung auf die Schreibfeder f übertragen (Abb. 160). Diese Schreibfeder f zeichnet den Verlauf der Geschwindigkeit fortlaufend auf eine langsam und gleichmäßig gedrehte Papiertrommel auf. Die Fläche des Diagramms ist nicht durch Skalen eingeteilt, sondern es wird durch eine fest stehende Schreibfeder f' gleichzeitig die erforderliche Grundlinie bei der Trommelbewegung auf den in Stunden und Minuten unterteilten endlosen Papierstreifen aufgezeichnet. Abb. 162 zeigt einen Ausschnitt aus dem Diagrammblatt einer Dampffördermaschine, Abb. 163 denjenigen aus dem Blatt einer elektrisch angetriebenen Fördermaschine. Um die an einem Tage durchfahrenen Diagramme auf einem handlichen Papierstreifen unterbringen zu können, werden sie in Form einer flach ansteigenden Schraubenlinie auf dem etwa 1,07 m langen und 0,21 m breiten Mantel der Papiertrommel aufgezeichnet, die sich gleichmäßig schraubenförmig abwärts bewegt. Die Trommel besitzt zu diesem Zwecke in ihrem oberen Teil eine hohe, in das Gewinde der feststehenden Spindel g (Abb. 160) eingeschliffene Schraubenmutter. Die Steigung des Gewindes ist hierbei so steil gewählt, daß die Trommel durch ihr Eigengewicht in eine selbsttätig umlaufende Abwärtsbewegung versetzt wird. Ein genau einstellbares Pendeluhrwerk k regelt diese Bewegung derart, daß alle zwei Stunden eine Umdrehung und ein Niedergehen um eine Ganghöhe erfolgt. Nach

---

[1]) „Die neueste Type des Tachographen (Patent J. Karlik) nach dessen Vervollständigung zum Registrieren der Schachtsignale“ von Ulrich Horel, Sonderabdruck der Öst. Z. f. Berg- u. Hüttenwesen Jahrg. 1911, Nr. 11, 12.

Aufziehen eines neuen Papierstreifens muß die Trommel stets wieder
in ihre Anfangsstellung, also in ihre höchste Lage zurückgeschraubt
werden.

Die Karlikschen Geschwindigkeitsregler sind mit einer elektrischen Alarmvorrichtung gegen ein Überschreiten der höchst
zulässigen Fördergeschwindigkeit ausgerüstet. Diese Vorrichtung besteht aus einem vom Schwimmer b betätigten Stift s (Abb. 160) und

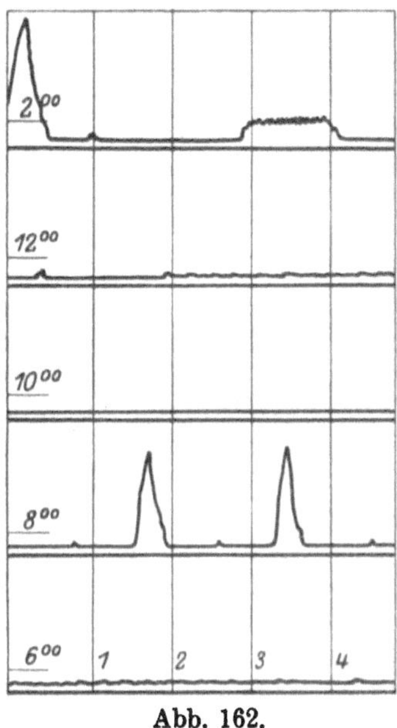

Abb. 162.

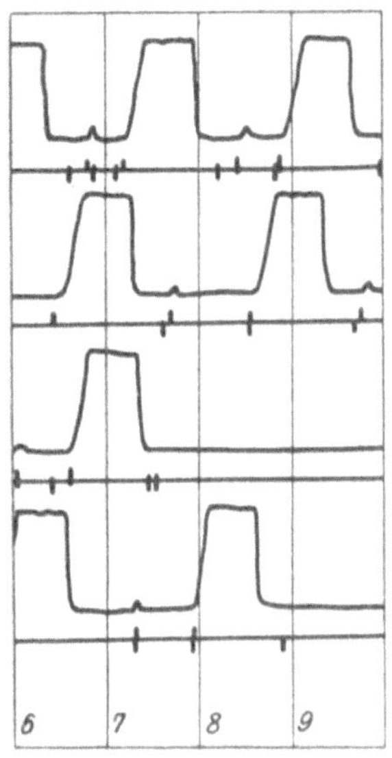

Abb. 163.

den Quecksilbernäpfchen n und n_1. Durch Eintauchen des Stiftes s
in eines dieser beiden mit Quecksilber angefüllten Näpfchen
wird ein elektrischer Stromkreis geschlossen und dadurch eine Warnglocke zum Ertönen gebracht. Die beiden Quecksilbernäpfchen n und
n_1 sind durch Arme, die um einen kleinen Winkel gegeneinander versetzt sind, auf einer drehbaren Spindel, in verschiedenen Höhenlagen
angebracht. Durch Drehen der Spindel kann das eine oder andere
Näpfchen in die Bahn des Schwimmerstiftes s geleitet werden. Das
höher gelegene Näpfchen n dient der kleineren Höchstgeschwindigkeit
bei der Seilfahrt, das etwas tiefer angebrachte Näpfchen n_1 dagegen
der höchsten Geschwindigkeit bei der Güterförderung.

Eine solche Alarmvorrichtung kann im übrigen auch bei dem
Hornschen Tachographen angeordnet werden.

Zur gleichzeitigen Aufzeichnung der am Füllort und an der Hängebank gegebenen Signale auf der Papiertrommel des Geschwindigkeits-
messers hat Karlik folgende Einrichtung getroffen. Zwischen zwei
Magnetspulen ist nach Abb. 164 ein zweiarmiger Hebel so gelagert,

daß das eine oder das andere Ende des Hebels je nach der Strom-
schaltung von der unter ihm sitzenden Spule angezogen wird. Die
eine Spule wird hierbei bei der Zeichengebung vom Füllort nach der
Hängebank, die andere dagegen bei der Zeichengebung von der Hängebank nach der Fördermaschine unter Strom gesetzt. Der zweiarmige
Hebel steht mit der Schreibfeder f' (Abb. 160), welche für das Auf-
zeichnen der Grundlinie auf der Pa-
piertrommel bestimmt ist, in Verbindung. Je nach der Bewegung des
Hebels werden nun auf der Papiertrommel von der Grundlinie aus nach
aufwärts oder nach abwärts gerichtete
Striche vermerkt und zwar bei der
Zeichengebung vom Füllort zur Hängebank einen nach abwärts gehenden, im
anderen Falle — beim Läuten von
der Hängebank zur Fördermaschine —
einen nach aufwärts gerichteten Strich.
Abb. 163 zeigt einen Diagrammstrei-
fen mit der Aufzeichnung von Signalen.
Der Wert solcher Aufzeichnungen kann
nicht hoch genug eingeschätzt werden,
weil sie bei vorkommenden Unglücksfällen zum Nachweise der Vorgänge,
denen gegebenenfalls der Unfall zu-
geschoben werden kann, von großer
Bedeutung sein können.

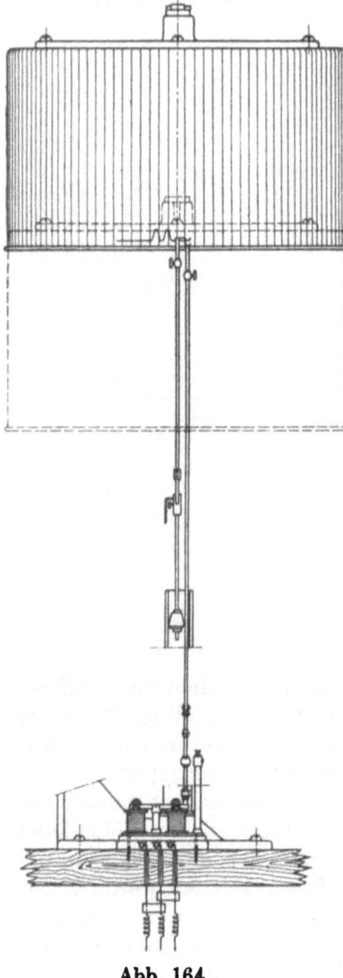

Abb. 164.

Die fortlaufende Aufzeichnung der
Geschwindigkeitsdiagramme gibt ein
übersichtliches Bild über den Gang
der Maschine und bis zu einem gewissen Grade über den zeitlichen Verlauf des gesamten Grubenbetriebes
während 24 Stunden. Neben der Ermittlung der jeweiligen Fördergeschwindigkeit dient eine solche zeichnerische Darstellung auch zur Betriebs-
kontrolle, indem es die Anzahl der
Züge und der Förderpausen, das Umsetzen der Körbe, die Seilfahrt sowie
Schacht- und Seilrevisionen und die
hierbei eingehaltenen Geschwindigkei-
ten anzeigt. Weiterhin gibt das Verfahren durch den mehr oder
weniger gleichmäßigen Verlauf der Diagramme auch Aufschluß darüber,
ob die einzelnen Züge stets sachgemäß ausgeführt worden sind.

Gegenüber dem Schwungkugelregler zeichnet sich der Quecksilberregler durch seinen einfachen Aufbau und durch die Gleich-

mäßigkeit der Skaleneinteilung aus, doch läßt andrerseits der Schwungkugelregler mit seinem festeren Gefüge durch eine weitere Skaleneinteilung der unteren Lagen kleinere
Geschwindigkeiten leichter erkennen.
Abb.165 zeigt den Karlik-Geschwindig-
keitsmesser in einem Glaskasten, der
auf einer gußeisernen Säule befestigt ist.

γ) Sondermeßvorrichtungen ohne Anwendung der Fliehkraft.

Neben den auf der Ausnutzung
der Schleuderkraft von Schwungmassen
beruhenden Reglern, von denen namentlich der Karliksche Quecksilberregler
eine ausgedehnte Verbreitung gefunden hat, gibt es auch Meßvorrich-
tungen, bei denen die Geschwindigkeit durch eine von ihr abhängige
Zustandsänderung angezeigt wird.

So kann beispielsweise durch die
Fördermaschine eine kleine Gleich-
strommaschine mit gleichbleibendem
Erregerfeld angetrieben werden, deren
durch Instrumente leicht zu ermittelnde
Ankerspannung der Geschwindigkeit
proportional ist. Bei einer anderen
Meßvorrichtung dient ein kleines, von
der Fördermaschine angetriebenes
Schleudergebläse zur Bestimmung der Fördergeschwindigkeit, wobei ein der Umdrehungszahl des
Gebläses entsprechender Luftdruck durch ein Mano-
meter gemessen und dadurch die zugehörige Fördergeschwindigkeit angezeigt wird. Diese Vorrichtungen
sind jedoch von der Temperatur und dem Baro-
meterstand abhängig.

Abb. 166 zeigt einen hydraulischen Geschwindigkeitsmesser. Der Kolben K, der
durch die Fördermaschine angetrieben wird, bewegt
durch enge Öffnungen c eine Flüssigkeit abwechselnd von der einen Zylinderseite auf die andere.
Da der Druck der Flüssigkeit mit wachsender
Kolbengeschwindigkeit zunimmt, wird die durch
den seitlichen Druckkolben k beeinflußte Meßfeder f zusammengedrückt, während die Größe der jeweiligen Geschwindigkeit durch
den Zeiger Z angegeben wird. Der Überströmwiderstand wächst hierbei
etwa mit dem Quadrate der Geschwindigkeit, der Federausschlag
dagegen ist der Kraftwirkung einfach proportional. Diese Vorrich-

Abb. 165.

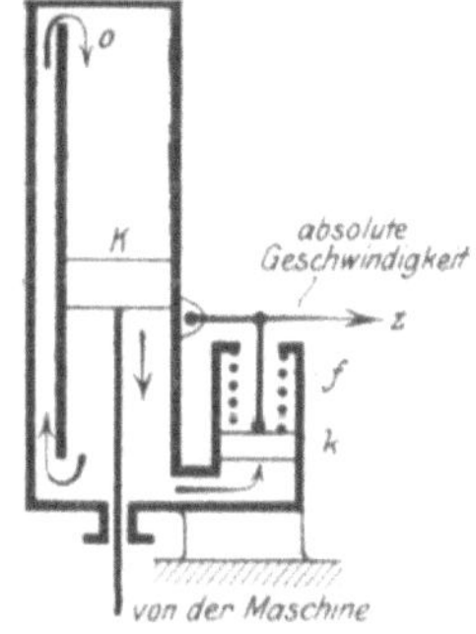

Abb. 166.

tungen geben daher für kleine Geschwindigkeiten sehr kleine, für
große jedoch unverhältnismäßig große Ausschläge. Sie sind deshalb
in dieser Bauart für Geschwindigkeitsmessungen wenig geeignet, finden
jedoch mit einer Abänderung Anwendung für Geschwindigkeitsver-
gleichungen, wie später gezeigt werden wird. Den Grundgedanken
dieser hydraulischen Meßvorrichtung finden wir im D.R.P. 159137
(1912) und 165338 (1904) von E. Schwarzenauer, Heidelberg, er
soll aber schon auf eine Ausführung vom Jahre 1873 zurückzuführen sein.

In Abb. 167 ist ein elektrischer Geschwindigkeitsmesser
von Siemens & Halske dargestellt, bei dem der von einer kleinen,

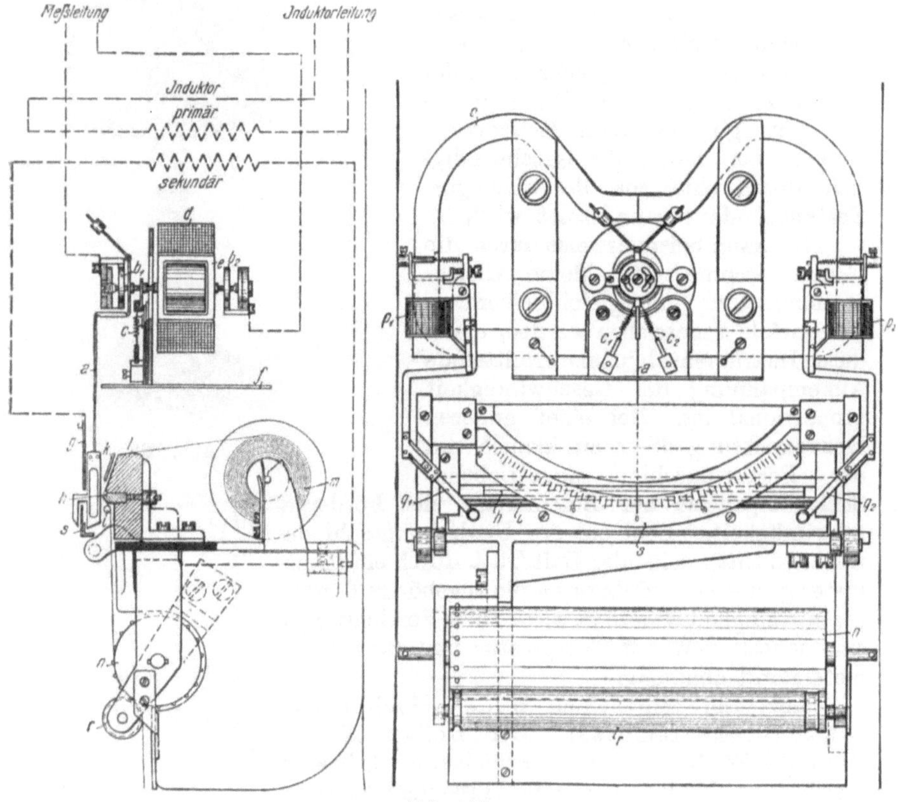

Abb. 167.

durch die Fördermaschine betriebenen Meßdynamo erzeugte Strom
durch die Meßleitung dem über der isolierenden Glimmerplatte f
angeordneten Spannungsmesser zugeführt wird. Unterhalb der Glimmerplatte f befindet sich die Schreibvorrichtung. Die Drehspule $c-d$
erhält den zugeführten Strom nicht unmittelbar, sondern über die
Spiralfedern b_1 und b_2, welche die Meßbelastung bilden. Innerhalb

der Meßspule befindet sich ein Dauermagnet. Fließt ein Meßstrom durch die Spule, so erfolgt ihre Drehung. Die Größe dieser Drehung wird durch den mit der Spule verbundenen Zeiger a auf der Teilung s angezeigt. Die Aufzeichnung des Diagramms erfolgt mittels einer „Funkenschreibvorrichtung" auf einem gleichmäßig bewegten Papierstreifen l, der von der Teilung m über l, i, n, r läuft. Zu diesem Zwecke ist der Zeiger a an seinem unteren Ende messerartig ausgebildet, wobei die Fläche des Messers in der Zeichenebene liegt und mit geringem Abstande zwischen einem Metallblech g und einer geraden, in eine Schieferbettung L eingelegten Metallschiene h schwingt. Diese Metallteile sind Elektroden einer sekundären Induktorleitung. Die Zeigerschneide überbrückt nun den Luftspalt der Induktorleitung, und es springt jedesmal an der Stelle, an der der Zeiger steht, ein Funke zwischen den Elektroden und durchschlägt das Papier. Auf diese Weise entsteht auf dem sich gleichmäßig bewegenden Papierstreifen das Geschwindigkeitsdiagramm. Diese Meßvorrichtung wurde mit Erfolg u. a. bei den Untersuchungen an elektrischen und mit Dampf betriebenen Fördermaschinen verwendet anläßlich der stattgefundenen Nachprüfung[1]), bei denen festgestellt worden war, daß die Fliehkraftregler in einzelnen Fällen Fehler bis 20 v. H. aufwiesen.

5. Geschwindigkeitsvergleichung für Regelzwecke.

a) Allgemeines.

Die Geschwindigkeitszeiger lassen, wie wir gesehen haben, die jeweils herrschende, also die absolute Fördergeschwindigkeit sichtbar erkennen. Für die Regelung des Ganges der Fördermaschine ist nun aber die Kenntnis der absoluten Geschwindigkeit nicht so wesentlich wie die Abweichung von der Geschwindigkeit, die für die einzelnen Förderpunkte gemäß dem theoretischen Geschwindigkeitsdiagramm festgelegt worden ist. Im besonderen kann eine selbsttätige Regelung des Maschinenganges nur von dem Unterschiede der absoluten und der zulässigen Geschwindigkeit abhängig gemacht werden. Neben den beim Überschreiten der höchsten absoluten Fördergeschwindigkeit wirksamen Vorrichtungen müssen darum Sicherheitsapparate und Steuerungsregler auch solche Einrichtungen aufweisen, die der Geschwindigkeitsvergleichung dienen.

Dieser Vergleich der Geschwindigkeiten geschieht auf zwei grundsätzlich voneinander verschiedenen Arten. Bei der ersten Art (Abb. 168—171) wird ein von der Maschinengeschwindigkeit abhängiger Zustand eines Körpers (Muffenstellung eines Fliehkraftreglers, Flüssigkeitsdruck eines hydraulischen Reglers) mit einem vom Teufenzeiger in Abhängigkeit stehenden Zustand miteinander verglichen (Zustandsvergleichung).

---

[1]) „Glückauf" 1911, S. 1629.

Die Vorrichtungen der **zweiten Gruppe** (Abb. 172 u. 173) führen dagegen eine neue Vergleichsbewegung in Abhängigkeit vom Stande des Teufenzeigers herbei, die mit der wirklichen Maschinenbewegung dann verglichen wird (**Wegvergleichung**).

b) Messung durch Zustandsvergleichung.

Bei der Vorrichtung nach Abb. 168 dient ein statischer Fliehkraftregler für die Messung der absoluten Geschwindigkeit und eine von der Maschine angetriebene Welle w mit einer Kurvenscheibe t von bestimmter, dem festgesetzten Geschwindigkeitsdiagramm entsprechender Form der Vergleichung der von der Maschinengeschwindigkeit abhängigen Reglerausschläge mit den für die einzelnen Fahrpunkte vorgeschriebenen Ausschlägen bzw. Fördergeschwindigkeiten. Der Punkt 2 des Zwischenhebels 1—3—2 wird vom Fliehkraftregler verstellt, der Punkt 1 dagegen von der Maschine und zwar im entgegengesetzten Sinne, so daß bei einem richtigen Gange der Maschine die Bewegungen des Punktes 3 aufgehoben werden. Da der Punkt 3 seine Lage nicht ändert, so liegt auch ein Geschwindigkeitsunterschied nicht vor. Senkt sich dagegen während des Betriebes der Punkt 3, so bedeutet das ein Überschreiten, wird er angehoben, ein Unterschreiten der Maschinengeschwindigkeit. Die Ausschläge des Punktes 3 können nun entweder unmittelbar dem Anzeigen dienen, oder aber zur Betätigung der Regelvorrichtung ausgenutzt werden. Diese Art der Zustandsvergleichung liegt den Anordnungen von Radovanovic [D. R. P. 113305 (1899) und 12686 (1901)] und von E. Schwarzenauer, Heidelberg (D. R. P. 146467) zugrunde. Praktische Erfolge

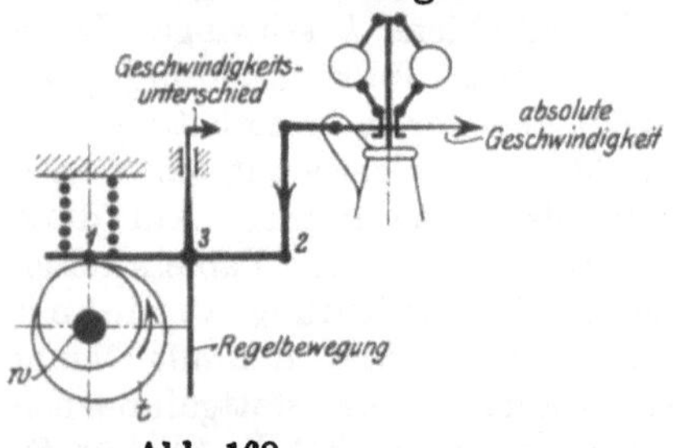

Abb. 168.

haben sie jedoch nicht aufweisen können, weil die Fliehkraftregler bei kleineren Geschwindigkeiten nicht gut einspielen. Und gerade für die Regelung der gefährdeten Endfahrt in der Nähe der Hängebank haben derartige Vorrichtungen eine große Bedeutung.

Bei der Ausführungsart nach Abb. 169 (D. R. P. 108797

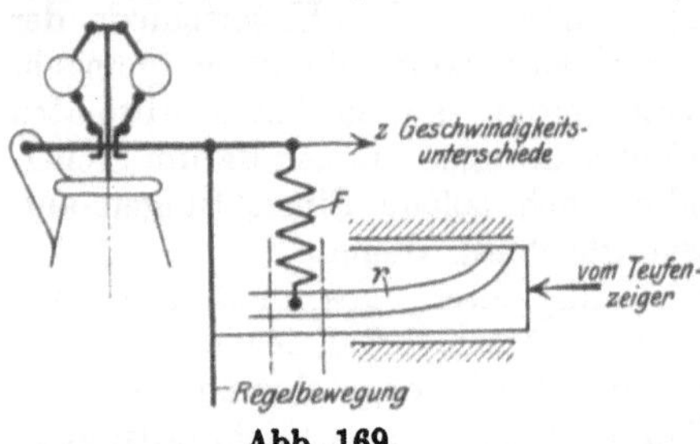

Abb. 169.

von **W. Schwarzenauer-Spandau**) wird die Spannung der Belastungsfeder F des Fliehkraftreglers in Abhängigkeit vom Korbstande verändert, indem das untere Ende der Feder in einer kurvenförmigen Rille einer Scheibe geführt wird. Durch Verschieben dieser

Kurvenscheibe mittels des Teufenzeigers ändert dieser untere Endpunkt der Feder seine Höhenlage, und es tritt z. B. gegen das Fahrtende eine Entspannung der Feder ein, die schließlich in eine Druckspannung übergeführt wird. Der Grundgedanke dieser Anordnung ist hierbei folgender: die Spannung der Feder F soll so verändert werden, daß sie im Verein mit der Gewichtswirkung der Schwungkugeln der bei richtig eintretender Maschinengeschwindigkeit vorhandenen Fliehkraft stets das Gleichgewicht hält. Bei vorschriftsmäßig verlaufendem Gang der Maschine bleibt der Zeiger Z also stets in der Ruhelage, treten dagegen Geschwindigkeitsunterschiede gegenüber der vorgeschriebenen Geschwindigkeit auf, so setzt ein Ausschwingen des Zeigers ein.

In derselben Patentschrift ist übrigens auch die Anordnung nach Abb. 170 aufgeführt. Die Anordnung versucht, der Achse des Fliehkraftreglers während des ganzen Förderzuges stets die gleiche Drehzahl zu verleihen. Zu diesem Zwecke ist in das Antriebsgestänge von der Maschine nach dem Fliehkraftregler hin ein Reibungsräderpaar mit veränderlicher Übersetzung eingeschaltet. Diese Übersetzung wird vom Teufenzeiger, also in Abhängigkeit von der Förderkorbstellung, so verändert, daß der Regler bei der Einhaltung der vorschriftsmäßigen Maschinengeschwindigkeit immer die gleiche Umlaufszahl beibehält. Der Zeiger bleibt also bei der Einhaltung des richtigen Geschwindigkeitsverlaufes immer in der gleichen Lage. Er schwingt dagegen sofort aus, wenn Geschwindigkeitsunterschiede zwischen der

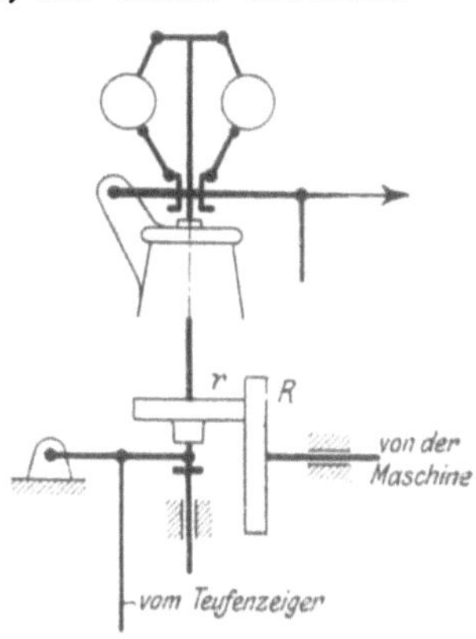

Abb. 170.

vorgeschriebenen und der augenblicklich vorhandenen Maschinengeschwindigkeit eintreten. Das von der Maschine in Bewegung gesetzte große Reibungsrad vom Halbmesser R treibt durch das kleine Reibungsrad mit dem Halbmesser r die Achse des Fliehkraftreglers an. Der Halbmesser r hat stets dieselbe Größe, der Halbmesser R dagegen ist von der Stellung der kleinen Scheibe abhängig, die vom Teufenzeiger unter Zwischenschaltung eines Kurventriebes von bestimmter Form in radialer Richtung an der großen Reibungsscheibe verschoben wird und zwar mit zunehmender Teufe nach innen, bei Fahrtende wieder nach außen. Bei den großen Maschinengeschwindigkeiten ist also ein kleines, bei den kleinen Maschinengeschwindigkeiten ein großes Übersetzungsverhältnis eingeschaltet, so daß der Fliehkraftregler bei jedem Korbstande die gleiche Geschwindigkeit zeigen könnte. Die Einrichtung hat aber den grundsätzlichen Fehler, daß sie auch bei stillstehender Maschine die gleiche Reglergeschwindigkeit erzielen müßte, was natürlich nicht angeht. Hieraus folgt bei den kleinen Maschinengeschwindigkeiten die Unmöglichkeit, das Übersetzungsverhältnis so weit zu steigern, daß ein Sinken der Schwungkugeln des Reglers verhindert wird. Gegen das Ende des Treibens sinken auf alle Fälle die Schwungkugeln, gleichgültig, ob die Maschinengeschwindigkeit zu klein oder zu groß ist. Diese Vorrichtung versagt also in dem Augenblick, wo sie am nötigsten gebraucht wird. Sie ist bei einem Sicherheitsapparat, wie später dargetan werden soll, in Anwendung gekommen. Im D. R. P. 158 610 sind von E. Schwarzenauer Vorschläge aufgezeigt worden, wie die Bewegungen des Reglerhebels zu Steuereingriffen auszunutzen sind.

Bei allen mit Fliehkraftreglern arbeitenden Vorrichtungen liegt der Nachteil vor, daß sie für gleiche Geschwindigkeitsüberschreitungen bei den hohen Geschwindigkeiten kleine Verstellwege, bei den niederen Geschwindigkeiten kleine Verstellkräfte erzeugen. Sie sind also in beiden Fällen wenig empfindlich und versagen bei sehr kleinen Geschwindigkeiten infolge der Nebenwiderstände vollständig.

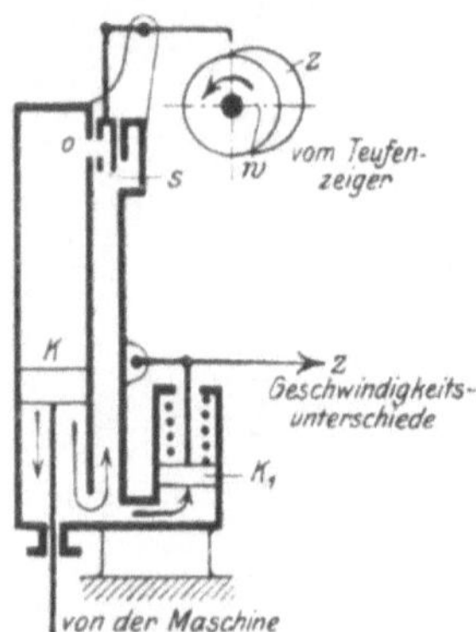

Abb. 171.

Die Anordnungen nach Abb. 169 und 170 stellen den Versuch einer Abhilfe dar, wobei jedoch die Einrichtungen bei den ganz geringen Geschwindigkeiten ebenfalls versagen.

Die Wirkungsweise des hydraulischen Reglers nach Abb. 171 beruht auf dem Grundgedanken der Einrichtung der hydraulischen Geschwindigkeitsmessung gemäß Abb. 166. Der von der Maschine bewegte Kolben K treibt die Flüssigkeit (Öl) durch eine durch den Schieber s gesteuerte Öffnung o, wobei der Schieber s durch die Kurvenscheibe Z in Abhängigkeit vom Korbstande bewegt wird.

Nähern sich die Förderkörbe den Anschlagspunkten, dann wird die Drosselöffnung o verkleinert, so daß trotz der verminderten Geschwindigkeit der gleiche Flüssigkeitsdruck erhalten bleiben kann. Die Form der Kurvenscheibe Z schreibt auch hier der Fördermaschine für jede Stellung der Körbe eine bestimmte Geschwindigkeit vor, wenn sich der Flüssigkeitsdruck und der Stand des durch die Meßfeder belasteten seitlichen Druckkolbens K_1 nicht ändern soll. Durch die Bewegung des Zeigers z werden die Geschwindigkeitsunterschiede angezeigt. Bleibt eine Überschreitung der einen gewissen Flüssigkeitsdruck hervorrufenden Geschwindigkeit längere Zeit bestehen, so verändert sich der Ausschlag des Zeigers nicht weiter, sondern geht erst bei einer Angleichung der Geschwindigkeiten wieder zurück. Eine Betriebseigentümlichkeit des hydraulischen Reglers, die ihn zur Verwendung als Steuerregler besonders geeignet erscheinen läßt, besteht darin, daß seine Empfindlichkeit bzw. Verstellbarkeit bei den kleineren Geschwindigkeiten des Auslaufabschnittes größer ist als bei den weniger gefährlichen Überschreitungen der an sich hohen

Geschwindigkeiten der Mittelfahrt. Die Ausschläge des Zeigers bei Geschwindigkeitsüberschreitungen während der Mittelfahrt sind also wesentlich kleiner als bei den kleinen Geschwindigkeiten der Endfahrt. Dies findet seine Erklärung darin, daß eine an sich gleiche Geschwindigkeitsüberschreitung bei den größeren Geschwindigkeiten nur eine geringe Mehrbelastung des größeren Drosselquerschnittes, bei den kleineren Geschwindigkeiten aber eine ganz erhebliche Mehrbelastung des kleinen Drosselquerschnittes hervorruft.

Die Wirkung aller hydraulischen Regler hängt in hohem Grade von dem Zustande der verwendeten Flüssigkeit ab, die merkliche Veränderungen erfahren kann. So kann sich beispielsweise in dem Öl Schmutz ansetzen, es kann dicker werden oder auch Luft aufnehmen, wodurch natürlich eine Veränderung der Druckanzeige hervorgerufen wird.

Der Grundgedanke der mit Flüssigkeitsdrosselung arbeitenden Vorrichtungen für die Geschwindigkeitsvergleichung hat seine praktische Anwendung bei den Steuerungsreglern von G. Schönfeld, Berlin, und J. Iversen, Berlin, gefunden. Iversen läßt jedoch hierbei die Maschinengeschwindigkeit nicht auf einen Kolben K (Abb. 171), sondern auf eine kleine Pumpe mit umlaufendem Kolben zur Herbeiführung des Flüssigkeitsumlaufes wirken.

c) Messung durch Wegvergleichung.

In Abb. 172 ist eine Vorrichtung von J. Iversen-Berlin (D. R. P. 218104; 1907) angegeben, bei der die Vergleichsbewegung durch ein fallendes Gewicht dargestellt und die Bewegung des Gewichtes K durch die Widerstände eines Flüssigkeitskatarakts, d. h. einer Ölbremse mit Absperrteil in dem Verbindungskanal beider Kolbenseiten zur Herbeiführung einer Drosselung, beeinflußt wird. Diese Vorrichtung soll hauptsächlich dazu dienen, die mit abnehmender Geschwindigkeit erfolgende Endfahrt zu regeln.

Die zur Verhinderung der Geschwindigkeitszunahme des fallenden Gewichtes K erforderlichen Widerstände müssen hierbei von der Stellung der Förderkörbe in Abhängigkeit gebracht werden. Dies wird dadurch erreicht, daß der schwere Kolben K in dem mit Öl angefüllten Zylinder abwärts geht und hierdurch einen Ölumlauf

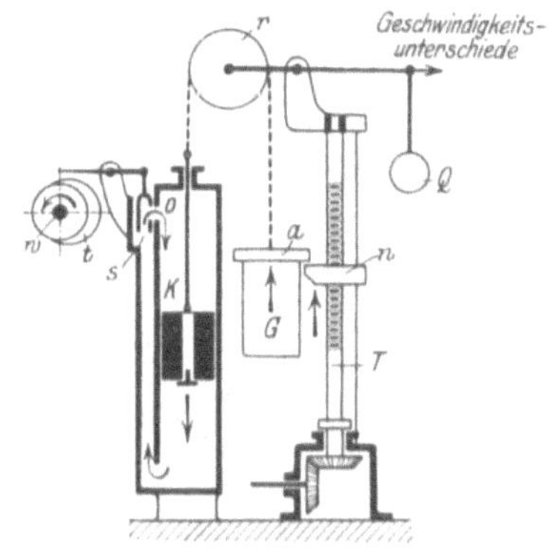

Abb. 172.

über eine einstellbare Drosselöffnung o herbeiführt. Die Einstellung des Drosselquerschnittes erfolgt durch eine von der Maschine angetriebene Kurvenscheibe t derart, daß bei der Annäherung der Körbe an die Anschlagsbühnen die Öffnung verkleinert wird. Hierdurch wird dem sinkenden Gewicht K ein größerer hydraulischer Widerstand entgegengesetzt, was eine Verlangsamung seiner Abwärtsbewegung zur Folge hat. Durch eine entsprechende Form der Kurvenscheibe kann diese Vergleichsbewegung eine ganz bestimmte Größe erhalten. Die Vergleichung der Bewegung des Kolbens K mit der wirklichen Korbbewegung geschieht in folgender Weise. Die Korbbewegung wird durch den Anschlag a des Gegengewichtes G dargestellt und ist von der Endbewegung der Teufenzeigernase n abhängig. Das Gegengewicht steht mit dem Kolben K durch eine über der Rolle r geführte Schnur in Verbindung. Die Rolle r sitzt an dem einen Ende eines zweiarmigen Hebels und ist durch ein Gegengewicht Q ausgeglichen. Treten Unterschiede in der Bewegung zwischen den Gewichten K und G ein, so wird dadurch eine Entlastung oder eine Belastung der Rolle r herbeigeführt, die einen Ausschlag des zweiarmigen Hebels zur Folge haben. Bewegt sich die Nase n beispielsweise schneller als der Kolben K, d. h. liegt eine Überschreitung der festgelegten Fördergeschwindigkeit vor, dann geht die Rolle r in die Höhe und löst hierbei eine entsprechende Steuerverstellung aus. Die Wirkung wird um so größer, je länger diese Geschwindigkeitsüberschreitung andauert, da dann noch die Wegunterschiede zwischen der wirklichen und der vergleichenden Bewegung anwachsen. Findet durch den Eingriff des Reglers eine Angleichung der Bewegungen statt, so bleibt die gegebene Steuereinstellung so lange erhalten, bis ein erneuter Geschwindigkeitsunterschied eintritt. Diese Aufrechterhaltung der Steuereinstellung gilt als ein besonderer Vorzug jener Regler.

Die eben erläuterte Vorrichtung bildet einen Hauptbestandteil der älteren Fahrtregler von I versen.

Ebenfalls auf einer Wegvergleichung, wenn auch auf einer unmittelbaren, beruht die Wirkungsweise der Vorrichtung nach Abb. 173. Sie stellt eine Umänderung mit übersichtlicherer Wirkung der im D. R. P. 191363 von Carl Schüller-Aschersleben angegebenen verwickelten Anordnung dar. Durch einen Elektromotor E wird die Reibungsscheibe R mit gleichbleibender Umlaufszahl angetrieben, die ihre Bewegung wie bei der Anordnung in Abb. 170 auf die Gegenscheibe r und auf die mit ihr festverbundene Achse s überträgt. Die Reibungsscheibe r und damit auch die Achse s sind auf der großen Reibungsscheibe R in axialer Richtung verschiebbar. Die Verschiebung erfolgt durch die auf der Maschinenwelle w sitzende Kurvenscheibe t, durch deren Gestaltung der Achse s für jede Korbstellung eine ganz bestimmte Geschwindigkeit erteilt, die berechnete Geschwindigkeitslinie also eingehalten werden kann. Die Achse s überträgt ihre drehende Bewegung auf die Hülse h und kann sich außerdem in ihr verschieben. Der entgegengesetzte Hülsenteil h_1 hat ein Schraubengewinde S, das in das entsprechende Gewinde der

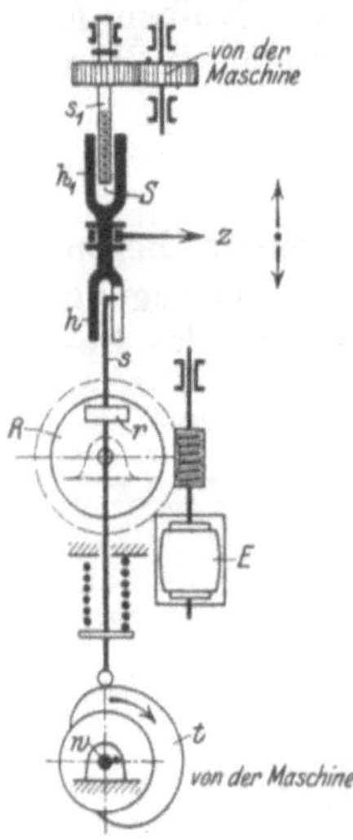

Abb. 173.

Spindel s_1 eingreift. Die Spindel s_1 wird von der Maschine in gleichem Sinne wie die Achse s angetrieben. Die Umdrehung von s stellt also die zulässige Geschwindigkeit, diejenige von s_1 die wirkliche Geschwindigkeit dar. Solange beide die gleiche Größe haben, tritt eine Bewegung zwischen s_1 und h_1 nicht auf. Sind jedoch die beiden Geschwindigkeiten verschieden groß, so dreht sich h_1 gegen s_1 und die Hülse schraubt sich nach der einen oder der anderen Seite so lange hin, bis die Geschwindigkeiten wieder gleich geworden sind. Nach der Angleichung der Geschwindigkeiten bleibt die Einstellung der Hülse bestehen. Ein mit der Hülse verbundener Zeiger z zeigt die Unterschiede der Geschwindigkeiten und ihre Dauer an. Wie bei der Vorrichtung von Iversen findet eine Verstellung so lange statt, als ein Geschwindigkeitsunterschied vorliegt. Der Hülsenteil h kann auch entsprechende Verstellkräfte ausüben. Die Größe der Verstellkraft wirkt in keiner Weise auf den Eintritt und den Ablauf der Regelbewegungen ein. Diese Regler arbeiten also — unter der Voraussetzung, daß der Reibungsradantrieb die erforderlichen Kräfte hergibt — bei beliebiger Kraftäußerung und jeder vorkommenden Geschwindigkeit mit einer absoluten Genauigkeit und Empfindlichkeit des Anzeigens. Dadurch unterscheidet er sich vorteilhaft von den mit Fliehkraftreglern arbeitenden Vorrichtungen. Freilich darf nicht unerwähnt bleiben, daß bei eintretender Abnutzung des Reibungsrades r der Verlauf des Zeigers sich verändert und zwar verlangsamt. Dies kann jedoch durch höhere Umlaufzahlen des Elektromotors E ausgeglichen werden. Außerdem ist zu bedenken, daß der ganze Zugverlauf von der als gleichmäßig und in bestimmter Größe vorausgesetzten Drehzahl des Motors abhängt. Weiterhin ist zu überlegen, ob es ratsam ist, für den Hauptteil der Fahrt einen ganz bestimmten Verlauf festzulegen und bei Unterschieden regelnd einzugreifen. Das letztere wäre nur dann anzuraten, wenn tatsächlich eine rasche und genügende Angleichung stattfände.

d) Vergleich der Meßarten.

α) Allgemeines.

Die angestellten Betrachtungen über die verschiedenen Arten der Unterschiedsmessungen zwischen der absoluten und der zulässigen Geschwindigkeit, die für eine selbsttätige Regelung des Ganges der Fördermaschine von Bedeutung sind, ergeben für die beiden Gruppen: „Zustandsvergleichung" und „Wegvergleichung" zusammenfassend folgende unterschiedlichen Merkmale.

Bei der ersten Gruppe der Messung zeigen Vorrichtungen mit statischen Fliehkraftreglern bei kleinen Geschwindigkeiten, d. h. gegen das Fahrtende, also in der Nähe der Hängebank, eine Abnahme der Empfindlichkeit und Verstellkraft, hydraulische Regler dagegen eine unabhängig von der Fördergeschwindigkeit gleichbleibende Reglerenergie. Andrerseits haben Fliehkraftregler eine einfache, feste und störungsfreie Bauweise, während die Wirkung der hydraulischen Regler von dem Zustand der verwendeten Flüssigkeit (Änderung des Druckes bei verschiedenen Temperaturen) abhängig ist.

Zwischen der ersten und der zweiten Gruppe besteht der Unterschied, daß bei der „Zustandsvergleichung" die Regelbewegung mit zunehmender Angleichung zurückgeht und nach erfolgter Angleichung wieder ihren früheren Stand erreicht, weil sich bei eintretender Gleichheit der Vergleichszustände die Meßfeder bzw. das Meßgewicht wiederum in der Nullage befindet. Bei der „Wegvergleichung" dagegen nimmt die Wirkung der Steuerverstellung mit der Dauer der Geschwindigkeitsüberschreitung zu und erreicht ihren Höchstwert bei eingetretener Angleichung der vergleichenden Bewegungen. Bei der ersten Gruppe liegt also eine rückgängige Steuereinstellung vor, bei der zweiten bleibt sie bis zum Eintreten eines neuen Geschwindigkeitsunterschiedes erhalten.

Es drängt sich nun die Frage auf, ob die rückgängige oder die dauernde Steuerverstellung zweckmäßiger sei. Zunächst ist festzustellen, daß jede Regelbewegung die Notwendigkeit einer neuen Einstellung der Steuervorrichtung beweist. Überschreitet beispielsweise die Geschwindigkeit das zulässige Maß, so sind Regelbewegungen einzuleiten, die einmal ein unbegrenztes Zunehmen der Geschwindigkeitsüberschreitung verhindern, dann aber auch die angewachsene Geschwindigkeit auf die festgesetzte Größe zurückführen. Die Regelbewegung ist nur abhängig von der Größe der erreichten Geschwindigkeitsüberschreitung, nicht aber von dem ihr zugrunde liegenden Kraftverhältnisse. Die durch die Regelung zu erfüllenden Aufgaben bestehen sonach darin, die unzulässigen Fördergeschwindigkeiten auf die festgesetzte zurückzuführen und die erreichte zulässige Geschwindigkeit zu sichern, sie sollen also den richtigen Geschwindigkeitsverlauf erzwingen. Zur Erfüllung dieser Aufgaben sind verschiedene Einstellungen der Steuerung erforderlich. Für die Erreichung der ersten Bedingung, nämlich der Zurückführung der unzulässigen Geschwindigkeit auf die normale, ist jede Steuerverstellung geeignet, die eine entsprechende Verminderung der Kraft herbeiführt, wobei es auf eine ganz bestimmte Steuerverstellung nicht ankommt. Diese Bedingung erscheint leicht erfüllbar. Schwieriger ist es, die wieder erreichte zulässige Geschwindigkeit zu sichern. Hierzu ist eine ganz bestimmte Einstellung der Steuerung erforderlich, welche die Trieb- und Hemmkräfte in ein völliges Gleichgewicht bringt. Dieser Bedingung wird weder von der ersten Gruppe (mit rückgängiger Steuerverstellung) noch von der zweiten (mit bis zur Geschwindigkeitsangleichung fortschreitender Verstellung) erfüllt, weil im ersten Fall die treibenden, im anderen Fall die hemmenden Kräfte bei der Erreichung der Angleichung das Übergewicht haben.

β) Der Regelvorgang bei den Vorrichtungen der Messung durch „Zustandsvergleichung".

Bei der ersten Gruppe ist der Regelvorgang ein ähnlicher, wie bei der Regelwirkung von statischen Fliehkraftreglern der gewöhnlichen Betriebsmaschinen. Betrachtet man zunächst den Regelvorgang während des Beharrungsabschnittes für sich, d. h. während der Fahrt der Fördermaschine mit einer festgesetzten gleichmäßigen Geschwindigkeit — ein Vorgang, wie er auch bei den Betriebsmaschinen vorliegt — so erhält man die in den Abb. 174—176 verzeichnete Darstellung.

In Abb. 174 sei durch die gestrichelte Linie die zulässige Geschwindigkeit angegeben. Sie werde im Punkte *a* plötzlich überschritten. Die durch die Regelvorrichtung hervorgerufene Kraftverminderung verhindert ein unbegrenztes Anwachsen der Geschwindigkeitsüberschreitung, indem im Punkte *b* eine Kraftverstellung eintritt, die eine neue Gleichgewichtslage der Kräfte herbeiführt.

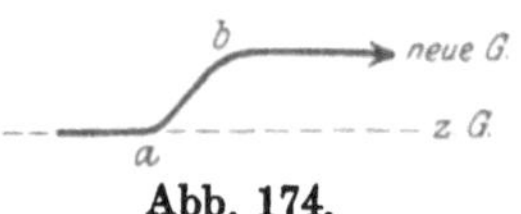

Abb. 174.

Die erreichte höhere Geschwindigkeit wird bei der bestehenbleibenden Steuereinstellung eingehalten, wenn nicht sonstige, außerhalb des Regelvorganges liegende Änderungen eintreten. Es kann mithin gar keine Angleichung auf die zulässige Geschwindigkeit eintreten. Die vorkommenden zeichnerischen Darstellungen des Reglervorganges bei den Betriebsmaschinen sehen insofern anders aus, als die höhere Geschwindigkeit erst nach einigen Schwingungen in der Diagrammlinie erreicht wird, wie das etwa die Abb. 175 zeigt. Diese Schwingungen liegen dann vor, wenn in dem Reglergetriebe größere Massen vorhanden sind. Die Massenschwingungen

Abb. 175.

lassen nämlich die eingeleiteten Reglerbewegungen zunächst zu weit gehen, bis etwa bei *b* eine Kraftverstellung erreicht ist, die eine Abnahme der Geschwindigkeit zur Folge hat. Diese Erscheinung ist — selbst, wenn hierbei etwa die alte Geschwindigkeit wieder erreicht werden sollte — wenig vorteilhaft. Denn die auftretende rückgehende Kraftverstellung wirkt wieder auf eine Erhöhung der Geschwindigkeit hin, so daß diese wieder ansteigt und zwar infolge der Massenschwingungen des Reglers über die neue Geschwindigkeit hinaus usw. Jene Schwingungen werden infolge der Dämpfung der Reglerschwingungen durch die Reibung meist allmählich schwächer, bis sie sich in der neuen Geschwindigkeit auflösen. Das in der Abb. 176 dargestellte Schaubild des Regelvorganges eines hydraulischen Steuerungsreglers, bei dem der Reglerkolben nicht durch eine Feder, son-

Abb. 176.

dern durch ein Gewicht unmittelbar belastet ist, zeigt besonders heftige und ungedämpfte Schwingungen. Die gestrichelte Linie z. B. stellt die etwa in dem Beharrungsabschnitt vorgeschriebene Geschwindig-

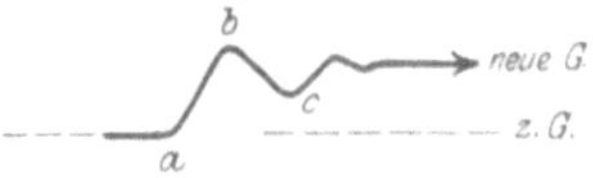

keit dar. Aus dem Schaubild ist im besonderen zu ersehen, daß die
Schwingungen in ihrem unteren Teil wesentlich unter die Geschwindigkeit heruntergehen, bei welcher der Regelvorgang einsetzte (Punkt c).
Diese Erscheinung ist auf die unmittelbare Gewichtsbelastung des
Reglerkolbens zurückzuführen. Wird nämlich bei der Druckerhöhung
der Reglerflüssigkeit der Reglerkolben in seine äußerste höchste Lage
gebracht, so kann die unmittelbare Gewichtsbelastung dem erhöhten
Druck der Flüssigkeit keinen, für die neue Gleichgewichtslage erforderlichen größeren Widerstand entgegesetzen, so daß Schwingungen
ausgelöst werden. Die neue höhere Geschwindigkeit, wie sie die
Abb. 175 zeigt, kommt hierbei garnicht zur Darstellung. Sie wird
durch den Endlauf der Maschine verdeckt, indem vom Punkte d
(Abb. 176) ab der hydraulische Regler trotz des Abnehmens der Geschwindigkeit sich auf eine kräftige Bremsung verstellt. Während
dieser Zeit nun wird die sinkende Geschwindigkeit immer über der jeweils „zulässigen", durch die Drosselsteuerung eingestellten Geschwindigkeit bleiben. Eine unbedingte Gewähr dafür, daß bei einem derartigen Auslaufen der Maschine die Förderkörbe stets vor den Anschlagspunkten zur Ruhe kommen, und daß die herbeigeführte Verzögerung
immer unterhalb der „gefährlichen" bleibt, erscheint daher nicht gegeben, auch dann nicht, wenn nach einer neuen Einstellung des
Reglerapparates befriedigende Ergebnisse erzielt worden sind.

Bei hydraulischen Reglern ist darum an Stelle der unveränderlichen
Gewichtsbelastung des Reglerkolbens eine Federbelastung vorzuziehen,
weil deren zunehmender Widerstand jeder Druckerhöhung eine bestimmte Kolbenstellung zuweist. Überhaupt sind zur Verminderung
von Reglerschwingungen Massen in einem Reglergetriebe möglichst
zu vermeiden, oder aber es ist eine Dämpfung in die Reglerbewegung
einzuschalten, was ohne nennenswerte Beeinträchtigung der Empfindlichkeit des Reglers durchaus möglich ist.

γ) Der Regelvorgang bei der „Wegvergleichüng".

Der Regelvorgang bei der mechanischen Wegvergleichung wird
etwa durch das Schaubild Abb. 177 dargestellt. Das Diagramm hat

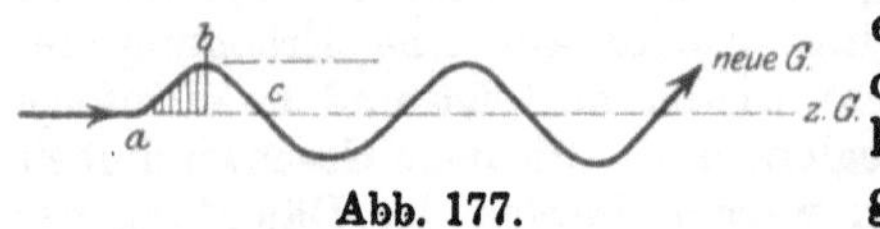

Abb. 177.

eine scheinbare Ähnlichkeit mit
dem der Abb. 176. Immerhin
haben die vorliegenden Schwingungen eine andere Ursache,
sind auch anders geartet.

Bei a beginnt die Überschreitung der normalen Geschwindigkeit,
die eine Verminderung der Kraft zur Folge hat. Bei b ist der höchste
Wert der Überschreitung erreicht. Bis zu dem Punkte b hat eine
Verstellung der Steuerung stattgefunden, deren Größe der schraffierten
Fläche a—b entspricht und zwar gemäß der bis dahin erfolgten Wegvoreilung der Maschine. Im Punkte b ist eine Steuerstellung erreicht,
welche die in diesem Punkte herrschende Geschwindigkeit aufrecht-
erhalten will, wenn der Punkt b ohne Reglerschwingungen erreicht

wurde. Aus der Anordnung nach Abb. 173 ist dieser Zustand jedoch nicht mit Sicherheit zu entnehmen. Wenn auch Längsschwingungen der die Regelbewegung darstellenden Hülse $h—h_1$ kaum auftreten werden, so ist immerhin eine schwingungsfreie Anzeige der zulässigen Geschwindigkeit durch das Reibungsrad r kaum zu erwarten. Für die folgende Betrachtung werde aber eine schwingungsfreie Einstellung angenommen. Die in der Abb. 177 angegebene und gestrichelt gezeichnete gleichbleibende Geschwindigkeit tritt aber im Punkte b nicht ein, weil infolge der vorhandenen höheren Maschinengeschwindigkeit die Steuerverstellung in gleichem Sinne weitergeht und zwar entsprechend der fortschreitenden Wegvoreilung der Maschine gegenüber der Vergleichsbewegung, so daß ein Sinken der Geschwindigkeit von b bis c erfolgt. Im Punkte c ist die alte Geschwindigkeit und damit auch gleichzeitig die größte Steuerverstellung (entsprechend der Fläche $a—b—c$) erreicht. Die Maschinengeschwindigkeit nimmt daher weiter ab. Die Steuerverstellung geht infolge der Wegnacheilung der Maschine zurück, bis die treibenden Kräfte überwiegen und die Geschwindigkeit wieder steigt. Diese Steigerung der Geschwindigkeit ist dadurch begrenzt, daß die Reibungswiderstände der Maschine eine Dämpfung der Schwingungen bewirken. Die vorliegenden Geschwindigkeitsschwingungen sind mithin nicht die Folge der Reglerschwingungen, sie rühren von den eigenartigen Reglerbewegungen her. Die Schwingungen erfolgen um die alte Geschwindigkeit als Achse, während bei den Beispielen nach Abb. 175 und 176 die Schwingungsachse die erhöhte, neue Geschwindigkeit darstellt. Kommen noch Reglerschwingungen hinzu, so überlagern sie die Grundschwingungen, die alsdann größer werden.

Aus den angestellten Überlegungen folgt, daß die eigentliche Geschwindigkeitsvergleichung sowohl durch die mechanischen wie auch durch die hydraulischen Regler für die „Zustandsvergleichung" und ebenso auch für „Wegvergleichung" einwandfrei gelöst worden ist. Ein Übelstand ist jedoch in der Ausnutzung der Regelbewegung zum Zwecke der Geschwindigkeitsangleichung zu erblicken. Die Kraftverstellungen führen nicht stetig zur Angleichung, sondern rufen ein mehr oder weniger heftiges Schwingen um die gegebene oder um eine erhöhte Geschwindigkeit hervor und zwar bei der ersten Gruppe infolge von Reglerschwingungen, bei der zweiten wegen der Eigenart der Regelbewegung. Die Pendelungen bei der ersten Gruppe erscheinen vermeidbar, diejenigen der zweiten Gruppe dagegen nicht. Bei pendelfreier Einstellung trägt die Regelung der ersten Gruppe bei nicht erreichbarer Angleichung einen statischen Charakter; die Regelung der zweiten Gruppe ist dagegen von vornherein eine nichtstatische oder astatische.

Das erstrebenswerte Ziel ist eine statische, schwingungsfrei zur Angleichung führende Regelung.

6. Signalvorrichtungen.

Zur Verständigung zwischen den Füllorten und der Hängebank sowie zwischen der Hängebank und dem Fördermaschinenraum sind besondere Vorrichtungen notwendig, die eine zuverlässige und eindeutige Zeichengebung zwischen dem Schacht- und dem Maschinenbetrieb nach beiden Richtungen hin gewährleisten. Irrtümer bezüglich der Abfertigung der Förderkörbe, der Inbetriebsetzung der Fördermaschine u. a. m. müssen hierbei unbedingt vermieden werden. Man hat akustische und optische Vorrichtungen mit mechanischer oder elektrischer Betätigung zu unterscheiden.

Die einfachste Zeichengebung besteht darin, daß mittels eines Hammers an Eisenstangen, die den Schall gut fortleiten, angeschlagen wird, eine Einrichtung, wie sie beispielsweise vom Förderkorb aus oft noch benutzt wird. Ähnliche Lautzeichen können auch dadurch hervorgerufen werden, daß ein Hammer, der vermittels einer im Schacht bis zu den Füllorten laufenden schwachen Seiles betätigt werden kann, gegen eine Blechplatte geschlagen wird. Derartige Schlagsignale sind jedoch insbesondere bei tiefen Schächten wegen der Schwierigkeit der Aufhängung und der Betätigung der langen Seile wenig vorteilhaft. Sprachrohre und Rohrleitungen mit Pfeifen, die ebenfalls für die Verständigung zwischen den verschiedenen Stellen Anwendung finden, sind nicht immer verläßlich genug und haben mit den Hammersignalen den Nachteil, daß sie in ihrer Wirkung von dem mehr oder weniger starken Geräusch im Schachte abhängen.

In den letzten Jahren hat sich darum die elektrische Zeichengebung immer mehr eingebürgert. Bei dieser werden die einfachen Hammerschläge durch deutlich wahrnehmbare Glockenzeichen ersetzt, wobei jedes eingeleitete Zeichen für den Aufgebenden hörbar gemacht werden kann. Weiterhin gestattet sie auch in vorteilhafter Weise eine Vereinigung von akustischen und optischen Zeichen, so daß neben den Hörzeichen auch noch Schausignale, die bis zur Ausführung des Auftrages dem betreffenden Wärter vor Augen bleiben können, möglich sind. Ein weiterer Vorzug dieser neuzeitlichen Signalvorrichtungen besteht darin, daß eine selbsttätige Aufzeichnung der einzelnen Zeichen herbeigeführt werden kann, die der Nachprüfung eines nicht genügend verstandenen oder falsch ausgeführten Signales (vgl. S. 184) dient.

Von den verschiedenen Ausführungsformen der elektrischen Schachtsignalvorrichtungen sei als Beispiel eine Hauptschachtsignalanlage mit Licht- und Lautzeichen der Bergisch-Märkischen Installationsgesellschaft in Düsseldorf aufgeführt. Abb. 178 zeigt den Schaltungsplan dieser Anlage. Für jede Fördersohle ist ein besonderer Zeichengeber, ein Kontrollwecker und ein Seilfahrtschalter vorgesehen, während die Hängebank mit einem Signalwecker für die ankommenden Zeichen und einem Kontrollwecker für die abgegebenen Signale, sowie ferner mit einem Trennkontakt für die Ausschaltung

der Lichtzeichen ausgerüstet ist. Für die Weitergabe der Zeichen
nach dem Fördermaschinenraum besitzt die Hängebank einen Signalhammer und für die Zeichen nach dem Schacht einen Fragehammer.
Im Maschinenraum befindet sich nur ein Signalwecker. Zur Sicht-
barmachung der Zeichen ist für die Hängebank und für den Maschinenraum je eine Glühlampentafel vorgesehen, die für jede Sohle
und außerdem für die Seilfahrt je ein Glühlampenfeld enthält.
Von dem Signalhammer jeder Fördersohle führt gemäß Abb. 178
eine Leitung nach einer Hängebanktafel, die für jede Sohle ein
besonderes Relais besitzt. Im Maschinenraum befindet sich ebenfalls eine derartige Tafel, jedoch ohne Relais. Für die besondere

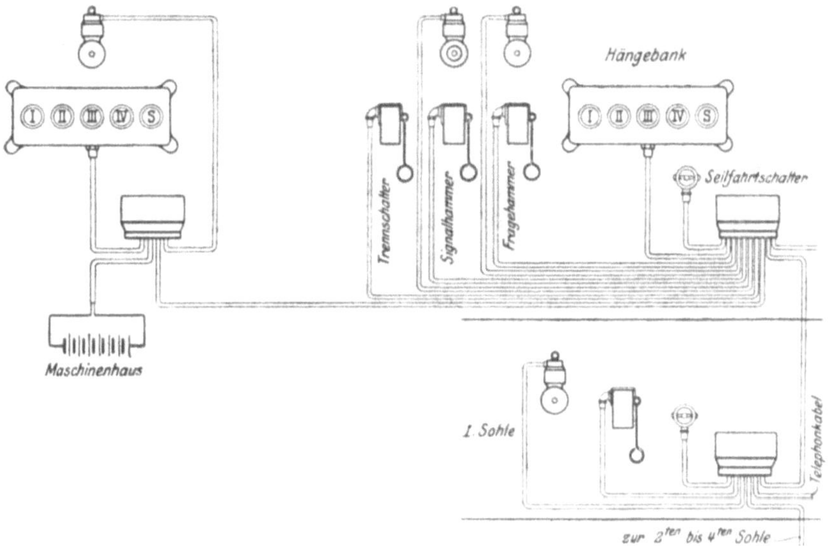

Abb. 178.

Kenntlichmachung einer Seilfahrt hat das betreffende Lampenfeld
auf der Glühlampentafel eine rote Glasscheibe *S*. Zum Betätigen
der Seilfahrtlampe, was von jeder Sohle aus nach Belieben gleichzeitig mit dem Signalgeber geschehen kann, dienen die Seilfahrtschalter. Durch diese Schalter wird die Lampe parallel zu der entsprechenden Sohlenlampenleitung geschaltet.

Wird der Signalgeber auf den Fördersohlen betätigt, dann geht
der Strom über einen Trennschalter zu dem Relais der betreffenden
Sohle und der Glühlampentafel, um von hier aus über den Zeichengeber der Sohlen, sowie über sämtliche Sohlenglocken zur Signal-
glocke der Hängebank und zu der für den Betrieb der Anlage
erforderlichen Akkumulatorenbatterie zurückzufließen. Sämtliche
Glocken ertönen, und das Relais zieht seinen Anker an. Hierdurch
wird ein Strom eingeschaltet, der von der Batterie aus über die

Relaiswicklung, den Relaisanker mit zugehöriger Lampe, die Lampe im Maschinenraum und zur Batterie wieder zurückgeht. Der Maschinenführer erhält somit durch die Tafel schon das auf der Sohle abgegebene Zeichen, führt aber den Auftrag erst aus, nachdem das Glockenzeichen von der Hängebank aus dazu gegeben wird. Die Lampen leuchten so lange auf, bis der Stromkreis durch ein Betätigen des Trennschalters unterbrochen wird. Tritt das ein, dann läßt das Relais seinen Anker los und die Lampen erlöschen. Dieses Erlöschen der Tafellampen ist gleichzeitig eine Kontrolle für den Maschinenführer dafür, daß der abgegebene Befehl richtig zur Ausführung gekommen ist. Wird der Seilfahrtschalter eingeschaltet, so fließt ein Zweigstrom von der Batterie über das Relais der Seilfahrtlampe zum Seilfahrtschalter und über die Glocke zur Batterie zurück. Die Seilfahrtlampe leuchtet gleichzeitig mit der Sohlenlampe so lange auf, bis die Abstellung erfolgt. Die Weitergabe der Zeichen an den Maschinenführer erfolgt durch Betätigen der Signalglocken mittels des Signalhammers. Der Strom fließt von der Batterie über die Kontrollglocke und den Signalhammer zur Glocke im Maschinenraum wieder zur Batterie zurück. Beim Einschalten des Seilfahrthammers an der Hängebank geht ein Zweigstrom über das Relais der Hängebank und den Seilfahrtschalter.

Zur Erhöhung der Betriebssicherheit werden zwei Schachtkabel vorgesehen, damit im Falle eines Schadens eine Anlage betriebsfähig bleibt.

Literaturverzeichnis.

1. Allgemeines über Schachtförderungen.

A. Bücher.

Aumund, „Hebe- und Förderanlagen", Band I. Abschnitt: „Die Schachtförderung". Berlin, Julius Springer 1916.

Entwicklung des Niederrheinisch-Westfälischen Steinkohlenbergbaues. Sammel-
werk Band V. Berlin, Julius Springer.

Heise-Herbst, „Lehrbuch der Bergbaukunde" 2. Band. 3. u. 4. Auflage 1923.
Julius Springer, Berlin.

„Hütte, des Ingenieurs Taschenbuch". 23. Auflage, Verlag W. Ernst und Sohn,
Berlin.

Th. Möhrle, „Das Fördergerüst", Entwicklung, Berechnung und Konstruk-
tion des Schachtgerüstes. Phönix-Verlag Siwinna, Kattowitz.

Th. Möhrle, „Fördermittel bei der Schachtförderung". Phönix-Verlag Siwinna,
Kattowitz.

Julius v. Hauer, „Die Fördermaschine der Bergwerke", 3. Auflage, 850 Seiten
mit 1300 Abbildungen und 61 Tafeln. Leipzig 1885, Arthur Felix.

Ruths, „Versuche zur Bestimmung der Widerstände an Förderanlagen". Mitteilungen über Forschungsarbeiten, Heft 85. Berlin 1910, Julius Springer.
Bestimmung einer Formel für den Schachtwiderstand.

„Taschenbuch für Berg- und Hüttenleute", herausgegeben von Prof. Dr. Kögler
1923. Wilhelm Ernst u. Sohn, Berlin.

Carl Volk, „Geräte und Maschinen zur bergmännischen Förderung", 112 S.
und 155 Abbildungen. Leipzig 1901, Arthur Felix.

B. Zeitschriftenaufsätze.

Aumund, „Die Hebezeuge und Förderanlagen auf der Weltausstellung in
Brüssel 1910". Z. V. d. I. 1911, S. 281, 333, 374, 415.

Fr. Herbst, „Die Förderung im deutschen Kalibergbau". Fördertechnik 1914,
S. 209. Verwendung größerer Förderwagen auf Kalibergwerken.

Fr. Herbst, „Die Aussichten der Gefäßschachtförderung für den deutschen
Bergbau". Glückauf 1920, S. 75.

Kögler, „Fördertürme und Fördergerüste in Eisenbeton". Glückauf 1921,
S. 901, 929, 957.

Kögler, „Neue Fördertürme und Fördergerüste in Eisenbeton". Glückauf
1922, S. 917/922.

Kogelheide, „Die Kastenschachtförderung". Glückauf 1921, S. 1296.

Jahnke-Keinath, „Zur Messung der Beschleunigungen auf Förderanlagen".
Dinglers polytechnisches Journal 1920, Heft 11.

Jahnke-Keinath, „Zur Überwachung von Schacht und Fördermaschine
während der Betriebsfahrt." Zeitschrift für Berg-, Hütten- und Salinenwesen 1921, S. 153.

Th. Möhrle, „Das Fördergerüst, seine Entwicklung, Berechnung und Kon-
struktion". Z. V. d. I. 1910, S. 1130.

Moldenhauer, „Wirtschaftliche Förderung aus großen Teufen". Glückauf
1911, S. 1948.

Tomson, „Förderanlagen für große Teufen". Glückauf 1898, S. 445.

Tillmann, „Schachtförderung Bauart Koepe-Heckel". Fördertechn. 1911, Nr. 9.

Wintermeyer, „Schachtförderung aus großen Teufen mit endlosem Förder
    werk“. Bergbau 1920, S. 1305/7. Beschreibung der Schachtförderein-
    richtungen von Davy und Winkel sowie des Vorschlages von v. Venbs.
Wintermeyer, „Die maschinelle Förderkorbbeschickung“. Bergbau 1921,
    S. 1138/42 und 1167/71. Kurze Darstellung verschiedener Beschickungsvor-
    richtungen.

2. Förderseile.

A. Bücher.

Heilandt, „Vergleich der Seilsicherheiten bei Fördermaschinen und bei Per-
    sonenaufzügen unter Berücksichtigung der Seilschwingungen“. Technische
    Hochschule Berlin, 1914.
Heilandt, „Über die Beanspruchung der Förderseile beim Anfahren und
    Bremsen“, München 1916, R. Oldenbourg.
Hrabak, „Die Drahtseile“. Berlin 1902. Julius Springer.
Spackeler, „Wirkung und Ausführung der Unterseile“. Berlin, 1918, W. Ernst
    und Sohn.
Wyszomirski, „Die Drahtseile als Schachtförderseile“. Berlin 1920, Julius
    Springer. Bauart und Beanspruchung der Förderseile unter besonderer
    Berücksichtigung der dynamischen Verhältnisse.

B. Zeitschriftenaufsätze.

Baumann, „Der Sicherheitsfaktor der Förderseile“. Glückauf 1913, S. 700.
    Seile mit verringerter Sicherheit bei größeren Schachttiefen.
Baumann, „Die Förderseile für größere Schachtteufen“. Glückauf 1913,
    S. 1646. Seilgewichtsverminderung bei Seilen mit hoher Bruchfestigkeit
    und verringerter Sicherheit.
Baumann, „Seilsicherheit bei der Schachtförderung“. Glückauf 1920, S. 2021.
    Zweckmäßigkeit und Möglichkeit verringerter Seilsicherheit, insbesondere
    bei großen Schachtteufen.
Baumann, „Der Sicherheitsfaktor der Schachtförderseile“. Glückauf 1914,
    S. 1293 und 1915, S. 357.
Baumann, „Seilsicherheit bei der Schachtförderung“. Glückauf 1910, S. 1521.
Benedikt, „Verbindung von Förderkorb und Seil im Bergbaubetrieb“. Schlägel
    und Eisen 1922, S. 133/36.
Bock, „Die Bruchgefahr der Drahtseile“. Glückauf 1909, S. 1545.
Bergenthun, „Beitrag zur Klärung der korkzieherartigen Formänderung an
    Köpe-Förderseilen“. Glückauf 1919, S. 701.
Divis, „Über die Elastizität blanker, verrosteter und verzinkter Seildrähte“.
    Öst. Z. für Berg- u. Hütten-Wes. 1909, S. 419.
H. Herbst, „Die Fördereinrichtungen und Förderseile des Oberbergamtsbezirkes
    Dortmund während der Jahre 1915 bis 1919“. Glückauf 1922, S. 527/34.
H. Herbst, „Praktische Winke für die Wahl zweckmäßiger Förderseilmach-
    arten“. Glückauf 1922, S. 867/72.
Fr. Herbst, „Möglichkeiten zur Verkürzung der Seilfahrten in tiefen Schächten“.
    Glückauf 1922, S. 157/64.
H. Herbst, „Die Verwendung abgelegter Förderseile als Unterseile“. Glückauf
    1920, S. 665.
H. Herbst, „Biegungsbeanspruchung von Förderseilen“. Glückauf 1920, S. 27.
H. Herbst, „Das Drallauslassen bei Förderseilen“. Glückauf 1920, S. 330.
H. Herbst, „Formänderungen an Förderseilen“. Glückauf 1920, S. 269.
H. Herbst, „Ergebnisse der in den Jahren 1915/17 erschienenen Seilstatistiken“.
    Glückauf 1919, S. 957.
Fr. Herbst, „Vorschläge für die zukünftige Bemessung des Sicherheitsfaktors
    bei Förderseilen“. Glückauf 1915, S. 1/6 und 29/37.
Fr. Herbst, „Ergebnisse der preußischen Statistiken der Schachtförderseile
    für das Jahr 1910“. Glückauf 1912, S. 333/46, 376/88 und 424/27.

Herbst, „Die Berechnung des Sicherheitsfaktors der Schachtförderseile mit gesonderter Berücksichtigung der Förderlast und des Seilgewichtes". Glückauf 1913, S. 1936. Erörterung des Vorschlages von Körfer, bei der Förderseilberechnung das Gewicht des beladenen Korbes anders zu bewerten wie das Seilgewicht.

Fr. Herbst, „Der Sicherheitsfaktor für Schachtförderseile". Glückauf 1912, S. 897. Über die Zweckmäßigkeit von Seilen mit erhöhter Bruchfestigkeit und verringerter Sicherheit für große Teufen.

Hunnies, „Beitrag zur Berechnung des Drahtseiles". Fördertechnik 1922, S. 153/4.

Kalthenuer, „Gekreuzte Unterseile". Glückauf 1911, S. 660.

Jahnke-Heilmann, „Schachtprüfungen während des Betriebes auf Zechen des Ruhrkohlenbezirkes III". Glückauf 1922, S. 401/6.

Jahnke-Keinath, „Prüfung des Schachtausbaus während der Förderfahrt". Dinglers polytechn. Journal 1920, S. 155/6. Beschleunigungsmessungen auf Schacht Bartensleben.

Jahnke-Heilmann, „Schachtprüfungen während des Betriebes auf Zechen des Ruhrkohlenbezirkes". Glückauf 1921. Nr. 41 und 50. Aufnahme von Beschleunigungsdiagrammen mit dem Seilschwingungsmesser Jahnke-Keinath.

Jahnke-Heilmann, „Prüfung von Seil- und Treibscheibe während der Betriebsfahrt auf den Kalizechen Volkenroda und Pöthen". Kali 1921, Heft 14. Untersuchungen mit Hilfe des Seilschwingungsmessers Jahnke-Keinath.

Jordan, „Absturzsicherheit und Leistungserhöhung bei Aufzügen und Schachtanlagen". Z. V. d. I. 1920, S. 661/4 und 697/701. Unzuträglichkeiten der hohen Seilsicherheiten. Vorteile einer Druckluftbremse System Jordan.

Koven, „Prüfung der Drahtseile". Öst. Z. für Bergbau u. Hüttenwesen 1909, S 343.

Macke, „Die Berechnung der verjüngten Förderseile". Bergbau und Hütte 1919, S. 275/9, 298/301, 319/323, 342/45, 355/7.

Meller, „Eine besondere Anordnung des Unterseiles bei der Schachtförderung". Glückauf 1917, S. 837. Unterseilanordnungen bei Trommelmaschinen, die ein Umstecken der Trommeln zur Förderung aus verschiedenen Sohlen gestattet.

Rudeloff, „Untersuchung eines abgelegten Drahtseiles mit Drahtbrüchen im Innern der Litzen". Gewerbefleiß 1920, S. 33/34.

Schulze-Höing, „Über Schachtförderung aus größerer Teufe im Oberbergamtsbezirk Dortmund". Z. Berg-, Hütten-, Sal.-Wes. 1913, S. 53. Untersuchung der Seile mit erhöhter Bruchfestigkeit auf Grund der Seilstatistik.

Speer, „Der Sicherheitsfaktor der Förderseile". Glückauf 1912, Nr. 19 und 40; 1913, S. 1727. Seilgewichtsverminderung durch Verringerung der Sicherheit und Erhöhung der Bruchfestigkeit.

Speer, „Mechanische Untersuchung über den Einfluß der Verzinkung auf Förderseildrähte". Glückauf 1910, S. 785 und 822.

Speer, „Die Sicherheit der Förderseile". Glückauf 1912, S. 1145/60 und 1194/98.

Speer, „Der Sicherheitsfaktor der Förderseile nach den Ergebnissen der Seilstatistiken". Glückauf 1920, S. 180, 209.

Speer, „Sollen Förderseile auf Biegung berechnet werden". Glückauf 1919, S. 849, 869.

A. Stör, „Seilspannungen und -schwingungen bei Beschleunigungsänderungen der Schachtförderseile". Öst. Z. für Berg- u. Hüttenwesen 1909, S. 419 und 1910, S. 47.

Wahn, „Untersuchung von Drahtseilen". Z. V. d. I. 1918, Nr. 29 und 31, S. 471/5 und 511/4. Beschreibung von Apparaten zum sicheren Aufsuchen von Drahtbrüchen.

Weber, „Stauchungen als Ursache von Förderseilschäden". Glückauf 1919, S. 297, 313.

F. W. Wedding, „Neue Schmiervorrichtung für Schachtförderseile". Glückauf 1921, S. 246.

Weise, „Die bildliche Darstellung von Drahtbrüchen bei Förderseilen". Glückauf 1922, S. 949/52.
Wintermeyer, „Der Stand der Förderseilschmierung". Bergbau 1921, S. 529/32.
„Die Verhandlungen und Untersuchungen der Preußischen Seilfahrt-Kommission". Z. Berg-, Hütten-, Sal.-Wes. Berlin 1921, Heft 3, Verlag W. Ernst & Sohn.

3. Berechnung der Förderanlagen.

A. Bücher.

„Hütte, des Ingenieurs Taschenbuch", 22. Auflage. Verlag W. Ernst & Sohn.
„Taschenhuch für Berg- und Hüttenleute" herausgegeben von Prof. Dr. Kögler. Berlin 1923. W. Ernst & Sohn.
W. Philippi, „Elektrische Fördermaschinen". Leipzig 1921, S. Hirzel.
E. G. Weyhausen und P. Mettgenberg, „Berechnung elektrischer Förderanlagen". Berlin 1920, Julius Springer.

B. Zeitschriftenaufsätze.

Baumann, „Berechnung der Köpeförderungen". Glückauf 1905, S. 1471.
Janzen, „Beitrag zur Frage der Bestimmung des Energieverbrauchs von Fördermaschinen". Glückauf 1910, S. 389.
K. Laudien, „Massenwirkungen auf Fördermaschinen". Glückauf 1903, S. 878.
Wallichs, „Die Berechnung der Hauptschachtfördermaschinen". Fördertechnik 1912, S. 25/31 und 49/53 und 97/100.

4. Treibscheibenförderung.

Zeitschriftenaufsätze.

Baumann, „Untersuchung über die Förderung mit Treibscheibe". Z. Berg-, Hütten-, Sal.-Wes. 1883, S. 173. Versuchsergebnisse über Reibungszahlen von Förderseil auf Treibscheibe.
Buchloh, „Mehrseilförderung", Kohle und Erz 1919, S. 217/26. Vergleich der Berechnungszahlen zweier elektrisch betriebener Köpe-Förderanlagen. Gegenüberstellung der Kosten.
Ehrlich, „Über Treibscheibenförderungen". Z. V. d. I. 1900, S. 675.
Kaufhold, „Formel für die größte zulässige Beschleunigung bei Köpeförderungen". Berg- und hüttenmännische Rundschau 1908.
Kaufhold, „Über Hauptschachtförderung mit Köpescheibe". Dinglers polytechn. Journal 1907, S. 753/56.
Klein, „Versuche über Reibungskoeffizienten zwischen Holz und Eisen". Glückauf 1903, S. 387.
Liebe, „Der Reibungswiderstand zwischen Schachtförderseil und Treibscheibe und die Wahl des Scheibendurchmessers bei Fördermaschinen nach dem System Köpe-Heckel". Glückauf 1906, S. 1047. Vergrößerung des Reibungsumfanges an der Treibscheibe, im besonderen bei der Bauart Heckel.
Macke, „Ein Beitrag zur vertikalen Treibscheibenförderung mit offenem Seile und Pendelbetrieb". Bergbau und Hütte 1918, S. 410/4 und 425/52. Treibscheibe seitlich vom Schacht, Sonderformen, Ausgleichseilaufhängung.
Moegelin, „Über die Anfahrbeschleunigung bei Koepefördermaschinen". Dingler 1918, Heft 23 und 24. Untersuchungen der tatsächlichen Beschleunigungen an ausgeführten Förderanlagen.
Noack, „Ein besonderes Verfahren des Auswechselns eines Köpeseiles". Bergbau 1921, S. 651/4. Beschreibung eines Verfahrens ohne Benutzung von Dampfkabel und Reibungswinden.

5. Sicherheitsvorrichtungen.

A. Bücher.

Förster, „Sicherheitsapparate von Fördermaschinen". Kattowitz 1912, Gebr.
Böhm.

B. Zeitschriftenaufsätze.

Dubbel, „Kritik neuerer Sicherheitsvorrichtungen". Z. V. d. I. 1909, S. 752.
Förster, „Sicherheitsapparate an Fördermaschinen". Z. V. d. I. 1911. (Mitt.
Oberschlesisch. Bez.-V. d. I., Heft 1—4.)
Hoffmann, „Zur Kritik neuerer Sicherheitsapparate". Glückauf 1907, S. 181.
R. Mellin, Über Sicherheitsapparate an Fördermaschinen". Z. Berg-, Hütten-,
Sal.-Wes. 1898, S. 85, 246.
Schlüter, Sicherung des Förderbetriebes durch besondere Apparate". Glück-
auf 1902, S. 444.
A. Wallichs, „Die neuere Entwicklung des Fördermaschinenantriebs und der
Sicherheitsvorrichtungen". Z. V. d. I. 1911, S. 2002 und 2054/61.
A. Wallichs, „Die neuere Entwicklung des Fördermaschinenantriebs und der
Sicherheitsvorrichtungen". Z. V. d. I. 1912, S. 39 und 372, 599.
Wintermeyer, „Die hervorragende Anpassungsfähigkeit des elektrischen An-
triebsmotors an die jeweiligen Betriebsverhältnisse". Z. V. d. I. 1918, S. 682.
Sicherung gegen Übertreiben der Förderschale.
Wintermeyer, „Die Schachtsignalgebung". Bergbau 1921, S. 777/84. Allgemeine
Entwicklung der Schachtsignalanlagen.
Wintermeyer, „Die Signalanlagen bei der Förderung in Bergwerksbetrieben".
Fördertechnik 1922, S. 5/7. Vorteile der elektrischen Signalgebung. Akustische,
optische und optisch-akustische Signale. Fernsprecher als Ergänzung der
Signalanlagen.

Sachverzeichnis.

Verlag von Julius Springer in Berlin W 9

Die Bergwerksmaschinen

Eine Sammlung von Handbüchern für Betriebsbeamte

Unter Mitwirkung zahlreicher Fachgenossen

herausgegeben von

Dipl.-Bergingenieur **Hans Bansen**

in Tarnowitz

Dritter Band:

Die Schachtfördermaschinen

II. Teil: Die Dampffördermaschinen.

Von Dr. **Fritz Schmidt.**

In Vorbereitung.

III. Teil: Die elektrischen Fördermaschinen.

Von Professor Dr.-Ing. **Ernst Foerster.**

Mit 81 Textabbildungen. Erscheint im Frühjahr 1923.

Erster Band:

Das Tiefbohrwesen

Zweite Auflage. In Vorbereitung.

Zweiter Band:

Gewinnungsmaschinen

Zweite Auflage. Mit etwa 393 Textfiguren. In Vorbereitung.

Vierter Band:

Die Schachtförderung

Zweite Auflage. Mit etwa 402 Textfiguren. In Vorbereitung.

Fünfter Band:

Die Wasserhaltungsmaschinen

Von Dipl.-Ing. **K. Telwes.**

Mit 362 Textfiguren. 1916. Gebunden GZ. 18

Sechster Band:

Die Streckenförderung

Von Dipl.-Bergingenieur **Hans Bansen.**

Zweite, vermehrte und verbesserte Auflage. Mit 593 Textfiguren.

1921. Gebunden GZ. 18

Die Grundzahlen (GZ.) entsprechen den ungefähren Vorkriegspreisen und ergeben mit dem jeweiligen Entwertungsfaktor (Umrechnungsschlüssel) vervielfacht den Verkaufspreis. Über den zur Zeit geltenden Umrechnungsschlüssel geben alle Buchhandlungen sowie der Verlag bereitwilligst Auskunft.

Verlag von Julius Springer in Berlin W 9

Der Grubenausbau. Von Bergingenieur **Hans Bansen,** Tarnowitz.
Zweite, vermehrte und verbesserte Auflage. Mit 498 Textfiguren. 1909.
Gebunden GZ. 8

Kompressorenanlagen, insbesondere in Grubenbetrieben. Von Dipl.-Ing. **Karl Teiwes.** Mit 129 Textfiguren. 1911.
Gebunden GZ. 7

Hebe- und Förderanlagen. Ein Lehrbuch für Studierende und
Ingenieure. Von Professor **H. Aumund.**

Erster Band: Anordnung und Verwendung der Hebe- und Förderanlagen.
Zweite Auflage. Mit etwa 606 Textfiguren. In Vorbereitung.

Zweiter Band: Gesichtspunkte, Regeln und Berechnungen für den eigentlichen Bau der Hebe- und Förderanlagen. In Vorbereitung.

Die Förderung von Massengütern. Von Professor Dipl.-Ing.
G. v. Hanffstengel, Charlottenburg.

Erster Band: Bau und Berechnung der stetig arbeitenden Förderer.
Dritte, umgearbeitete und vermehrte Auflage. Mit 531 Textfiguren. 1921.
Gebunden GZ. 11

Zweiter (Schluß-) Band: Förderer für Einzellasten. Dritte Auflage.
In Vorbereitung.

Billig Verladen und Fördern. Eine Zusammenstellung der maßgebenden Gesichtspunkte für die Schaffung von Neuanlagen nebst Beschreibung und Beurteilung der bestehenden Verlade- und Fördermittel
unter besonderer Berücksichtigung ihrer Wirtschaftlichkeit. Von Dipl.-Ing.
Georg v. Hanffstengel, beratender Ingenieur, Privatdozent an der Technischen Hochschule zu Berlin. Dritte Auflage. Mit etwa 116 Textfiguren.
In Vorbereitung.

Die Drahtseilbahnen (Schwebebahnen). Ihr Aufbau und
ihre Verwendung. Von Prof. Dipl.-Ing. **P. Stephan,** Regierungsbaumeister.
Dritte, verbesserte Auflage. Mit 543 Textabbildungen und 3 Tafeln. 1921.
Gebunden GZ. 15

Berechnung elektrischer Förderanlagen. Von Dipl.-Ing.
E. G. Weyhausen und Dipl.-Ing. **P. Mettgenberg.** Mit 39 Textfiguren.
1920. GZ. 2.4

Die Drahtseile als Schachtförderseile. Von Dr.-Ing. **Alfred
Wyssomirski.** Mit 30 Textabbildungen. 1920. GZ. 2.4

*Die Grundzahlen (GZ.) entsprechen den ungefähren Vorkriegspreisen und ergeben mit dem jeweiligen
Entwertungsfaktor (Umrechnungsschlüssel) vervielfacht den Verkaufspreis. Über den zur Zeit geltenden
Umrechnungsschlüssel geben alle Buchhandlungen sowie der Verlag bereitwilligst Auskunft.*